“十二五”普通高等学校本科规划教材

金属材料磨损实验

袁兴栋　杨晓洁　主编

化学工业出版社

·北京·

本书简要介绍了材料磨损实验基础知识和实验设备；着重分析了金属材料、高分子材料、润滑油、润滑脂、水泥等材料摩擦系数和磨损量的测定方法、实验的具体过程、实验的注意事项等；介绍了各种国家标准、机械行业和石油化工行业的标准，以及其使用与注意事项，帮助学生规范实验方案、实验过程、实验方法。本书可供从事表面工程专业、机械制造等科研人员、高等院校相关专业的研究人员和师生参考和阅读。

图书在版编目（CIP）数据

金属材料磨损实验/袁兴栋，杨晓洁主编. —北京：化学工业出版社，2015.5
“十二五”普通高等学校本科规划教材
ISBN 978-7-122-23108-6

Ⅰ.①金… Ⅱ.①袁…②杨… Ⅲ.①金属材料-磨损试验 Ⅳ.①TG14

中国版本图书馆 CIP 数据核字（2015）第 038352 号

责任编辑：杨　菁　　　　文字编辑：余纪军
责任校对：边　涛　　　　装帧设计：刘丽华

出版发行：化学工业出版社（北京市东城区青年湖南街 13 号　邮政编码 100011）
印　　装：大厂聚鑫印刷有限责任公司
787mm×1092mm　1/16　印张 17¼　字数 432 千字　2015 年 6 月北京第 1 版第 1 次印刷

购书咨询：010-64518888（传真：010-64519686）　售后服务：010-64518899
网　　址：http://www.cip.com.cn
凡购买本书，如有缺损质量问题，本社销售中心负责调换。

定　　价：39.00 元

前 言

材料表面科学是材料科学研究中一门综合边缘科学，随着材料表面处理工艺和材料表面分析技术的飞速发展，材料表面科学逐渐成为基础科学和应用技术方面的重要研究领域。材料磨损科学研究是材料表面科学研究的重要方向，近几年受到国内外专家学者的广泛关注，尤其是航空领域、电子信息领域的材料磨损研究问题。

据统计，全世界有1/3～1/2的能源以各种形式消耗在摩擦上，而摩擦造成的磨损是机械设备失效的主要原因，大约有80%的损伤零件是由于各种形式的磨损引起的。为适应二十一世纪高等学校教学改革，更好地培养表面工程方面的人才，全面提高学生的独立科学实验和分析实验问题的能力，现着手编写了这本《金属材料磨损实验》。

《金属材料磨损实验》是在多年的实践理论和实验教学的基础上，参考国内外有关材料摩擦磨损方面的教材编写的，主要针对表面工程专业、机械制造等专业使用，也可以作为材料表面工程技术人员的分析参考书。本教材分为三个部分，第一部分为实验基础知识和实验设备，着重介绍了材料磨损实验的基础知识，SEM、M-2000摩擦磨损试验机、高温摩擦磨损试验机等各种实验设备的构造、使用方法、实验中现象的观察以及实验数据的科学处理，用以帮助学生提高观察实验现象的能力、独立完成整个实验内容的能力、独立科学处理实验数据的能力；第二部分为实验内容，共28个实验内容，本部分着重介绍了金属材料、高分子材料、润滑油、润滑脂、水泥等材料摩擦系数和磨损量的测定方法、实验的具体过程、实验的注意事项等，帮助学生尤其是表面工程技术人员掌握材料摩擦系数和磨损量测定的基本知识，并严格按照国家、机械行业的标准操作每一个实验；第三部分为附录，介绍各种国家标准、机械行业和石油化工行业的标准，共22个，着重介绍了这些标准的使用及注意事项，帮助学生规范实验方案、实验过程、实验方法，按照科学的实验方法完成各种实验，并按照标准科学的处理实验数据。

本书由山东建筑大学袁兴栋老师（全书统稿）和山东省产品质量检验研究院杨晓洁高级工程师（主要完成第二部分实验十三至实验二十一、第三部分附录5至附录9、附录15、附录19）任主编。在编写的过程中，得到了山东建筑大学材料学院王坤、侯宗超、安清伟、陶雪、戚清丽、王立娟等的帮助，在此表示最真诚的感谢。同时借此书出版之机，谨向鼓励、关心和支持本书出版的同仁和工作人员表示衷心的感谢。

由于材料科学技术尤其是材料摩擦磨损科学的研究及抗磨损技术的飞速发展，加之笔者水平有限，虽经一再校阅，书中可能仍有不妥之处，敬请读者批评指正。

编者

2014年10月

目　录

第一部分　实验基础知识和实验设备

第二部分 实验内容

第三部分　附　　录

第一部分　实验基础知识和实验设备

1　绪　　论

1.1　课程的教学目标

科学研究、理论教学、实验教学都是学科发展的重要组成部分。当前中国高校长期存在一种偏向，认为科研与实验教学两者之间不相关。科学研究和实验教学两者是密切关联、相互支撑的。无论是研究型大学，还是研究教学型大学都应重视实验教学环节，这是全面培养高层次人才的必然要求。随着科学技术的发展，表面工程专业受到前所未有的关注，对于其中一个重要的分支，摩擦磨损性能方面的研究被科学工作者高度重视，尤其在航空航天、电子信息、信息功能器件、新材料研发等领域。

摩擦磨损实验教学首先是材料表面与界面课程的有益补充，促进学生深入理解材料表面的一些现象本质，尤其是材料摩擦表面的现象本质，更好的学习材料表面与界面课程；其次材料摩擦磨损实验教学能够提高学生对摩擦磨损试验机的操作能力，熟悉摩擦磨损实验的各种参数以及其测定方法，以便掌握材料摩擦磨损实验的实验方法；最后材料摩擦磨损实验让学生时时观察到摩擦表面所发生的一切现象，例如：磨屑的产生、磨屑的转移、摩擦表面的软化等，提高学生科学处理实验数据的能力，为深入研究摩擦磨损复杂机理打下坚实的科学基础。

材料摩擦磨损实验以材料表面与界面基本原理为依据，主要涉及材料摩擦磨损实验、实验仪器分析和实验的国家标准或行业标准三部分内容。学生通过对本课程的学习，可以提高对材料表面工程专业的科学兴趣，加深对材料摩擦磨损的基础理论、基础知识的理解，较为熟悉材料摩擦磨损实验的基本方法和仪器的基本操作，进一步提高学生独立解决问题、分析问题的能力，培养学生科学严谨的科研精神，对材料表面工程专业的发展奠定坚实的基础。

1.2　课程的教学方法

为达到材料摩擦磨损实验教学的目的，除了拥有正确的实验态度，还应有科学的实验方法。主要包括集中理论实验教学、独立完成实验操作、集中实验讨论、独立完成实验报告四个环节。

1.3　实验报告的基本格式

学生做完实验后，需独立完成材料摩擦磨损实验报告，并按照老师的要求及时送老师批阅，对实验中不理解的问题，通过查阅相关资料进行逐一解决。具体实验报告格式如下：

______________________________实验报告

学院：　　　　　　　　　　姓名：　　　　　　　　　　班级：

学号：　　　　　　　　　　专业：　　　　　　　　　　实验日期：

一、实验目的

建议学生该部分填写本实验用的基本理论和技能，测量参数的基本方法。

二、实验原理

详细介绍实验测量参数的基本原理、实验设备的工作原理以及实验误差。

三、实验步骤或方法

严格按照实验设备的基本操作要求做实验，注意对实验后试样的保护，尤其摩擦表面的保护。

四、实验数据处理

详细记录原始实验数据，尽量做到对实验过程中每个原始数据的记录，科学分析处理原始实验数据，并观察实验数据与实验过程中摩擦表面形貌的相关性。

五、实验要求

要保持科学严谨的实验态度，听从指挥，多动手，多观察，多分析。

六、思考题

做完实验后，要查阅相关资料，深入理解实验过程中所涉及的知识点。

1.4 磨损实验的常识

目前摩擦磨损实验总体上都存在实验周期过长、实验现象不明显，试验结果不够明确等缺点，近年来随着摩擦学研究工作的迅速展开，磨损实验技术也相对有了很大的提高。所谓摩擦磨损实验技术包括两个方面：摩擦磨损实验测试装置和摩擦磨损实验方法。

1.4.1 摩擦磨损实验的分类

根据实验的条件和任务将摩擦磨损实验分为使用实验和实验室实验，实验室实验又分为一般性模拟实验、模拟性零件实验和台架试验。

1.4.2 使用实验

使用实验是在实际运转的现场条件下进行的，有两个目的：一是对实际使用过程中的机器进行检测，了解运行的可靠性和确定必须的检修；二是对新开发的机器设备或一部分零件的耐磨性进行实机实验，以便进行优化。优点：数据资料可靠，真实性强，是最终评定的依据。缺点：实验周期长，需要消耗较大的人力物力，摩擦磨损通常是多因素综合的结果，使用实验中无法有意改变某一个参数而保持其他参数不变，以确定某个因素对摩擦磨损的影响。使用实验中常遇到一些偶然因素，因而得到的结果只能说明是一个具体的特例，难以推测其他相似的场合，一些对摩擦磨损来说很重要的参数难以测量，或者无法测量，可以测量的参数所得的精度往往也不高。

1.4.3 实验室实验

实验室实验是在一定的工况条件下，用尺寸较小，结构形状简单的试样在通用的实验机上进行的实验。优点：便于研究摩擦磨损的过程和规律，适宜研究材料的摩擦磨损性能，包括润滑材料的润滑性能，可减少和控制偶然因素，适于研究各种因素的影响作用，实验周期短，费用较低，一般性的实验室实验是不强调某一零件的实际工作情况，实验形状简单，主要用于研究摩擦磨损的机理、一般性的规律以及材料的相对耐磨性，但是这种实验结果由于条件的理想化，难以直接应用出去。

模拟性实验主要是模拟某种零件的实际工作情况，其针对性比较强，在零件批量生产前都应该做这种实验，以便于对性能实现优化。

台架实验是用真实的零部件，甚至整台机器进行的实验，这种实验的工作条件比较接近于实际工况，而比实际磨损实验的优越之处是能够预先给定可控制的工况条件，并能够测得各种摩擦磨损的参数，常见的台架实验台有轴承实验台、齿轮实验台和凸轮实验台等。

由于各种实验都有其优缺点，所以根据其特点应用在摩擦磨损实验工作中，通常先在实验室里进行试样实验，然后再进行台架实验和使用实验，构成所谓的“实验链”，这样就很容易在错综复杂的因素中抓住主要矛盾进行分析，在较短的时间内获得结果。

1.4.4 模拟实验的模拟问题选择

摩擦磨损实验的模拟问题是磨损实验技术中的一个重要的课题，这是由于摩擦磨损的模拟实验与其他实验相比，它是一个系统的过程，缺乏一个理论上成熟的相似准则。摩擦磨损性能是摩擦学系统在给定条件下的综合性能，因此，实验结果的普适性较低。所以在实验室实验时，应当尽可能地模拟实际工况条件。

模拟的摩擦磨损试验系统中最多有四种参数可以与实际摩擦系统不同：①载荷；②速度；③时间；④试样尺寸和形状。而在其他方面，例如摩擦运动方式、引起磨损的机理、组成摩擦系统的各要素及其材料性质、摩擦时的温度及摩擦温升、摩擦系数等模拟的和实际的系统两者必须相同或相似。

2 实验设备的使用

2.1 光学显微镜

2.1.1 概述

金相分析在材料研究领域占有十分重要的地位，是研究材料内部组织的主要手段之一。对摩擦磨损实验后的试样表面进行金相分析，是研究摩擦磨损机理的重要手段之一。试样摩擦表面组织的变化，一方面侧面反映摩擦过程中摩擦表面产生的温度高低问题，便于研究温度对后期摩擦过程和摩擦形式的影响；另一方面试样摩擦表面组织的变化，能够更清晰地证明摩擦后期实际两接触表面的真实状况，有利于更科学地研究摩擦磨损机理。

2.1.2 光学显微镜的构造和基本原理

金相显微镜是进行金属显微分析的主要工具。将专门制备的金属试样放在金相显微镜下进行放大和观察，可以研究金属组织与其成分和性能之间的关系；确定各种金属经不同加工及热处理后的显微组织；鉴别金属材料质量的优劣，如各种非金属夹杂物在组织中的数量及分布情况，以及金属晶粒度大小等。因此，利用金相显微镜来观察金属的内部组织与缺陷是金属材料研究中的一种基本实验技术。

简单地讲，金相显微镜是利用光线的反射将不透明物件放大后进行观察的。

2.1.2.1 金相显微镜构造

金相显微镜的种类和型式很多，最常见的有台式、立式和卧式三大类。金相显微镜的构造通常由光学系统、照明系统和机械系统三大部分组成，有的显微镜还附带有多种功能及摄影装置。目前，已把显微镜与计算机及相关的分析系统相连，能更方便、更快捷地进行金相分析研究工作。

1）光学系统

其主要构件是物镜和目镜，它们主要起放大作用。并获得清晰的图像。物镜的优劣直接影响成像的质量。而目镜是将物镜放大的像再次放大。

2）照明系统

主要包括光源和照明器以及其他主要附件。

（1）光源的种类　包括白炽灯（钨丝灯）、卤钨灯、碳弧灯、氙灯和水银灯等。常用的是白炽灯和氙灯，一般白炽灯适应于作为中、小型显微镜上的光源使用，电压为 6～12V，功率 15～30W。而氙灯通过瞬间脉冲高压点燃，一般正常工作电压为 18V，功率为 150W，适用于特殊功能的观察和摄影之用。一般大型金相显微镜常同时配有两种照明光源，以适应普通观察和特殊情况的观察与摄影之用。

（2）光源的照明方式　主要有临界照明和科勒照明。散光照明和平行光照明适应于特殊情况使用。

① 临界照明：光源的像聚焦在样品表面上，虽然可得到很高的亮度，但对光源本身亮度的均匀性要求很高。目前很少使用。

② 科勒照明：特点是光源的一次像聚焦在孔径光栏上，视场光栏和光源一次像同时聚

焦在样品表面上，提供了一个很均匀的照明场，目前广泛使用。

③ 散光照明：特点是照明效率低，只适应投射型钨丝灯照明。

④ 平行光：照明的效果较差，主要用于暗场照明，适应于各类光源。

（3）光路形式　按光路设计的形式，显微镜有直立式和倒立式两种，凡样品磨面向上，物镜向下的为直立式，而样品磨面向下，物镜向上的为倒立式。

（4）孔径光栏和视场光栏　孔径光栏位于光源附近，用于调节入射光束的粗细，以改变图像的质量。缩小孔径光栏可减少球差和轴外像差，加大衬度，使图像清晰，但会使物镜的分辨率降低。视场光栏位于另一个支架上，调节视场光栏的大小可改变视域的大小，视场光栏愈小，图像衬度愈佳，观察时调至与目镜视域同样大小。

（5）滤色片　用于吸收白光中不需要的部分，只让一定波长的光线通过，获得优良的图像。一般有黄色、绿色和蓝色等。

3）机械系统

主要包括载物台、镜筒、调节螺丝和底座。

（1）载物台：用于放置金相样品。

（2）镜筒：用于联结物镜、目镜等部件。

（3）调节螺丝：有粗调和细调螺丝，用于图像的聚焦调节。

（4）底座：起支承镜体的作用。

2.1.2.2　金相显微镜基本原理

金相显微镜的基本原理分为光学放大原理和主要性能指标。

1）光学放大原理

金相显微镜是依靠光学系统实现放大作用的，其基本原理如图 2-1 所示。光学系统主要包括物镜、目镜及一些辅助光学零件。对着被观察物体 AB 的一组透镜叫物镜 O_1；对着眼睛的一组透镜叫目镜 O_2。现代显微镜的物镜和目镜都是由复杂的透镜系统所组成。

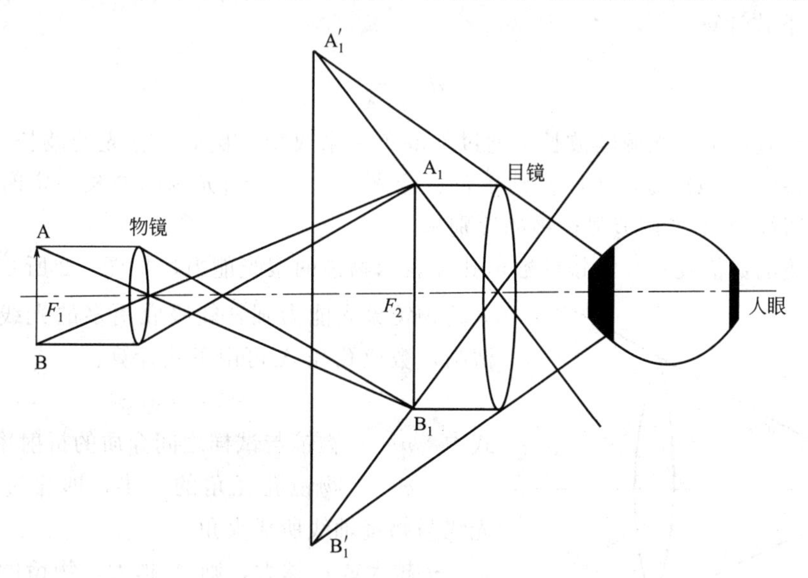

图 2-1　金相显微镜的光学放大原理示意图

光学显微镜的放大倍数可达到 1600～2000 倍。当被观察物体 AB 置于物镜前焦点略远处时，物体的反射光线穿过物镜经折射后，得到一个放大的倒立实像 A_1B_1（称为中间像）。

若 A_1B_1 处于目镜焦距之内，则通过目镜观察到的物象是经目镜再次放大了的虚像 $A_1'B_1'$。由于正常人眼观察物体时最适宜的距离是 250mm（称为明视距离），因此在显微镜设计上，应让虚像 $A_1'B_1'$ 正好落在距人眼 250mm 处，以使观察到的物体影像最清晰。

2）主要性能指标

（1）放大倍数　显微镜的放大倍数为物镜放大倍数 $M_{物}$ 和目镜放大倍数 $M_{目}$ 的乘积，即：

$$M=M_{物}\times M_{目}=\frac{L}{f_{物}}\times\frac{D}{f_{目}}$$

式中　$f_{物}$——物镜的焦距；

$f_{目}$——目镜的焦距；

L——显微镜的光学镜筒长度；

D——明视距离（250mm）。

$f_{物}$ 和 $f_{目}$ 越短或 L 越长，则显微镜的放大倍数越高。有的小型显微镜的放大倍数需再乘一个镜筒系数，因为它的镜筒长度比一般显微镜短些。

显微镜的主要放大倍数一般是通过物镜来保证，物镜的最高放大倍数可达 100 倍，目镜的放大倍数可达 25 倍。在物镜和目镜的镜筒上，均标注有放大倍数，放大倍数常用符号“×”表示，如 100×，200×等。

（2）鉴别率　金相显微镜的鉴别率是指它能清晰地分辨试样上两点间最小距离 d 的能力。d 值越小，鉴别率越高。根据光学衍射原理，试样上的某一点通过物镜成像后，我们看到并不是一个真正的点像，而是具有一定尺寸的白色圆斑，四周围绕着许多衍射环。当试样上两个相邻点的距离极近时，成像后由于部分重叠而不能分清为两个点。只有当试样上两点距离达到某一 d 值时，才能将两点分辨清楚。

显微镜的鉴别率取决于使用光线的波长（λ）和物镜的数值孔径（A），而与目镜无关，其 d 值可由下式计算：

$$d=\frac{\lambda}{2A}$$

在一般显微镜中，光源的波长可通过加滤色片来改变，例如：蓝光的波长（$\lambda=0.44\mu$）比黄绿光（$\lambda=0.55\mu$）短，所以鉴别率较黄绿光高 25%。当光源的波长一定时，可通过改变物镜的数值孔径 A 来调节显微镜的鉴别率。

（3）物镜的数值孔径　物镜的数值孔径表示物镜的聚光能力，如图 2-2 所示。数值孔径大的物镜聚光能力强，能吸收更多的光线，使物像更清晰，数值孔径 A 可由下式计算：

$$A=n\sin\varphi$$

式中　n——物镜与试样之间介质的折射率；

φ——物镜孔径角的一半，即通过物镜边缘的光线与物镜轴线所成夹角。

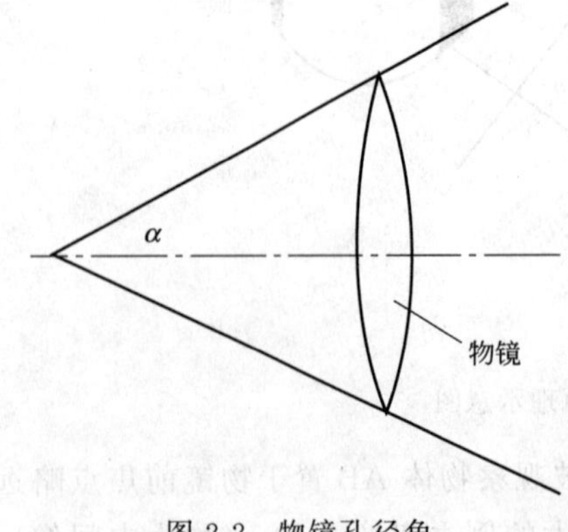

图 2-2　物镜孔径角

n 越大或 φ 越大，则 A 越大，物镜的鉴别率就越高。由于 φ 总是小于 90 度的。所以在空气介质（$n=1$）中使用时，A 一定小于 1，这类物镜称干系物镜。若在物镜与试样之间充满松柏油介质（$n=1.52$），则

A 值最高可达 1.4，这就是显微镜在高倍观察时用的油浸系物镜（简称油镜头）。每个物镜都有一个额定 A 值，与放大倍数一起标刻在物镜头上。

(4) 放大倍数、数值孔径、鉴别率之间的关系 显微镜的同一放大倍数可由不同倍数的物镜和目镜组合起来实现，但存在着如何合理选用物镜和目镜的问题。这是因为：人眼在 250mm 处的鉴别率为 0.15～0.30mm，要使物镜可分辨的最近两点的距离 d 能为人眼所分辨，则必须将 d 放大到 0.15～0.30mm，

$$即：d \times M = 0.15 \sim 0.30\ (\text{mm})$$

由于 $d=\dfrac{\lambda}{2A}$，则：

$$M=\frac{1}{\lambda}(0.3 \sim 0.6)A$$

在常用光线的波长范围内，上式可进一步简化为：

$$M \approx 500A \sim 1000A$$

所以，显微镜的放大倍数 M 与物镜的数值孔径之间存在一定关系，其范围称有效放大倍数范围。在选用物镜时，必须使显微镜的放大倍数在该物镜数值孔径的 500 倍至 1000 倍之间。若 $M < 500A$，则未能充分发挥物镜的鉴别率。若 $M > 1000A$，则由于物镜鉴别率不足而形成“虚伪放大”，细微部分仍分辨不清。

(5) 像差 单片透镜在成像过程中，由于几何条件的限制及其他因素的影响，常使影像变得模糊不清或发生变形现象，这种缺陷称为像差。由于物镜起主要放大作用，所以显微镜成像的质量主要取决于物镜，应首先对物镜像差进行校正，普通透镜成像的主要缺陷有球面像差和色像差两种。

① 球面像差 如图 2-3 所示，当来自 A 点的单色光（即某一特定波长的光线）通过透镜后，由于透镜表面呈球面形，折射光线不能交于一点，从而使放大后的影像变得模糊不清。

为降低球面像差，常采用由多片透镜组成的透镜组，即将凸透镜和凹透镜组合在一起（称为复合透镜）。由于这两种透镜的球面像差性质相反，因此可以相互抵消。除此之外，在使用显微镜时，也可采取调节孔径光栏的方法，适当控制入射光束粗细，让极细的一束光通过透镜中心部位，这样可将球面像差降至最低限度。

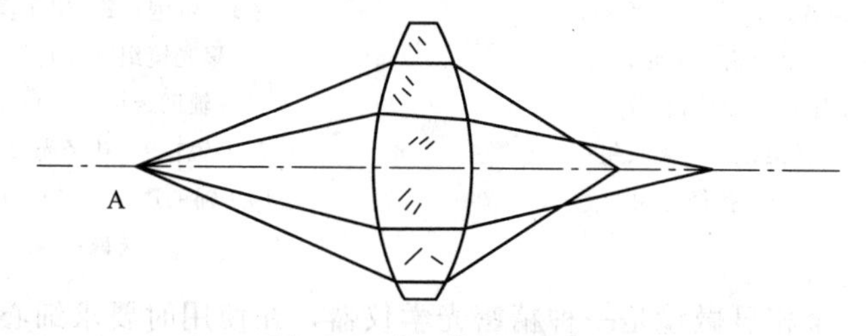

图 2-3 球面像差示意图

② 色像差 如图 2-4 所示，当来自 A 点的白色光通过透镜后，由于组成白色光的七种单色光的波长不同，其折射率也不同，使折射光线不能交于一点，紫光折射最强，红光折射最弱，结果使成像模糊不清。

为消除色像差，一方面可用消色差物镜和复消色差物镜进行校正。消色差物镜常与普通目镜配合，用于低倍和中倍观察；复消色差物镜与补偿目镜配合，用于高倍观察。另一方面

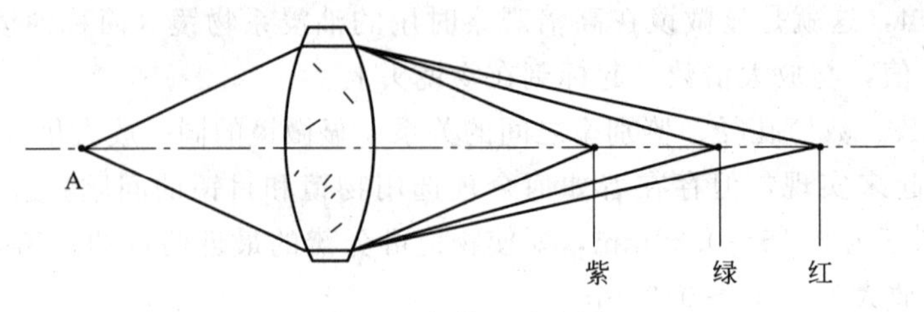

图 2-4 色像差示意图

可通过加滤色片得到单色光，常用的滤色片有蓝色、绿色和黄色等。

2.1.3 光学显微镜的使用

金相显微镜的种类和型式很多，但最常见的型式有台式、立式和卧式三大类。其构造通常均由光学系统、照明系统和机械系统三大部分组成，有的显微镜还附带照相装置和暗场照明系统等。现以国产 XJB-1 型金相显微镜为例进行说明；其主要结构如图 2-5、图 2-6 所示。

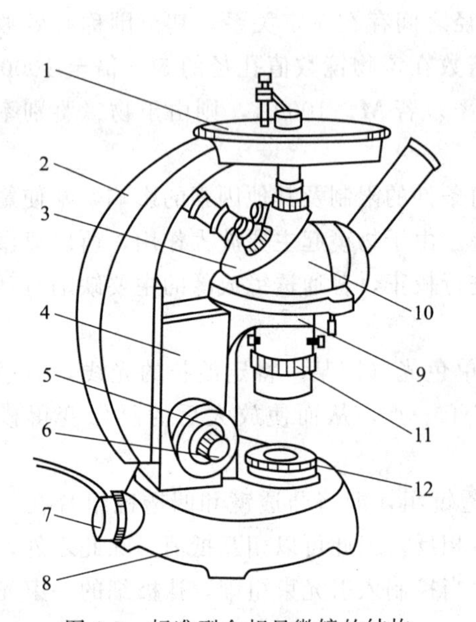

图 2-5 标准型金相显微镜的结构

1—载物台；2—镜臂；3—物镜转换器；4—微动座；5—粗动调焦手轮；6—微动调节手轮；7—照明装置；8—底座；9—平台托架；10—碗头组；11—视场光阑；12—孔径光阑

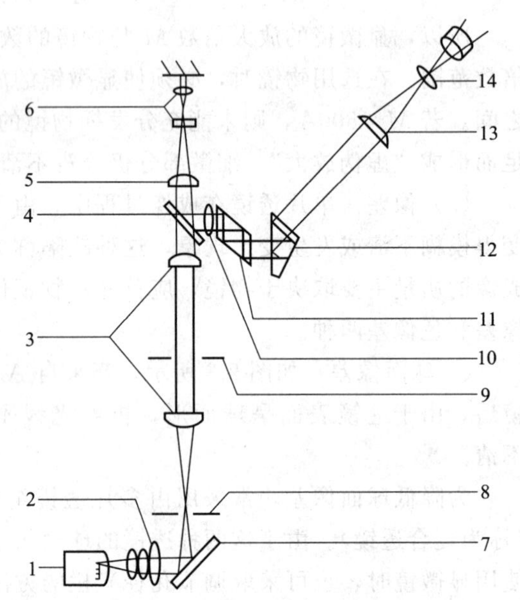

图 2-6 标准型金相显微镜的光学系统

1—灯泡；2—聚光镜组（一）；3—聚光镜组（二）；4—半反射镜；5—辅助透镜（一）；6—物镜组；7—反光镜；8—孔径光阑；9—视场光阑；10—辅助透镜（二）；11,12—棱镜；13—场镜；14—接目镜

(1) 使用规程　金相显微镜是一种精密光学仪器，在使用时要求细心和谨慎，严格按照使用规程进行操作。

① 将显微镜的光源插头接在低压（6～8V）变压器上，接通电源。

② 根据放大倍数，选用所需的物镜和目镜，分别安装在物镜座上和目镜筒内，旋动物镜转换器，使物镜进入光路并定位（可感觉到定位器定位）。

③ 将试样放在样品台上中心，使观察面朝下并用弹簧片压住。

④ 转动粗调手轮先使镜筒上升，同时用眼观察，使物镜尽可能接近试样表面（但不得

与之相碰），然后反向转动粗调手轮，使镜筒渐渐下降以调节焦距，当视场亮度增强时，再改用微调手轮调节，直到物像最清晰为止。

⑤ 适当调节孔径光阑和视场光阑，以获得最佳质量的物像。

⑥ 如果使用油浸系物镜，可在物镜的前透镜上滴一些松柏油，也可以将松柏油直接滴在试样上，油镜头用后，应立即用棉花蘸取二甲苯溶液擦净，再用擦镜纸擦干。

（2）注意事项　金相显微镜使用过程中，还应注意以下事项。

① 操作应细心，不能有粗暴和剧烈动作，严禁自行拆卸显微镜部件。

② 显微镜的镜头和试样表面不能用手直接触摸，若镜头中落入灰尘，可用镜头纸或软毛刷轻轻擦拭。

③ 显微镜的照明灯泡必须接在 6～8V 变压器上，切勿直接插入 220V 电源，以免烧毁灯泡。

④ 旋转粗调和微调手轮时，动作要慢，碰到故障应立即报告，不能强行用力转动，以免损坏机件。

2.2　X 射线衍射仪

2.2.1　概述

物相分析对研究材料摩擦磨损性能具有十分重要的意义，有的研究者在材料摩擦磨损实验中，并不进行物相分析，忽略了物相分析的重要。其实在摩擦过程中实际接触面为两个微凸表面，不同相的微凸表面的硬度不尽相同，不同硬度下两接触面的摩擦磨损性能不相同，两接触面的摩擦磨损机理也不相同。可见，研究接触表面的相组成，对于揭示材料的磨损机理具有重要意义。

在摩擦磨损过程中，接触表面会因为摩擦力的存在，而产生大量的摩擦热，就会使摩擦表面温度升高，如果热量不及时传递，就会影响接触面的相组成。所以对摩擦表面进行物相分析，也能够间接地研究摩擦表面的温度高低，为摩擦磨损机理的研究提供了新的途径。

2.2.2　X 射线衍射仪的构造

X 射线衍射仪是进行 X 射线分析的重要设备，主要由 X 射线发生器、测角仪、记录仪和水冷却系统组成。新型的衍射仪还带有条件输入和数据处理系统。图 2-7 给出了 X 射线衍射仪框图。

X 射线发生器主要由高压控制系统和 X 光管组成，它是产生 X 射线的装置，由 X 光管发射出的 X 射线包括连续 X 射线光谱和特征 X 射线光谱，连续 X 射线光谱主要用于判断晶体的对称性和进行晶体定向的劳厄法，特征 X 射线用于进行晶体结构研究的旋转单体法和进行物相鉴定的粉末法。测角仪是衍射仪的重要部分，其光路图如图 2-8 所示。

1）测角仪的工作原理

测角仪在工作时，X 射线从射线管发出，经一系列狭缝后，照射在样品上产生衍射。计数器围绕测角仪的轴在测角仪圆上运动，记录衍射线，其旋转的角度即 2θ，可以从刻度盘上读出。与此同时，样品台也围绕测角仪的轴旋转，转速为计数器转速的 1/2。

为了能增大衍射强度，衍射仪法中采用的是平板式样品，以便使试样被 X 射线照射的面积较大。这里的关键是一方面试样要满足布拉格方程的反射条件。另一方面还要满足衍射线的聚焦条件，即使整个试样上产生的 X 衍射线均能被计数器所接收。

在理想情况下，X 射线源、计数器和试样在一个聚焦圆上。且试样是弯曲的，曲率与聚

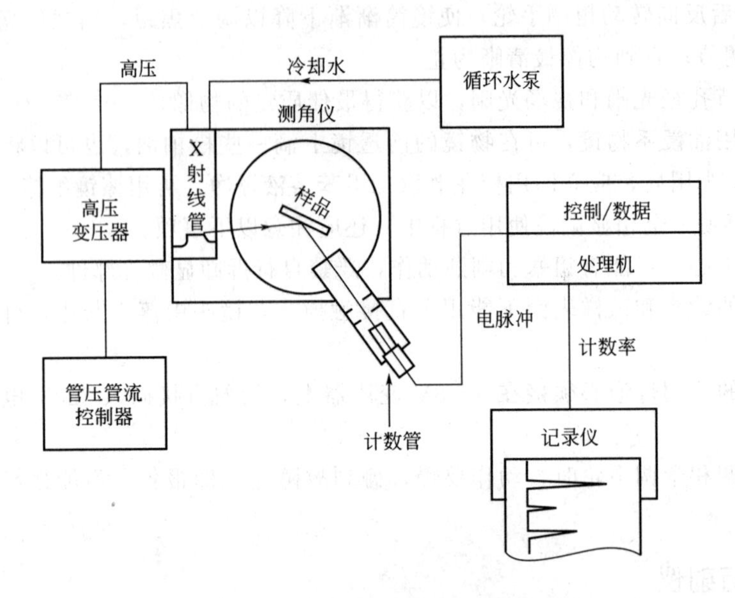

图 2-7 X 射线衍射仪框图

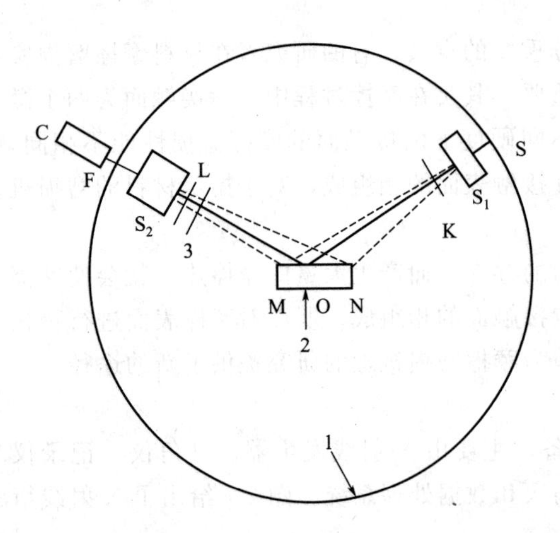

图 2-8 测角仪光路示意图

1—测角仪圆；2—试样；3—滤波片；S—光源；
S_1、S_2—梭拉光栏；K—发散狭缝；
L—防散射狭缝；F—接收狭缝；C—计数管

焦圆相同。对于粉末多晶体试样，在任何方位上总会有一些晶面满足布拉格方程产生反射，而且反射是向四面八方的，但是，那些平行于试样表面的晶面满足布拉格方程时，产生衍射，且满足入射角＝反射角的条件。由平面几何可知，位于同一圆弧上的圆周角相等，所以，位于试样不同部位 M，O，N 处平行于试样表面的（hkl）晶面，可以把各自的反射线会聚到 F 点（由于 S 是线光源，所以 F 点得到的也是线光源）。这样便达到了聚焦的目的。

在测角仪的实际工作中，通常 X 射线源是固定不动的。计数器并不沿聚焦圆移动，而是沿测角仪圆移动逐个地对衍射线进行测量。因此聚焦圆的半径一直随着 2θ 角的变化而变化。在这种情况下，为了满足聚焦条件，即相对试样的表面，满足入射角等于反射角的条件，必须使试样与计数器转动的角速度保持 1∶2 的速度比。不过，在实际工作中，这种聚焦不是十分精确的。因为，实际工作中所采用的样品不是弧形的而是平面的，并让其与聚焦圆相切，因此实际上只有一个点在聚焦圆上。这样，衍射线并非严格地聚集在 F 点上，而是有一定的发散。但这对于一般目的而言，尤其是 2θ 角不大的情况下（2θ 角越小，聚焦圆的曲率半径越大，越接近于平面），是可以满足要求的。

2）X 射线探测器

衍射仪的 X 射线探测器为计数管。它是根据 X 射线光子的计数来探测衍射线是存在与否以及它们的强度。它与检测记录装置一起代替了照相法中底片的作用。其主要作用是将 X

射线信号变成电信号。探测器有不同的种类。有使用气体的正比计数器和盖革计数器和固体的闪烁计数器和硅探测器。目前最常用的是闪烁计数器，在要求定量关系较为准确的场合下一般使用正比计数器。盖革计数器现在已经很少用了。

（1）正比计数器和盖革计数器　计数管有玻璃的外壳，内充填惰性气体（如氩、氪、氙等）。阴极为一金属圆筒，阳极为共轴的金属丝。由云母或铁等低吸收系数材料制成。阴、阳极之间保持一个电位差，对正比计数管，这个电位差为600～900V。

X射线光子能使气体电离，所产生的电子在电场作用下向阳极加速运动，这些高速的电子足以再使气体电离，而新产生的电子又可引起更多气体电离，于是出现电离过程的连锁反应。在极短时间内，所产生的大量电子便会涌向阳板金属丝，从而出现一个可以探测到的脉冲电流。这样，一个X射线光子的照射就有可能产生大量离子，这就是气体的放大作用。计数管在单位时间内产生的脉冲数称为计数率，它的大小与单位时间内进入计数管的X射线光子数成正比，亦即与X射线的强度成正比。

正比计数器所绘出的脉冲大小（脉冲的高度）和它所吸收的X射线光子能量成正比。因此，只要在正比计数器的输出电路上加上一个脉高分析器（脉冲幅度分析器），对所接收的脉冲按其高度进行甄别，就可获得只由某一波长X射线产生的脉冲。然后对其进行计数。从而排除其他波长的辐射（如白色X射线、样品的荧光辐射）的影响。正由于这一点，正比计数器测定衍射强度就比较可靠。

正比计数器反应极快，它对两个连续到来的脉冲的分辨时间只需6～10s。光子计数效率很高，在理想的情况下没有计数损失。正比计数器性能稳定，能量分辨率高，背底脉冲极低。正比计数器的缺点在于对温度比较敏感，计数管需要高度稳定的电压，又由于雪崩放电所引起电压的瞬时脱落只有几毫伏，故需要强大的放大设备。

盖革计数器与正比计数器的结构与原理相似。但它的气体放大倍数很大，输出脉冲的大小与入射X射线的能量无关。对脉冲的分辨率较低，因此具有计数的损失。

（2）闪烁计数管　闪烁计数管是利用X射线激发某些晶体的荧光效应来探测X射线的。它是由首先将接收到的X射线光子转变为可见光光子，再转变为电子，然后形成电脉冲而进行计数的。它主要由闪烁体和光电倍增管两部分组成。闪烁体是一种在受到X射线光子轰击时能够发出可见光荧光的晶体，最常用的是用铊活化的碘化钠NaI（TI）单晶体。

光电倍增管的作用则是将可见光转变为电脉冲。闪烁晶体位于光电倍增器的面上，其外侧用铍箔密封，以挡住外来的可见光，但可让X射线较顺利通过。当闪烁晶体吸收了X射线光子后，即发出闪光（可见的荧光光子），后者投射到光电倍增器的光敏阴极上，使之迸出光电子。然后在电场的驱使下，这些电子被加速并轰击光电倍增器的第一个倍增极（它相对于阴极具有高出约100V的正电位），并由于次级发射而产生附加电子。在光电倍增器中通常有10或11个倍增级，每一个倍增极的正电位均较其前一个高出约100V。于是电子依次经过各个倍增极，最后在阳板上便可收结到数量极其巨大的电子，从而产生一个电脉冲，其数量级可达几伏。产生的脉冲的数量与入射的X射线光子的数目有关，亦即与X射线的强度有关。因此它可以用来测量X射线的强度。同时，脉冲的大小与X射线的能量有关，因此，它也可像正比计数器那样，用一个脉高分析器，对所接收的脉冲按其高度进行甄别。闪烁计数器的反应很快，其分辨时间达8～10s。因而在计数率达到5～10次/秒以下时，不会有计数的损失。

闪烁计数器的缺点是背底脉冲高。这是因为即使在没有X射线光电子进入计数管时，仍会产生“无照电流”的脉冲。其来源为光敏阴极因热离子发射而产生的电子。此外，闪烁计数器的价格较贵。晶体易于受潮解而失效。除了气体探测器和闪烁探测器外，近年来一些高性能衍射仪采用固体探测器和阵列探测器。固体探测器，也称为半导体探测器，采用半导体原理与技术，研制了锂漂移硅 Si（Li）或锂漂移锗 Ge（Li）固体探测器，固体探测器能量分辨率好，X 光子产生的电子数多。固体探测器是单点探测器，也就是说，在某一时候，它只能测定一个方向上的衍射强度。如果要测不止一个方向上的衍射强度，就要作扫描，即要一个点一个点地测，扫描法是比较费时间。现已发展出一些一维的（线型）和二维（面型）阵列探测器来满足此类快速、同时多点测量的实验要求。所谓阵列探测器就是将许多小尺寸（如 50μm）的固体探测器规律排列在一条直线上或一个平面上，构成线型或平面型阵列式探测器。阵列探测器一般用硅二极管制作。这种一维的（线型）或二维的（面型）阵列探测器，既能同时分别记录到达不同位置上的 X 射线的能量和数量，又能按位置输出到达的 X 射线强度的探测器。阵列探测器不但能量分辨率好，灵敏度高，且大大提高探测器的扫描速度，特别适用于 X 射线衍射原位分析。

3）X 射线检测记录装置

这一装置的作用是把从计数管输送来的脉冲信号进行适当的处理，并将结果加以显示或记录。它由一系列集成电路或晶体管电路组成。其典型的装置如图 2-9 所示。

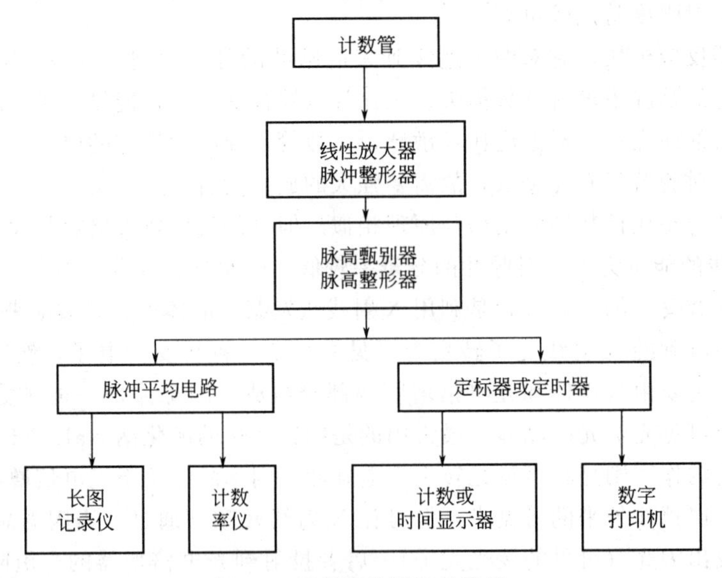

图 2-9　X 射线检测记录装置

由计数管所产生的低压脉冲，首先在前置放大器中经过放大，然后传送到线性放大器和脉冲整形器中放大、整形，转变成其脉高与所吸收 X 射线光子的能量成正比的矩形脉冲。输出的矩形脉冲波再通过脉高甄别器和脉高分析器，把脉高不符合于指定要求的脉冲甄别开，只让其脉高与所选用的单色 X 射线光子的能量相对应的脉冲信号通过。所通过的那些脉高均一的矩形脉冲波可以同时分别输往脉冲平均电路和计数电路。

脉冲平均电路的作用是使在时间间隔上无规则地输入的脉冲减为稳定的脉冲平均电流，后者的起伏大小与平均脉冲速率成正比，亦即与接收到的 X 射线的强度成正比。脉冲平均电路具有一个可调的电容来调节时间常数 RC 的大小。RC 大，脉冲电流的平波效应就强，电流随时间变化的细小差别相应减小。RC 小，则可以提高对这些细节的分辨能力。由脉冲平均电路输出的平均电流，然后馈送给计数率仪和长图自动记录仪。从计数率仪的微安计上可以直接读得脉冲平均电流的大小。长图自动记录仪把电流的起伏转变为电位差的变化，并带动记录笔画出相应的曲线，而记录纸的走纸速度则与计数管绕测角计轴线转动的速度（扫描速度）成正比关系。所以长图自动记录仪能够以强度分布曲线的形式自动记录下X射线衍射强度随衍射角 2θ 的变化，提供直观而又可以永久保存的衍射图谱。

计数电路由定标器和定时器组成。定标器的作用是对输入的脉冲进行计数。定标器与定时器相配合，可以定时计数（在规定的时间内进行累计计数），也可以定标计时（计算达到预定计数数目时所需的时间）。定标一定时电路的输出可有几种不同的方式来显示或记录。一是由数码管直接显示出数字，它允许显示一定位数以内的任何累计计数，二是由数字打印器把结果打印出来。

2.2.3　衍射实验方法

X射线衍射实验方法包括样品制备、实验参数选择和样品测试。

1）样品制备

在衍射仪法中，样品制作上的差异对衍射结果所产生的影响，要比照相法中大得多。因此，制备符合要求的样品，是衍射仪实验技术中的重要一环，通常制成平板状样品。衍射仪均附有表面平整光滑的玻璃或铝质的样品板，板上开有窗孔或不穿透的凹槽，样品放入其中进行测定。

（1）粉晶样品的制备

① 将被测试样在玛瑙研钵中研成 $5\mu m$ 左右的细粉；

② 将适量研磨好的细粉填入凹槽，并用平整光滑的玻璃板将其压紧；

③ 将槽外或高出样品板面多余粉末刮去，重新将样品压平，使样品表面与样品板面一样平齐光滑。

（2）特殊样品的制备　对于金属、陶瓷、玻璃等一些不易研成粉末的样品，可先将其锯成窗孔大小，磨平一面，再用橡皮泥或石蜡将其固定在窗孔内。对于片状、纤维状或薄膜样品也可取窗孔大小直接嵌固在窗孔内。但固定在窗孔内的样品其平整表面必须与样品板平齐，并对着入射X射线。

2）测量方式和实验参数选择

（1）测量方式　衍射测量方式有连续扫描和步进扫描法。

连续扫描法是由脉冲平均电路混合成电流起伏，而后用长图记录仪描绘成相对强度随 2θ 变化的分布曲线。步进扫描法是由定标器定时或定数测量，并由数据处理系统显示或打印，或由绘图仪描绘成强度随 2θ 变化的分布曲线。

不论是哪一种测量方式，快速扫描的情况下都能相当迅速地给出全部衍射花样，它适合于物质的预检，特别适用于对物质进行鉴定或定性估计。对衍射花样局部做非常慢的扫描，适合于精细区分衍射花样的细节和进行定量的测量。例如，混合物相的定量分析，精确的晶面间距测定、晶粒尺寸和点阵畸变的研究等。

（2）实验参数选择

① 狭缝：狭缝的大小对衍射强度和分辨率都有影响。大狭缝可得较大的衍射强度但降低分辨率，小狭缝提高分辨率但损失强度，一般如需要提高强度时宜选取大些狭缝，需要高分辨率时宜选小些狭缝，尤其是接收狭缝对分辨率影响更大。每台衍射仪都配有各种狭缝以供选用。

② 时间常数和预置时间：连续扫描测量中采用时间常数，客观存在是指计数率仪中脉冲平均电路对脉冲响应的快慢程度。时间常数大，脉冲响应慢，对脉冲电流具有较大的平整作用，不易辨出电流随时间变化的细节，因而，强度线形相对光滑，峰形变宽，高度下降，峰形移向扫描方向；时间常数过大，还会引起线形不对称，使一条线形的后半部分拉宽。反之，时间常数小，能如实绘出计数脉冲到达速率的统计变化，易于分辨出电流时间变化的细节，使弱峰易于分辨，衍射线形和衍射强度更加真实。计数率仪均配有多种可供选择的时间常数。步进扫描中采用预置时间来表示定标器一步之内的计数时间，起着与时间常数类似的作用，也有多种可供选择的方式。

(3) 扫描速度和步宽 连续扫描中采用的扫描速度是指计数器转动的角速度。慢速扫描可使计数器在某衍射角度范围内停留的时间更长，接收的脉冲数目更多，使衍射数据更加可靠。但需要花费较长的时间，对于精细的测量应采用慢扫描，物相的预检或常规定性分析可采用快扫描，在实际应用中可根据测量需要选用不同的扫描速度。步进扫描中用步宽来表示计数管每步扫描的角度，有多种方式表示扫描速度。

(4) 走纸速度和角放大 连续扫描中的走纸速度起着与扫描速度相反的作用，快走纸速度可使衍射峰分得更开，提高测量准确度。一般精细的分析工作可用较快速的走纸，常规的分析可使走纸速度适当放慢些。步进扫描中用角放大来代替纸速，大的角放大倍数可使衍射峰拉得更开。

3) 注意事项

(1) 制样中应注意的问题

① 样品粉末的粗细：样品的粗细对衍射峰的强度有很大的影响。要使样品晶粒的平均粒径在 5μm 左右，以保证有足够的晶粒参与衍射。并避免晶粒粗大、晶体的结晶完整，亚结构大，或镶嵌块相互平行，使其反射能力降低，造成衰减作用，从而影响衍射强度。

② 样品的择优取向：具有片状或柱状完全解理的样品物质，其粉末一般都呈细片状，在制作样品过程中易于形成择优取向，形成定向排列，从而引起各衍射峰之间的相对强度发生明显变化，有的甚至是成倍地变化。对于此类物质，要想完全避免样品中粉末的择优取向，往往是难以做到的。不过，对粉末进行长时间（例如达半小时）的研磨，使之尽量细碎；制样时尽量轻压；必要时还可在样品粉末中掺和等体积的细粒硅胶：这些措施都能有助于减少择优取向。

(2) 实验参数的选择 根据研究工作的需要选用不同的测量方式和选择不同的实验参数，记录的衍射图谱不同，因此在衍射图谱上必须标明主要的实验参数条件。

2.3 硬度计

2.3.1 概述

硬度反映了材料弹塑性变形特性，是一项重要的力学性能指标。与其他力学性能的测试方法相比，硬度实验具有下列优点：试样制备简单，可在各种不同尺寸的试样上进行实验，实验后试样基本不受破坏；设备简便，操作简便，测量速度快。所以，硬度实验在实际中得到广泛的应用。硬度和材料的摩擦磨损性能之间存在一定的关系，通常情况下，材料的硬度越大，摩擦系数越小，耐磨性越好，材料的硬度越小，摩擦系数越大，耐磨性越差。所以，研究材料的摩擦磨损性能，有必要对其摩擦表面的硬度进行研究。本节主要介绍洛氏硬度计的基本构造及使用。

2.3.2　洛氏硬度计的构造

洛氏硬度计种类很多，构造各不相同，但构造原理及主要部件都相同。具体结构示意图如图 2-10 所示。

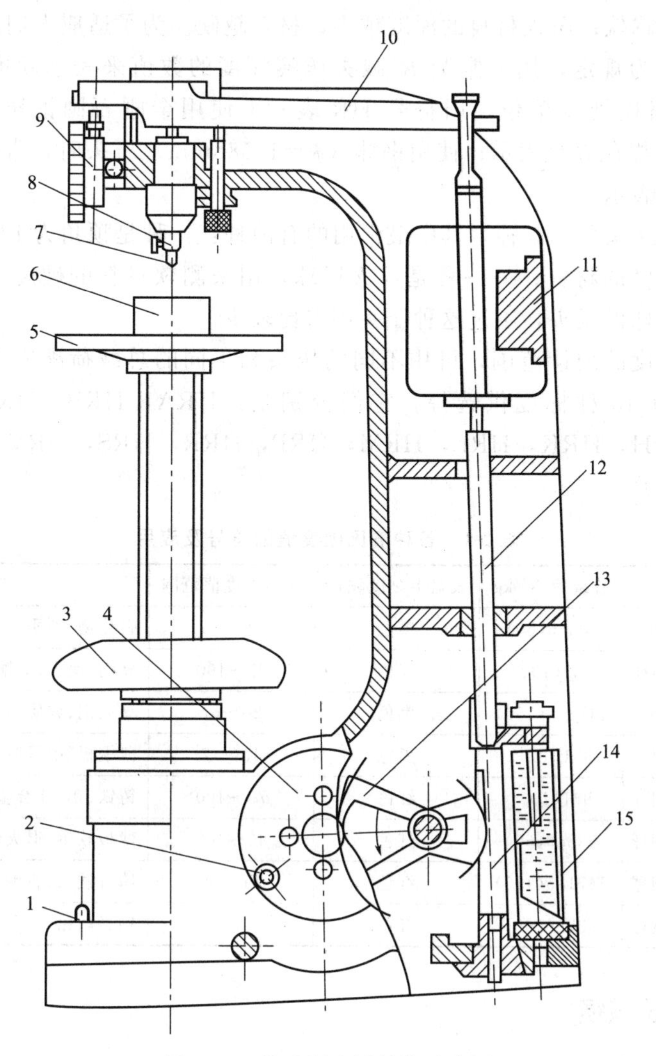

图 2-10　洛式硬度计结构示意图

1—按钮；2—手柄；3—手轮；4—转盘；5—工作台；6—试样；7—压头；8—压轴；9—指示器表盘；10—杠杆；11—砝码；12—顶杆；13—扇齿轮；14—齿条；15—缓冲器

洛氏硬度测量时，旋转手轮 3 工作台 5 抬升，使试样与压头 7 接触，继续旋转手轮，通过压头和压轴 8 顶起杠杆 10，并带动指示器表盘 9 的指针转动，待指示器表盘中小针对准黑点，大针置于垂直向上位置时（左右偏移不超过 5 格），试样即施加了初载荷。随后转动指示器表盘，使大针对准“0”（测 HRB 时对准“30”）。接下来旋转转盘 4，在砝码 11 重量的作用下，顶杆 12 便在缓冲器 15 的控制下均匀缓慢下降，使主载荷通过杠杆压轴和压头作用于试样上。停留数秒钟后再扳动手柄 2，使转盘顺时针方向转动至原来被锁住的位置。由于转盘上齿轮使扇齿轮 13、齿条 14 同时运转而将顶杆顶起，卸除了主载荷。这时指示器指针所指的读数即为所求的洛氏硬度值（HRC 和 HRA 读外圈黑色的 C 标尺，HRB 读内圈红色的 B 标尺）。

2.3.3 洛氏硬度测试法

洛氏硬度计测量法是最常用的硬度实验方法之一。它是用压头（金刚石圆锥或淬火钢球）在载荷（预载荷和主载荷）作用下，压入材料的塑性变形深度来表示的。通常压入材料的深度越大，材料越软；压入材料的深度越小，材料越硬。为了适应人们习惯上数值越大硬度越高的概念，人为规定，用一常数 K 减去压痕深度的数值来表示硬度的高低。并规定 0.002mm 为一个洛氏硬度单位，用符号 HR 表示。使用金刚石圆锥压头时，常数 K 为 0.2mm，硬度值由黑色表盘表示；使用钢球（$\phi=1.588$mm）压头时，常数 K 为 0.26mm，硬度值由红色表盘表示。

洛氏硬度计的压头共有 5 种，其中最常用的有两种：一种是顶角为 120°的金刚石圆锥压头，用来测试高硬度的材料；另一种是淬火钢球，用来测软材料的硬度。对于特别软的材料，有时还使用钢球做压头，不过这种压头用得比较少。

为扩大洛氏硬度的测量范围，可用不同的压头和不同的总载荷配成不同标度的洛氏硬度。洛氏硬度共有 15 种标度供选择，它们分别是：HRA，HRB，HRC，HRD，HRE，HRF，HRG，HRH，HRK，HRL，HRM，HRP，HRR，HRS，HRV。其中最常用的几种标度如表 2-1 所示。

表 2-1 各种洛氏硬度值的符号及应用

标度符号	压头	总载荷 N/kg	表盘上刻度颜色	常用硬度值范围	应用举例
HRA	金刚石圆锥	588.6(60)	黑色	78～85	碳化物、硬质合金、表面淬火钢等
HRB	1.588mm 钢球	981(100)	红色	25～100	软钢、退火钢、铜合金
HRC	金刚石圆锥	1471.5(150)	黑色	20～67	淬火钢、调质钢等
HRD	金刚石圆锥	981(100)	黑色	40～77	薄钢板、中等厚度的表面硬化工件
HRE	3.175mm 钢球	981(100)	红色	70～100	铸铁、铝、镁合金、轴承合金
HRF	1.588mm 钢球	588.6(60)	红色	40～100	薄板软钢、退火铜合金
HRG	1.588mm 钢球	1471.5(150)	红色	31～94	磷青铜、铍青铜
HRH	3.175mm 钢球	588.6(60)	红色		铝、锌、铅

2.4 扫描电子显微镜

2.4.1 概述

摩擦磨损表面形貌的分析是摩擦磨损实验最重要的组成部分。在摩擦学的相关研究中，摩擦表面形貌反映了材料的磨损状态，对材料表面摩擦形貌的分析是研究其磨损机制及磨损失效形式的一种重要方法。摩擦表面形貌的研究对材料磨损机制的判断非常重要，因为针对不同的磨损机制，可以提出预防磨损损失的措施。一直以来，摩擦学研究者对于摩擦表面形貌的表征提出了很多的方法，但也存在一些问题，如一些检测及表征手段借鉴于机械加工领域中对于表面形貌的表征方法，对于摩擦表面形貌的准确表征具有一定的局限性，因而，积极研究磨损表面的形貌分析，对摩擦学领域问题的研究具有指导意义。

2.4.2 扫描电子显微镜的构造

扫描电镜主要由以下部件构成：电子光学系统，包括电子枪、电磁透镜和扫描线圈等；机械系统，包括支撑部分、样品室；真空系统；样品所产生信号的收集、处理和显示系统。

扫描电镜的构造示意图如图 2-11 和图 2-12 所示。

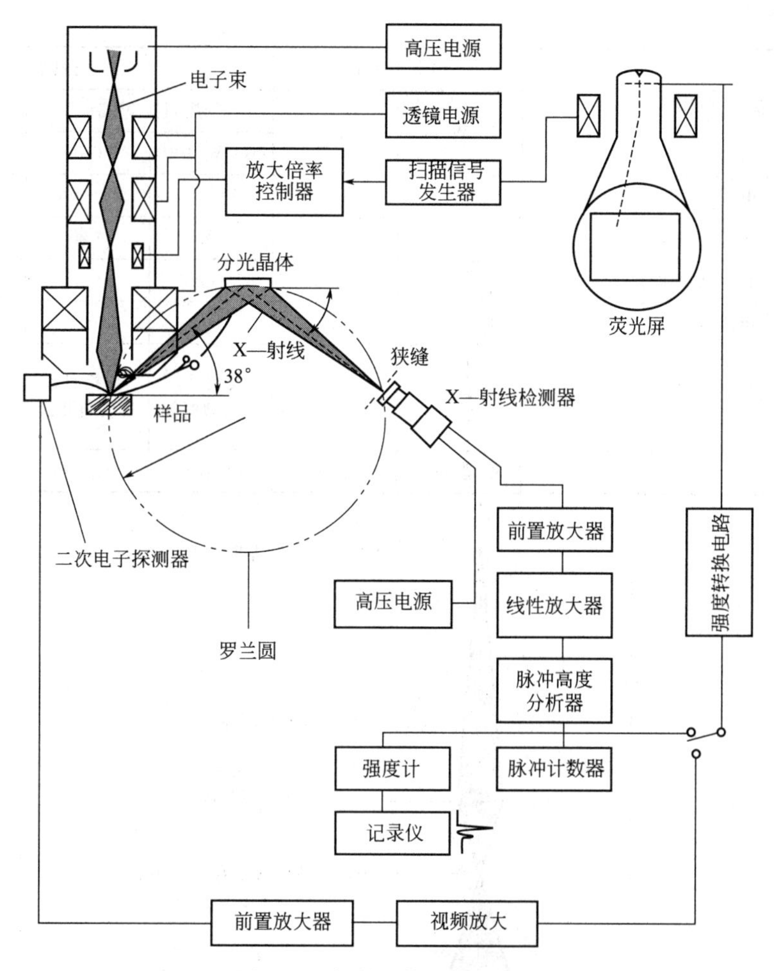

图 2-11　扫描电镜系统方框图

1）电子光学系统

电子光学系统主要包括电子枪、电磁聚光镜、扫描线圈、光阑组件。

为了获得较高的信号强度和扫描像，由电子枪发射的扫描电子束应具有较高的亮度和尽可能小的束斑直径。

常用的电子枪有三种：普通热阴极三极电子枪、六硼化镧阴极电子枪和场发射电子枪，其性能如表 2-2 所示。

表 2-2　几种类型电子枪性能比较

项目		热电子发射		场发射		
		W	LaB_6	热阴极 FEG		冷阴极 FEGW(310)
				ZrO/W(100)	W(100)	
亮度(在 200kV 时)/$A \cdot cm^{-2} \cdot str^{-1}$		约 5×10^5	约 5×10^6	约 5×10^8	约 5×10^8	约 5×10^8
光源尺寸		50μm	10μm	0.1～1μm	10～100μm	10～100μm
能量发散度/eV		2.3	1.5	0.6～0.8	0.6～0.8	0.3～0.5
使用条件	真空度/Pa	10^{-3}	10^{-5}	10^{-7}	10^{-7}	10^{-8}
	温度/K	2800	1800	1800	1600	300

续表

项　目		热电子发射		场发射		
		W	LaB_6	热阴极 FEG		冷阴极 FEGW(310)
				ZrO/W(100)	W(100)	
发射	电流/μA	约 100	约 20	约 100	20～100	20～100
	短时间稳定度	1%	1%	1%	7%	5%
	长时间稳定度	1%/h	3%/h	1%/h	6%/h	5%/15min
	电流效率	100%	100%	10%	10%	1%
维修		无需	无需	安装时，稍微费时间	更换时，要安装几次	每隔数小时必须进行一次闪光处理
价格/操作性		便宜/简单	便宜/简单	贵/容易	贵/容易	贵/复杂

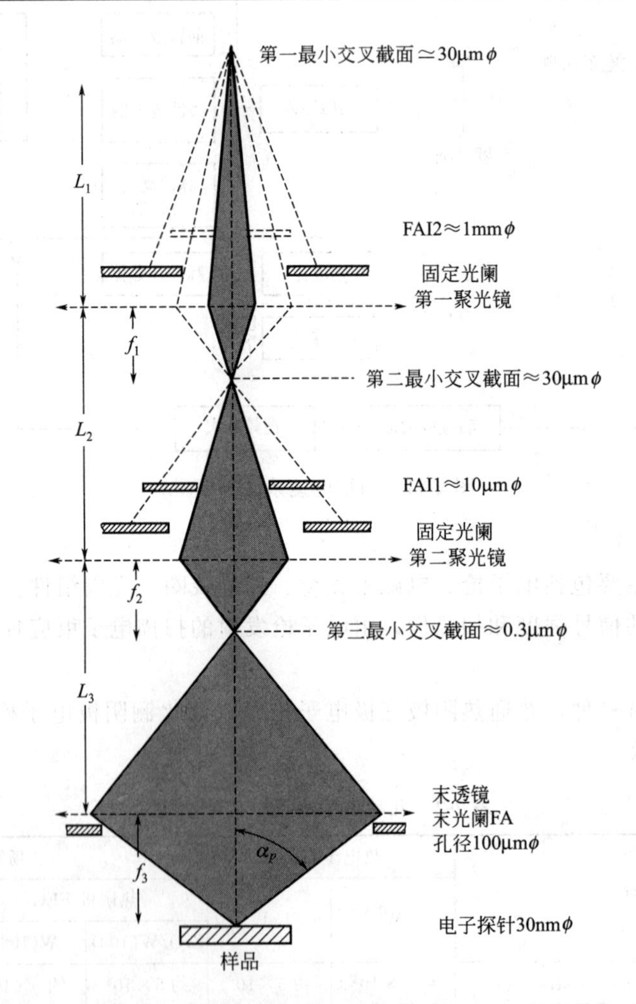

图 2-12　扫描电镜电子光路图

电磁聚光镜的功能是把电子枪的束斑逐级聚焦缩小，因照射到样品上的电子束光斑越小，其分辨率就愈高。

扫描电镜通常都有三个聚光镜，前两个是强透镜，缩小束斑，第三个透镜是弱透镜，焦距长，便于在样品室和聚光镜之间装入各种信号探测器。为了降低电子束的发散程度，每级聚光镜都装有光阑。为了消除像散，装有消像散器。

扫描线圈的作用是使电子束偏转，并在样品表面作有规则的扫动，电子束在样品上的扫描动作和在显像管上的扫描动作由同一扫描发生器控制，保持严格同步。

当电子束进入偏转线圈时，方向发生转折，随后又由下偏转线圈使它的方向发生第二次转折，再通过末级透镜的光心射到样品表面。在上下偏转线圈的作用下，在样品表面扫描出方形区域，相应地在样品上也画出一副比例图像。

2）机械系统

机械系统包括支撑部分和样品室。样品室中有样品台和信号探测器，样品台除了能夹持一定尺寸的样品，还能使样品作平移、倾斜、转动等运动，同时样品还可在样品台上加热、冷却和进行力学性能实验（如拉伸和疲劳）。

3）真空系统

如果真空度不足，除样品被严重污染外，还会出现灯丝寿命下降，极间放电等问题。对于像 Sirion200 型这种场发射灯丝扫描电镜而言，样品室的真空一般不得低于 1×10^{-5} Pa，它由机械真空泵和分子泵来实现；电镜镜筒和灯丝室的真空不得低于 4×10^{-7} Pa，它由离子泵来实现。

4）信号的收集、处理和显示系统

样品在入射电子束作用下会产生各种物理信号，有二次电子、背散射电子、特征 X 射线、阴极荧光和透射电子。不同的物理信号要用不同类型的检测系统。它大致可分为三大类，即电子检测器、阴极荧光检测器和 X 射线检测器。

2.4.3　扫描电子显微镜操作规程及要求

1）开机（电源开关和准备开关均为打开状态）

（1）开水（系统不报警方可）；

（2）开总电源；

（3）电气柜后面开关打开，将自动/手动（AUTO/MAN）开关拨到自动（AUTO）的位置，此时电炉进行加热；

（4）抽真空 30min 后，断开准备开关；

（5）开系统软件；

（6）打开主机前面面板上的电气柜开关（CONSOLEPOWER），抽真空 10min。

2）准备观测图像

（1）打开 V1 阀，此时镜筒真空已准备好，用左手延径向水平方向拉开 V1 阀，阀杆下面的弹片将 V1 阀固定在打开位置；

（2）加高压（30kV）导电性不好的产品（20～25kV），加高压时最好按着每步的速度逐步增加，如果长按按钮，高压会连续快速增加，不容易控制到要求的数值；

（3）调节对比度和亮度：①调节对比度，使图像上出现一些噪声为最佳，一般情况下在 60 左右；②调节图像亮度，使屏幕显示的灰度合适，一般情况下，相应的数字参数值为 0～20；

（4）加灯丝：顺时针慢慢旋转灯丝加热旋钮，直至发射束流饱和，灯丝加热旋钮指示正常，调节偏压束流为 100μA 左右；

（5）机械对中：每次换灯丝后需旋转镜筒头上的三个螺钉，使图像显示到最清楚的点；

(6) 物镜光阑对中（合轴）：①选区，并挑选图像上的一个特征点；②选择放大倍数1000～2000范围；③反复调节粗调，使图像聚焦至不聚焦往返进行，观察图像的移动；④调节物镜光阑的两个旋钮，使图像不发生位移或图像移动最小为止；

(7) 像散消除：选择“选区”位置，从放大倍数1000倍开始消像散，增加到欲观察的放大倍数下再次消像散直至图像没有拉长现象；

(8) 拍照、保存。

3) 系统停机

(1) 关闭加热灯丝：逆时针旋转灯丝加热旋钮到底，旋钮标记指示在“ON”的位置，束流显示的束流为0UA；

(2) 将对比度降至最低，使其数字参数值为0，关闭高压，使其数字参数值为0；

(3) 关闭V1阀：用左手将V1阀阀杆下面的弹片沿上按在阀杆上，用手掌径向水平推V1阀，当V1阀完全推到底后，再用力推一下V1阀的阀杆，确保V1阀完全关闭；

(4) 关闭主机面板上的电气柜开关，打开准备开关，将主机后的开关自动/手动(AUTO)/(MAN)打到手动（MAN）的位置，冷却电炉30min；

(5) 关闭系统软件—关电气柜开关（后）—关总电源—关水。

4) 扫描电子显微镜的注意事项

(1) 进入工作室严禁大声喧哗；

(2) 在真空度没有达到要求之前，镜筒隔离阀V1决不能打开；

(3) 在扩散泵开始加热20min期间，主阀V5决不能打开；

(4) 真空控制方式从手动转自动时，要特别注意每个手动阀门是否为关闭状态；

(5) 在没有进入高真空之前，决不能接通探测器高压，电子枪及灯丝加热电源；

(6) 不要在关控制台电源（CONSOLE POWER）的同时。立刻放气到样品室和电子枪，以免引起电子枪探测器上残余高压放电，损坏灯丝及闪烁体；

(7) 不要在通电情况下，进行印刷板及导线插头的插接；

(8) 如果镜筒部分没有放气，不要拔掉物镜光阑杆；

(9) 在样品室放气的情况下，不要手动打开主阀和V1阀；

(10) 长时间不使用电镜时，每周至少保持抽真空两次，保持机器内真空度良好；

(11) 观察机械泵的油不少于2/3；

(12) 停水的时候，机器会出现报警，此时将主机后面板打开，接一盆凉水，用湿布给电炉手动降温，直至电炉不再热为止（30min左右）最后再关闭电气柜开关和总电源。

2.5 X射线光电子能谱仪

2.5.1 概述

材料的摩擦磨损，尤其是高分子材料的摩擦磨损的表面结构分析和元素分析十分重要。有机化合物与聚合物主要由C、H、O、N、S、P和其他一些金属元素组成的各种官能团构成，为深入研究其摩擦磨损机制，就必须能够对这些官能团进行定性和定量的分析和鉴别。X射线光电子能谱（XPS）由于其对材料表面化学性能的高度识别能力，成为材料分析的一种重要技术手段。X射线光电子能谱（XPS）也被称作化学分析用电子能谱（ESCA）。该方法是在20世纪60年代由瑞典科学家Kai Siegbahn教授发展起来的。由于在光电子能谱的理论和技术上的重大贡献，1981年，Kai Siegbahn获得了诺贝尔物理奖。三十多年来，

X射线光电子能谱无论在理论上和实验技术上都已获得了长足的发展。XPS已从刚开始主要用来对化学元素的定性分析，已发展为表面元素定性、半定量分析及元素化学价态分析的重要手段。XPS的研究领域也不再局限于传统的化学分析，而扩展到现代迅猛发展的材料学科。目前该分析方法在日常表面分析工作中的份额约50%，是一种最主要的表面分析工具。

2.5.2　X射线光电子能谱仪工作原理和结构

（1）X射线能谱仪工作原理　X射线能谱仪为扫描电镜附件，其原理为电子枪发射的高能电子由电子光学系统中的两级电磁透镜聚焦成很细的电子束来激发样品室中的样品，从而产生背散射电子、二次电子、俄歇电子、吸收电子、透射电子、X射线和阴极荧光等多种信息（电子束与样品的相互作用所产生的各种信息见图2-13）。若X射线光子由Si（Li）探测器接收后给出电脉冲讯号，由于X射线光子能量不同（对某一元素能量为一不变量）经过放大整形后，送入多道脉冲分析器，通过显像管就可以观察按照特征X射线能量展开的图谱。一定能量上的图谱表示一定元素，图谱上峰的高低反映样品中元素的含量（量子的数目），这就是X射线能谱仪的基本原理（见图2-14）。

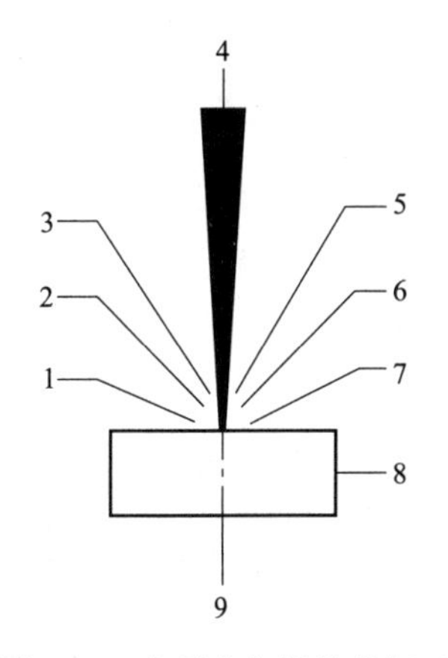

图2-13　电子束与样品的相互作用产生信息示意图

1—电动势；2—阴极发光；3—X光；4—电子束；5—二次电子；6—背散射电子；7—俄歇电子；8—吸收电子；9—透射电子

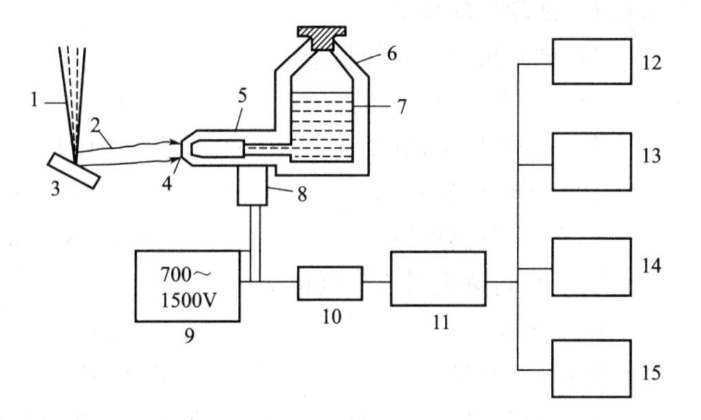

图2-14　X射线能谱仪示意图

1—入射电子束；2—X射线；3—样品；4—铍窗；5—Si（Li）探头和场效应晶体管；6—杜瓦瓶；7—液氮；8—前置放大器；9—偏压电源；10—放大器；11—多道脉冲分析器；12—显像管；13—x-y记录仪；14—电传打字机；15—磁带记录

（2）X射线能谱仪的结构　能谱仪的结构由半导体探测器、前置放大器和多道脉冲分析器组成。它是利用X射线光子的能量来进行元素分析的。X射线光子有锂漂移硅Si（Li）探测器接收后给出电脉冲信号，该信号的幅度随X射线光子的能量不同而不同。脉冲信号再经放大器放大整形后，送入多道脉冲高度分析器，然后根据X射线光子的能量和强度区分样品的种类和高度。

2.5.3　X射线光电子能谱仪特点

1）能谱仪的优点

（1）能快速、同时对除H和He以外的所有元素进行元素定性、定量分析，几分钟内就可完成；可以直接测定来自样品单个能级光电发射电子的能量分布，且直接得到电子能级结构的信息。

（2）对试样与探测器的几何位置要求低，对 W.D 的要求不是很严格，可以在低倍率下获得 X 射线扫描、面分布结果。

（3）能谱所需探针电流小，是一种无损分析，对电子束照射后易损伤的试样，例如生物试样、快离子试样、玻璃等损伤小。

（4）是一种高灵敏超微量表面分析技术，分析所需试样 8～10g 即可，绝对灵敏度高达 10～18g，样品分析深度约 2nm。

2）能谱仪的缺点

（1）分辨率低，比 X 射线波长色散谱仪的分辨率（～10 电子伏）要低十几倍。

（2）峰背比低（约为 100），比 X 射线波长色散谱仪的要低 10 倍，定量分析尚存在一些困难。

（3）Si（Li）探测器必须在液氮温度下保存和使用，因此要保证液氮的连线供应。

（4）不能分析 Z 小于 11 的元素，分辨率、探测极限以及分析精度都不如波谱仪。因此，它常常跟波谱仪配合使用。

2.6 M-2000 摩擦磨损试验机

2.6.1 试验机的构造

1）试验机的主要规格

（1）最大负荷　　2000N

（2）负荷测量范围　　0～300N

（3）下试样轴转速　　400，200r/min

（4）上试样轴转速　　360，180r/min

（5）负荷刻度尺之分度值 L

0～300N　　10N/格

300～2000N　　50N/格

（6）摩擦力矩测量范围为 0～15N・m，见表 2-3。

表 2-3　摩擦力矩测量范围

摩擦力矩测量范围 4 级	标尺最小刻度值	摩擦力矩测量范围 4 级	标尺最小刻度值
0～1N・m	0.02N・m/格	0～10N・m	0.2N・m/格
0～5N・m	0.1N・m/格	0～15N・m	0.2N・m/格

（7）上试样的轴向最大移动距离为＋4mm。

（8）双速电动机：

① 三相，380V，50Hz

② 转速为 2870 转/分；1440 转/分

③ 功率为 1kW 和 0.75kW

（9）试验机外形尺寸（长×宽×高）为 970mm×660mm×1100mm

（10）重量约 500kg。

2）结构简述

M-2000 型磨损试验机结构示意图如图 2-15 所示。

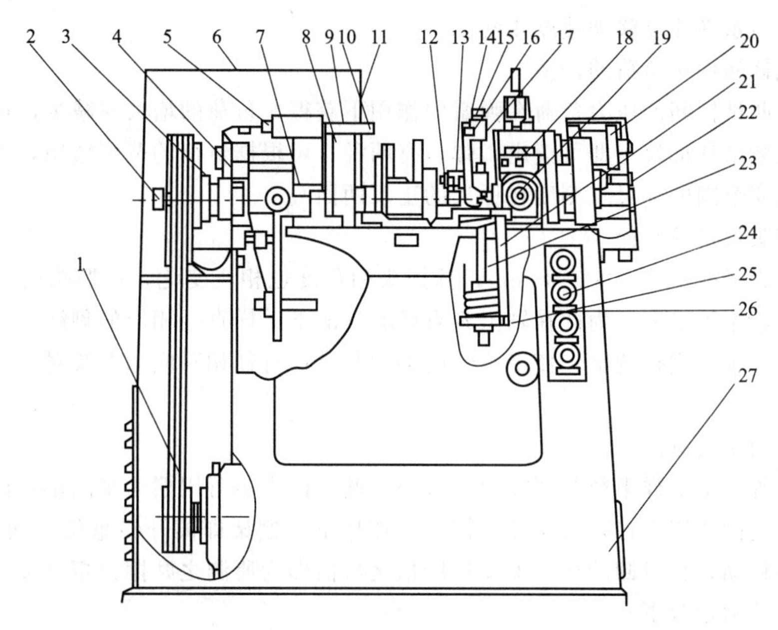

图 2-15　M-2000 型磨损试验机结构示意图

1—双速电机；2—轴；3—三角皮带；4—齿轮；5—摩擦盘；6—小滚轮；7—摆架；8—内齿轮；9—重砣；10—小轴；11—挡钉；12—下试样轴；13—试样；14—上试样轴；15—螺钉；16—锁紧螺钉；17—摇杆；18—插销；19—弹簧；20—反向齿轮；21—标尺；22—销子；23—弹簧心杆；24—开关；25—螺帽；26—按钮板；27—电源开关

（1）上下试样轴的动转

双速电动机通过三角皮带齿轮带动下试样轴，使下试样轴以 200 转/分（或 400 转/分）的速度转动；通过蜗杆轴、滑动齿轮和齿轮的传递，使上下试样轴以 180 转/分（或 360 转/分）的速度转动。当上下试样轴都转动且两试样直径相同时，由于上下试样轴转速度不同（除滚动摩擦外），则在试样间有 10%的滑率，使试样间带有滑动摩擦；改变试样直径，即可使这种滑率增大或减少，如果提高滑动速度，将滑动齿轮移至右端与反向齿轮啮合，使上试样轴反向旋转即可。为了防止试验时螺帽松动，因此上试样轴上的螺纹是左旋的，而上试样轴上的螺纹则是右旋的。

（2）上试样轴的固定

当做滑动摩擦试验时，为使上试样轴不转动，应把滑动齿轮移至中间位置，齿轮必须用销子固定在摇摆头上。

（3）上试样轴水平往复移动和垂直运动

上试样轴在水平方向上的水平往复移动是借助轴上的偏心轮实现的。其往复运动的速度有两种：快速时，首先将伞齿轮用销钉固定在蜗杆轴上，利用伞齿轮和蜗杆轴传动实现；慢速时，应将销钉拨出，使伞齿轮自由的安装在蜗杆轴上，而轴的转动是直接通过蜗杆轴、蜗轮及小齿轮传动得到的。当下试样轴以 200 转/min 的速度运转时，上试样轴水平往复运动的频率：快速时，231 次/min；慢速时，16 次/min；其往复移动的距离，可以选配不同厚度的键，在＋4mm 的范围内进行调整。

间歇接触摩擦试验时，其加荷与卸荷是靠摇摆头垂直方向移动而获得的。垂直方向的移动是通过轴上的偏心轮和滚子来实现的。其移动距离可用调整螺杆和螺帽进行调整。其垂直往复运动速度与水平往复移动速度相同。

（4）两试样间作用负荷的调整

试验时，两试样间的压力负荷在弹簧的作用下获得，负荷的增大或减少，可用螺帽进行调整；负荷的数值从标尺上即可读出。弹簧有两种，可根据负荷的范围选用，不同的负荷范围必须选用相应范围的标尺（刻度在标尺的正反两面）。

（5）摇摆头重量的平衡

由于试样直径的变化（30～35mm）摇摆头的角度也相应变化，摇摆头的重心也随着变化，使摇摆头产生不平衡，为此在轴上刻有已验好的下试样直径相应的刻线，可根据试样的直径将平衡铊在轴上进行调整，使平衡铊的端面与试样直径相对应的刻线对正，从而实现对摇摆头的平衡。

（6）摩擦力矩的测定

摩擦力矩等于下试样半径与摩擦力的乘积，此摩擦力矩可用摆架来测量，试验时，可根据摩擦力矩的范围选用重铊，由于在摩擦力的作用下，摆架即离开铅垂位置而仰起一角度，指针亦随之而移动，在可卸的标尺上指针所指之数值即为所测之摩擦力矩（标尺有四种刻度都对应于一定的力矩范围）。

在试验过程中应选择最小的力矩范围，以便获得最大可能的灵敏度或最大可能的摩擦力矩读数精度。

例如：测定的摩擦力矩为 8N·m 时，则试验摩擦力矩范围应选为 10 牛顿 * 米，而不应选为 15N·m，如果在试验前不能确定试验摩擦力矩的大小，可先采用最大摩擦力矩范围 15N·m，进行试验几分钟，然后根据试验所得的摩擦力矩示值，即可确定适当的试验摩擦力矩范围。

为了调整不同的摩擦力矩范围，可在摆架上加上或卸去重铊。表 2-4 列出每一摩擦力矩范围所需配置的重铊数。

表 2-4 每一摩擦力矩范围所需配置的重铊数

摩擦力矩范围	重铊数量	重铊标记	摩擦力矩范围	重铊数量	重铊标记
1N·m	1	A	10N·m	3	A+B+C
5N·m	2	A+B	15N·m	4	A+B+C+D

（7）描绘记录装置

在试验过程中摩擦力矩常试样表面质量因磨损发生的变化而变化，描绘记录装置能自动描绘出摩擦力矩值的变化与摩擦行程长度之间的关系曲线。

描绘记录纸全长为 80mm，相当于所选取的摩擦力短范围的最大值。如果选取的摩擦力矩范围为 15N·m 则记录长度 1mm 等于：

$$15/80=0.1875\text{N}\cdot\text{m}$$

如果选到的摩擦力矩范围为 10N·m，则记录长度 1mm 等于：

$$10/80=0.125\text{N}\cdot\text{m}$$。其余依此类推

描绘筒的转速是同下试样轴的转速成正比的。描绘筒轴带有一个调节管，调节管上装有两个齿轮，变更调节管上齿轮的啮合位置，描绘筒可得到两种不同的速度，高速和低速。根据据描绘的旋转，位移能确定摩擦所经过的路程，或确定下试样轴在试验过程中的转数。

假设圆试样的直径 1cm，而描绘记录纸的理论前进量为 1cm，则相应的摩擦行程应为：

① 若上试样固定不转，下试样旋转则：

高速时，记录纸前进 1cm，等于 5m（摩擦行程）；

低速时，记录纸前进 1cm，等于 250m（摩擦行程）。

② 若上下试样（直径均为 1cm）都转动下试样比上试样快 10％则：

高速时，记录纸前进 1cm，等于 0.5m（摩擦行程）；

低速时，记录纸前进 1cm，等于 25m（摩擦行程）；

③ 同样如不计算摩擦作用所经过的路程，而计算下试样的转数时，可表示为：

高速时，记录纸前进 1cm，等于 60 转；

低速时，记录纸前进 1cm，等于 8000 转。

（8）积分机构

积分机构可测定试验过程中摩擦功的数值：

积分机构的摩擦盘在试验机的左端，摩擦盘上有一个小滚轮，在试验过程中摩擦盘的旋转是通过蜗杆轴及齿轮的传递得到的；摩擦盘上的小滋轮在相互间摩擦的作用下亦随之而转动。小滚轮借助拉杆、拨叉与摆架相连，当拨叉上的刻度线对准标尺的零位时，小滚轮应位于摩擦盘的中心，拉杆因试样同摩擦力矩的变化而移动时，小滚轮就沿着摩擦盘的半径方向移动，由于小滚轮所在的位置不同，速度亦随之而变化。小滚轮的转数可在计数器上读出。

2.6.2　试验机的操作要求

1）试验前的准备

磨损试验方法应根据实际应用的磨损条件来选择，以便获得更准确的耐磨性能试验。按照所选择的磨损试验方法，根据有关规定，制作出合格的试样。

操作人员必须熟悉本机的结构特点和操作要求。

2）试验机的操作

（1）滑动摩擦试验

a. 将滑动齿轮向右移至中间位置，并用螺钉紧固，同时必须用销子将齿轮固定在摇摆头上。

b. 松开螺母，调整好往复移动的距离，然后将螺母紧固。

c. 将螺母松开，用螺杆将滚子提起，与偏心轮最高点脱开，直至两试样轴接触为止，然后紧牢螺母。

d. 确定欲施加的压力负荷，选用直应范围的弹簧和标尺。施加压力后要调整螺钉，使弹簧芯杆离开座的平面 2～3mm。

e. 如果需要测不定期摩擦力矩，可根据摩擦力矩大小选用相应范围的摩擦力矩标尺和重铊并使力矩标尺的指针对正零位。对零位时，应先将摇摆头掀起。然后，开车再调整平衡块，对下地零位。

f. 如果需测定摩擦功时，应检查小滚轮是不只位于摩擦盘的中心，如不在中心，可松开拨叉上的螺钉，移动轴，调整到空转时小滚轮不转动为止。

g. 如果需要描绘出摩擦力矩值的变化与摩擦行程长度之间的关系曲线图，需接上使描绘筒旋转动的小齿轮并把记录纸贴在描绘筒上，注意描绘筒旋转时，不要使描绘笔划到描绘纸重叠处。

h. 根据试验的需要记下计数器和的转数（因计数器不能复零），并把刻度盘调整到零位。

i. 如作湿摩擦试验时，须将盛油盒装于下试样下面，并在下试样轴上挂上链条，机器运转时，链条可自动将润滑液带到试样上进行润滑。

j. 以上工作完毕时，搬动摇摆头使两试样接触，调整螺母和螺钉使负荷标尺的指针对准零位，确定试验速度，即可开机，施加负荷，进行试验。

（2）滚动摩擦试验　由下试样带动上试样进行滚动摩擦试验的操作方法。

a. 将销子拨出使下试样带动上试样滚动进行试验。

b. 将螺母松开，用键将偏心轮调整到零位（即不偏心时），然后将螺母紧牢。

c. 将滑动齿轮向右移至中间位置，并用螺钉固牢。

其余操作参照滑动摩擦试验 c. ～j. 。

改变试样直径进行滚动摩擦试验的操作方法。

a. 将上试样直径作成大于下试样直径的10%。

b. 将销子拨出，将滑动齿轮移至左端位置，使其与齿轮啮合，并将滑动齿轮上的螺钉紧固。

c. 将螺母松开，用键将偏心轮调整到零位（即不偏心时），然后将螺母紧牢。

其余操作参照滑动摩擦试验 c. ～j. 。

（3）滚动滑动复合摩擦试验

a. 将销子拨出，把滑轮齿轮移至左端位置并用螺钉固牢，使其与齿轮啮合。

b. 当上下试样直径相同时，因上下试样轴的转速不同，因此在滚协摩擦中即带有10%的滑动摩擦，使上试样直径减少或增大时（录像片上试样直径正好大于下试样直径的10%外）均可获得滚动，滑动复合摩擦状态。

c. 松开螺母用键将偏心轮调整到零位（即不偏心时），然后将螺母紧牢。

其余操作参照滑动摩擦试验 c. ～j. 。

（4）间歇接触摩擦试验

a. 将销子拨出来，把滑动齿轮移至左端位置并用螺钉紧牢，使其与齿轮啮合。

b. 松开螺母，用螺杆调整滚子的上下位置，使滚子接触偏心轮的最低点，同时两试样亦应接触，由于偏心轮的偏心值为2.5mm，因此可得到上下最大摆动量为5mm。

其余操作方法参照滑动摩擦试验 d. 、i. 、j. 。

（5）操作时应注意的几个问题

a. 试验机在运转前必须用手轻轻转动内齿轮以检查试验机各部分是否处于正常状态，以防止在销子、螺钉未取出情况下进行试验，引起试验机的损坏。

b. 在开动试验机时，先扭转开关接通电源，然后一手按按钮开关，另一手要拉住摆架下端或推着摆架的上端，以防摆架产生大的冲击损坏试验机。

c. 间歇接触摩擦试验只允许作短时间试验或在压力负荷不大时使用。

d. 为了保证偏心轮的均匀行程，上试样轴在慢速往复移动时螺帽的下面必须垫上弹簧垫圈；上试样轴在高速往复移动时，必须将弹簧垫圈取下。

2.6.3　摩擦系数和摩擦功的测定

1）摩擦功的测定

根据齿轮的传动比关系，下试样轴转动一转时，摩擦盘的转数为：

$$1/72\times100/30\times35/35\times35/100=0.0162\text{ 转}$$

当下试样轴转 100 转时，则摩擦盘转 1.62 转，摩擦盘的有效半径为 80mm，小滚轮的直径为 41.3mm。

摩擦盘转 1 转时，小滚轮转：

$$(2\times 80\pi)/(41.3\pi)=3.874 \text{ 转}$$

所以下试样轴转 100 转时，小滚轮则转：

$$1.62\times 3.874=6.82 \text{ 转}=2\pi \text{ 转}$$

当力矩为最大值 M，且下试样轴转 N 转时，小滚轮应转：

$$(2\times 80\pi)/(41.3\pi)\times 1.62\times N/100=(2\pi n)/100 \text{ 转}$$

如果实际力矩为 m，那么当下试样轴的转数为 N 时，小滚轮的转数 n 为：

$$n=2\pi(m/M)(N/100)$$

下试样轴转 N 转时，摩擦功 Q 等于：

$$Q=2\pi NRF$$

式中　R——试样半径，m；

　　　F——摩擦力，N。

$RF=m$，即按刻度尺上所测的数值，以 N·m 为单位，因此摩擦功为：

$Q=2\pi Nm$ (J)，而 $N=(100nM)/(2\pi m)$，所以

结果说明：在下试样轴转 N 转的某一段时间的摩擦功，等于小滚轮在这一段时间内的转数 n 与最大力矩 M 的乘积。

2）摩擦系数的测定

（1）线接触试验（即作滚动摩擦，滚动滑动混合摩擦试验）。

$$U=Q/P=T/RP$$

式中　U——摩擦系数；

　　　T——摩擦力矩（在标尺上实际指示出的力矩值，N·m）；

　　　Q——摩擦力，N；

　　　P——试样所承受垂直负荷（标尺上实际指示出的负荷，N）；

　　　R——下试样的半径，m。

（2）α 角接触试验（即滑动摩擦试验）

$$U=T/(RP)*(a+\sin\alpha\cos\alpha)/(2\sin\alpha)$$

式中　α——上下试样之接触角；

　　　T——摩擦力矩（在标尺上实际指示出的摩擦力矩值，N·m）；

　　　P——试样所承受垂直负荷（标尺上实际指示出的负荷，N）；

　　　R——下试样的半径，m；

　　　U——摩擦系数。

（3）用摩擦功求平均摩擦系数

$$U=W/(2\pi RNP)$$

式中　W——测量的实际摩擦功，J；

　　　R——下试样半径，m；

　　　N——下试样的实际转数；

　　　P——试样所承受的垂直负荷（标尺上实际指示出的负荷，N）；

　　　U——摩擦系数。

2.6.4 耐磨性的评定

根据所选取磨损试验方法的不同以及材料本质的差异，可以选择不同的耐磨性能评定方法，以期获得精确的试验数据，现简单列举下述几种方法以供参考。

1）称重法

采用试样在试验前后重量之差，来表示耐磨性能的方法，由于两试样之间的摩擦所引起的磨损量，可以采用精度达万分之一的分析天平称量出试样试验前生重量之差而获得。试样在磨损前后必须严格进行去油污，烘干后再进行称量，否则因残余的油污会影响试验数据的准确性。

2）测量直径法

采用试样在试验前后直径的变化大小来表示耐磨性能的方法。

（1）用测微计（基于其他测量仪器）测量试样试验前生的直径变化而获得。

（2）本试验机所带小滚轮可用来精确测量试样直径试验前后的变化。

（3）切入法：采用磨痕宽度或磨损体积的大小来表示耐磨性能的方法，在滑动摩擦情况下，上试样固定不动可采用方形试样或圆形试样，当圆形试样对其进行滑动摩擦时，可产生不同宽度的磨痕，通过测量和计算，可得出不同大小的磨痕宽度或磨损体积，由此比较材料的耐磨性能。

2.7 动载磨料磨损试验机

2.7.1 试验机构造

1）试验机的主要技术规格

（1）冲击功：0～0.5kg·m

（2）冲锤重量：10kg

（3）冲击次数：50、100、150、200 次/分

（4）冲锤自由落体高度：0～50mm

（5）下试样轴转速：200r/min

（6）磨料粒度：0.1～4mm

（7）磨料流量：0～50kg/h

（8）电动机：JO_2-22-930r/min

（9）外形尺寸：长×宽×高为 980mm×440mm×1500mm

（10）重量：约 500kg

2）结构简述

MLD-10 型动载磨料磨损试验机结构示意图如图 2-16 所示。

（1）上下主轴的运转及冲击次数的调整　电动机通过小齿轮（3）带动大齿轮（4），使下主轴运转，在下主轴右端装有下试样（23），在下试样两侧装有橡胶圈（24）形成方形槽，磨料从槽中通过。

在大齿轮左端装有皮带轮（7），通过三角带传动带动上主轴的皮带轮（11）使上主轴旋转，在上主轴右端有偏心轮，通过偏心轮提升冲锤，使冲锤做往复式自由落体运动，从而实现冲击载荷。当换上偏心轮时，则实现冲锤无冲击载荷。当更换安装在下主轴左端不同直径的皮带轮（7）时，可使上主轴获得不同的转速，从而使冲锤获得（50、100、150、200 次/分）不同的冲击次数。

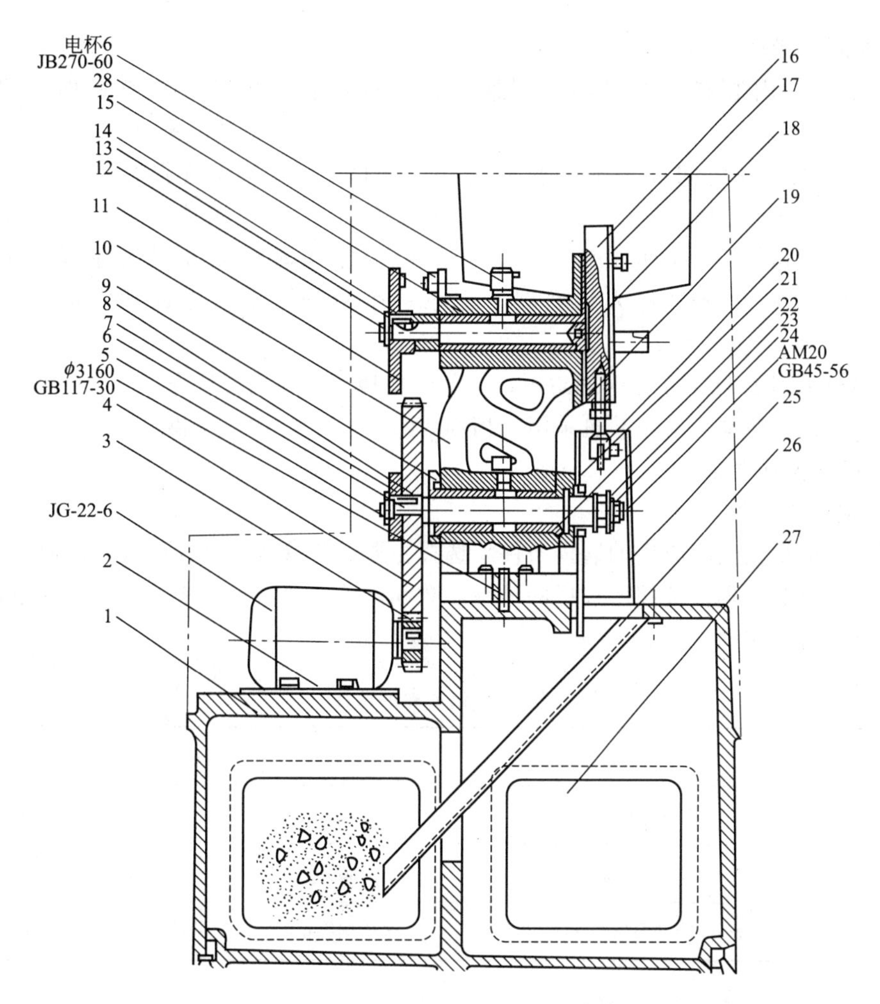

图 2-16　MLD-10 型动载磨料磨损试验机结构示意图

1—机座；2—垫板；3—小齿轮；4—大齿轮；5—轴端盖；6—下主轴；7—皮带轮；8—平锁；9—防尘罩；10—机身；11—大皮带轮；12—上主轴；13—上主轴盖；14—平锁；15—上轴瓦；16—冲锤；17—配重；18—偏心轮；19—试样杆；20—上试样；21—防尘罩；22—下轴瓦；23—下试样；24—橡胶圈；25—专用砂斗；26—筛子；27—机身门；28—吸尘嘴

（2）冲击功的调整　试验时，将手提销旋入冲锤螺孔内，将冲锤提起，插好安全销，将所选定的试样杆（19）装入冲锤下端，然后装上下试样（23），并将下试样螺母紧固，装卡好上试样，将冲锤提起，取下安全销和手提锤，使上下试样接触，根据所选择的冲击功 A_k，由下式可得冲锤自由落体高度 H（mm）

$$A_k = P \times H$$

式中，A_k 为选定值；P 为冲锤重量，10kg。

此时可将所求高度 H 值在冲锤刻线找出其对应值，然后可将试样卡杆旋入或旋出冲锤，使要求的冲锤刻线与机身上平面在同一平面内，找正上试样，将试样卡杆两螺母紧固。此时冲击功已为所需冲击功。

如进行无接触冲击试验，只是在调整时，首先确定上下试样的间隙，其冲击功的调整如上所述。

(3) 磨料流量的调整　将不同料度的磨料装入大砂斗 (31)，均匀地流到小砂斗 (29)，在小砂斗内装有刻度线的控制插板，调解控制插板的调整螺钉即可得到不同流量。

(4) 记数机构及时间控　本试验机采用了 LJ1-24 型晶体管接近开关与 JMD1-51 型电磁计数器配合使用，在大皮带轮 (11) 上固定一块金属块，当旋转的金属块接近开关的感应面，达到动作距离之时，开关内的振荡能量被金属物体以涡流形式吸收，使开关发出一个讯号送入计数器，记录一个数安，也就是冲锤完成了一次冲击动作。

本试验机采用了 DSJ-A 型时间继电器，其结构原理及使用方法详见其说明书。

(5) 电动机的驱动　本试验机采用 3 相 308V，50 周/秒的电源供电。

2.7.2 试验机操作要求

1) 试验前的准备

磨损试验应根据实际应用的磨损条件来选择主要试验参数和磨损形式，以便获得更准确的耐磨粒磨损试验数据。按照所选择的试验参数和试验方法，根据表 2-5 选择偏心轮，制备出合格的试样进行试验。

表 2-5　偏心轮的选择

冲锤重量	冲击功		
	范围	传递式选择	自由落体高度
10kg	0.02～0.2(kg·m)	ϕ30 偏心轮	2～20mm
	0.2～0.5(kg·m)	ϕ35 偏心轮	20～50mm

操作者必须熟悉本机的结构特点和操作要求。

2) 试验机的操作

(1) 冲击载荷接触磨料磨损试验

a. 确定主要试验参数

根据所模拟的试样材质及工艺条件，确定其主要试验参数。

b. 冲击功的调整

所选冲击功确定后，根据冲锤重量与冲锤落体高度之积，为所需冲击功，计算出落体高度，按照试验机操作要求调整好落体高度和冲击次数。

c. 装下试样

松开下主轴螺帽，取下胶皮垫圈，装上下试样垫上胶皮垫圈，形成磨料槽。

d. 调整磨料流量

将所选定的磨料装入大砂斗 (31)，然后按试验机操作要求调整好磨料流量。

(2) 冲击载荷无接触磨料磨损试验

首先确定上下试样的间隙，然后按冲击载荷接触磨料磨损试验调整各项试验参数，并将硬胶皮垫块 (32)，用螺钉紧固在机身上，保证每次冲锤下落时，上下试样有一定的间隙冲碎磨料。

(3) 无冲击载荷间歇接触磨料磨损试验

无冲击载荷调整时，首先松开冲锤左压板的紧固螺钉，取下左压板和冲锤（16)，按逆时针方向向下旋偏心轮，再顺时针拧入凸轮，装上左压棉板和冲锤，找正上下试样中心，其他参数按冲击磨料磨损试验调整。

(4) 无冲击载荷间歇无接触磨料磨损试验调整

各项试验参数，按冲击载荷无接触磨料磨损试验，及无冲击载荷间歇接触磨料磨损试验进行调整。

(5) 接触滚动磨料磨损试验

首先松开螺帽、旋下试样杆（19）换上滚动磨损卡具，再装上圆滚形上试样和下试样，调整好干（湿）磨料流量，取下三角带，使上主轴（12）停止转动，进行滚动磨损试验。

(6) 冲击载荷接触滚动磨料磨损试验

按冲击载荷接触磨料磨损试验和接触滚动磨料磨损试验进行调整。

(7) 冲击载荷无接触滚动磨料磨损试验

按冲击载荷无接触磨料磨损试验及接触滚动磨料磨损试验进行调整。

(8) 无冲击载荷间歇接触滚动磨料磨损试验

按无冲击载荷间歇接触磨料磨损试验及接触滚动磨料磨损试验进行调整。

(9) 无冲击载荷间歇无接触滚动磨料磨损试验

按无冲击载荷间歇无接触磨料磨损试验和接触滚动磨料磨损试验进行调整。

(10) 叶片式（锤体式）磨料磨损试验

将螺帽松开取下胶垫圈下试样，换上专用砂斗装上叶片试样卡具，或（锤体试样卡具）装上试样（三片试验试样，一片标准试样）用顶丝紧固，在砂斗内装入干（湿）磨料，进行二体磨料摩擦磨损试验。

3) 电磁铁的功能

该机在磨料出口处，放有电磁铁，为收集试样磨削，观察磨损机理用。使用时将电磁铁开按键按下，电磁铁线圈得电，即产生一磁场，不需要时将电磁铁电源关按键按动，电磁铁即停止工作。

4) 关于电器控制箱操作时的几点说明

(1) 总电源

本机电源采用三相四线制。当需要开机时，首先将总电源开按键轻轻按动，电源指示灯亮，说明此时控制电源已接通。

(2) 开机启动

a. 须进行冲载荷试验时，可轻轻按动带有冲击字样的按键，其指示灯亮，千万不可误按，以免损坏机器或偏心轮。

b. 当需要开反车时，首先应将三角皮带卸指，然后可将反转按键的确良保险销钉取开，即可开反车运行。当不开车时请及时将保险钉插入按键，以免误开机，造成机器损坏。

(3) 停车按键的使用

当需要中途停机或采用手动停机时，即可轻轻瞬时按动停车按键，电机内产生一反向磁声，电动即可停转。

（4）吸尘器的使用

本机配备有吸尘装置，当需要吸粉尘时，可轻轻将吸尘电机开按键按下，吸尘器开始工作；不使用时可立即将吸尘电机关按键按下，吸尘器停止工作，使用完毕将吸尘器内粉尘及吸尘管道粉尘清除干净。

（5）计数器的使用

a. 计数器的置“0”

计数器开始工作前，首先应将计数器数字全部置于“0”位，置“0”时可轻轻按动计数器左方复位旋钮，不要用力过猛，以免损坏计数器内部零部件。

b. 当需要显示冲击次数时，可将计数按键轻轻按下，此时计数器电源接通；当有讯号输入计数器时，计数器即进行记录数字，同时计数指示灯对应地闪烁。

（6）时间继电器的使用

本机采用电动式时间继电器。当确定好每次进行试验的时间后，可调整时间继电器在定值转动旋钮，使控制指针在所确定的时间刻度值上。然后开机试验，当时间继电器达到给定值时，即可自动停车。

5）操作时应注意的事项

（1）提升冲锤或装卸试样时，一定要将总电源关闭。

（2）提升冲锤时，一定要将手柄拧入冲锤螺孔内再提升冲锤。

（3）装或取下试样时，一定要将安全销插入，以防冲锤突然落下。

（4）进行冲击试验时，一定要先检查大齿轮旋转方向是否与箭头指示方向一致，并将提升手柄与安全销卸下，方可开机。

（5）试验时，如只采用记数控制，勿必将时间继电器控制指针调到最大量程。当计数达到需要数值时，按动停车按键即可停机。

2.7.3 耐磨性评定

根据所选择的试验方法以及材料本质的差异，可以选择不同的耐磨性能评定方法，以期获得精确的试验数据，现简单列举下述几种方法以供参考。

1）重量法

采用试样在试验前后重量差的方法来表示磨损量，可采用精度为1/1000或1/10000的分析天平称量，试样在试验前后必须进行清洗烘干，再进行称量，否则影响试验数据准确性。在进行统计计算时，建议采用下式计算各参数：

a. 磨损量：

$$X_i = W_0 - W$$

式中 X_i——试样磨损量，g；

W_0——试样在磨损前重量，g；

W——试样在磨损后重量，g。

b. 算术平均值：

$$\overline{X} = \frac{1}{n}\sum_{i=1}^{n} X_i \ (i = 1、2、3、\cdots、n)$$

式中 $\overline{X}$——算术平均值，g；

$\sum_{i=1}^{n} X_i$——n 次试验后，试样磨损量总和，g；

n——试验数目。

c. 偏差值：

$$\sigma\% = \frac{X_i - \overline{X}}{\overline{X}} \times 100 (i = 1、2、3、\cdots、n)$$

d. 标准偏差（均方根差）：

$$S = \sqrt{\frac{1}{n-1}\sum_{i=1}^{n}(X_i - X)^2}$$

e. 相对标准误差：

$$\varphi\% = \frac{S}{\bar{\bar{X}}} \times 100$$

2）测量法

采用试样在试验前后高度或直径的变化大小来表示磨损量。用测量计（千分表或其他高精度测量仪）测试试样磨损前后的高度或直径变化而获得（换算成重量或体积）。

3）耐磨性

耐磨性是材料抵抗一定摩擦条件下磨损的能力，以磨损率的倒数来评定。

计算方法：

$$\Sigma = \frac{1}{W}$$

式中　Σ——耐磨性；

W——磨损率。

磨损率：磨损量对产生磨损的行程或时间之间的比值为磨损率，通常可用三种表示方法：

a. 单位滑动距离的材料磨损量；

b. 单位时间的材料磨损量；

c. 每转或每一摆动的材料磨损量。

4）相对耐磨性

被试验材料的耐磨性与相同条件标准材料耐磨性之比。

计算方法：

$$\eta = \frac{\Sigma_1}{\Sigma_2}$$

式中　η——相对耐磨性；

Σ_1——试验材料的耐磨性；

Σ_2——标准材料的耐磨性。

2.8 高温摩擦磨损试验机

2.8.1 试验机构造

1）试验机的主要技术参数

(1) 最大负荷 2000N　精度 1%

(2) 主轴转速 320～3200r/min　精度 2%

变频电机：转速、累计转数能显示数字，能在 0～99999999 间给定的转数下自动停车。

（3）最大摩擦力矩：10N·m　精度 1%

（4）电动机：YP2-132　S-4

4kW　　1440 转/分

（5）加热炉温度：室温－800℃

（6）试件温度：用插入热电偶测定，能自动显示并记录。

（7）试件计算直径：60mm，接触形式可做成盘销式、双环式、环盘式。

（8）外形（尺寸）：（长×宽×高）主机：956mm×594mm×1580mm；控制柜：760mm×550mm×1500mm

（9）重量：主机：700kg；控制柜：100kg

2）试验机的结构简介

（1）结构简介

试验机由直流电动机通过一级皮带传动，直接带动下主轴旋转所以振动小、噪声低、试验负荷由杠杆机构加载，负荷稳定、操作简单。负荷由四等标准砝码和 1∶10 的主杠杆加在主轴上。在上主轴、下主轴的锥孔内分别装着安有试样销和试样盘的上、下试样轴；由于下主轴的旋转通过试样间的摩擦力带动上主轴旋转。在上主轴上有一弦线盘，拴在弦线盘上钢丝绳的另一端固定在拉力传感器上，由于钢丝绳的张力使上主轴静止不转，通过传感器可测出钢丝绳的张力，并换算成摩擦系数，杠杆加载机构的加载、卸载动作可通过凸轮来完成，凸轮轴手柄有“水平”、“工作”、“抬起”三个位置，表示主杠杆所处的三种状况。配重杆是上主轴、上主轴套、主杠杆本身重量的平衡机构。

（2）主轴结构

上主轴通过 D106、D8106、D107 三套轴承装在上主轴套内，使其运转自如，以测量力矩，又能随套自由升降以传递载荷，上主轴的升降量，可在机前的百分表观察。下主轴由三套高精度轴承 D3182109、C8207、C7207 装在主轴套内，所以主轴刚性的旋转精度高，转动手轮传动伞齿轮带动螺杆旋转可使主轴套升降，以装卸试样轴和不同高度的试样。由于螺杆的自锁性能和扳动手柄使二对刹紧块刹住主轴套，使主轴在长时间承受大负荷试验时，也不会向下滑移。整个主轴套可以从机身中抽出，打开尼龙堵可通过带锁紧块螺母及尾部的带锁紧块圆螺母调节轴承间隙，装卸主轴和润滑脂。使用注意点：①主轴套露出上刹紧块后，当回升主轴时，应注意刹紧块是否转动了，否则顶柱上主轴会上升。②打开刹紧块要升降主轴时，可按逆时针方向旋转手柄一圈到两圈，再把手柄的座子往里轻拍一下，不能一直逆时转下去，使刹紧块脱落。③试样和试样轴：试验机的试样接触形式可分为销盘式、双环式和环盘式三种。

试样销为 $\phi 6$ 的圆柱销，可安装在试样销座内，用顶丝固定试验时，可用单销试验，也可同时安两个销或四个销子作试验，试样销座上部的通孔用来插入热电偶和往外顶出销子用。试样盘上有两个定位销孔，将孔套在试样轴上即可进行试验。

上、下、试样环的内孔是定位孔，分别套在试样轴上和试样环座上，环背部有二槽的销子配合与带动旋转。为使上下环的表面能贴合，试样环座后装一钢球传递负荷，并由插入环座的销子使试样轴转动。

各试样轴的尾部是 1∶20 的锥柄，可插入上、下主轴锥孔，以锥面定位，联接可靠，定位精度高，装卸迅速方便，用手将试样轴装锥孔内，用力一拧即可工作，在主轴颈部的长孔内插入铜头板子，一扳即可卸下试样轴，装时注意必须将内外结合面擦干净，保证定位精度，以保护锥面。试样轴用1Cr18Ni9Ti不锈钢制作，硬度较低，使用时应注意避免磕碰。

(3) 加热部分

试验机的加热炉（温度为室温－800℃），并可按用户订货要求配置，炉腔是电阻加热，由两个半圆形的炉子组成，可以打开装卸试样。炉子在中部有插热电偶的孔，顶部有左右两个吊环，可调整炉子的位置，整个炉子悬挂在机身连接的折臂上，转动折臂端下部的方头可调节炉的高低，不使用炉子时可由折臂把炉子转至机身侧面。

(4) 控制柜部分

见MG-2000型高速高温磨损试验机微机智能测控系统使用说明书。

(5) 电动机部分

电动机安装在电机座上，并通过电机座板滑轨，固定在主机机座上，电机座为左右两半圆，装卸皮带方便。主机皮带轮的顶端联接一测速发电机，打开底座前盖，松开半圆块即可卸下发电机。

2.8.2 试验机操作方法

1) 试样的安装与研磨

对销形试样的试验前应进行研磨，研磨方法是在一试样盘上，用万能胶粘合一张金相砂纸，应贴得平整，装在下试样轴上，试样轴端面与试样盘下面应贴紧，将试样轴装上主机。试样销也装在试样的轴的试样销座内，加负荷50N，开机转速为320～400r/min，研磨时间因销的硬度不同而不同，以销端被研平50%以上即算研合。再取下试样销，清洗称重，将贴砂纸的试样盘换成试验用的试样盘即可进行试验。注意在重安试样销时，应尽量保持原来的位置，以提高试验精度。试样环也可按上述方法研磨。

2) 加载

将凸轮松手放在“水平”位置。在砝码托盘上放上试验负荷相同质量的砝吗，注：砝码上标记的力值数（如500N）就是加载后的实际负荷，用后扳手轮上升下主轴，观察机身前面的百分表，当上下试样接触时，百分表指针开始转动，待转动5小格到10小格时（即试样接触后主轴上升了0.05～0.1mm刹住下主轴的刹紧块。把凸轮手柄放在“抬起”的位置，就可使试样脱离；放在“工作”的位置，使凸轮下主杠杆脱离接触，即可进行开机试验。

3) 加热炉的操作

当试验需要加热炉内进行时，在试样轴插入主轴之前应将炉子由折臂移至机身中央，并打开炉身，进行安装试样轴和试样。安装后，闭合加热炉，挂上左右吊钩，并调节炉子位置，使炉子上下孔与试样轴不接触，将热电偶插入监孔。需测试样温度时，将测试样的热电偶拉下，沿试样轴插入试样，并将期绑在试样轴上，以免加热炉砖接触上。

4) 摩擦力矩的测定

将钢丝绳一端的铜头，卡在上主轴弦线盘的长槽内，钢线绳沿着弦线盘的圆周绕1/2圈，通过机身孔进入测力箱，拧松固定旋钮将钢丝绳铜头穿过滑轮下方，把铜头放在螺母的长槽内，再拧紧螺母，使钢丝绳铜头与传感器成刚性联接。转动上主轴使弦线张紧，将滑轮座左右转动（在滑轮座转达动任意位置时，能保持从传感器引下的钢丝绳处在铅垂位置）至一合适位置（拉直的钢丝绳在弦线盘的切线方向），拧紧固定旋钮，使滑轮座不能再转动，注意：在未松固定旋钮时不要用手直接扳转滑轮轮座。

摩擦力矩示值的标定、校正：

首次试验和使用较长时间后，应对摩擦力矩示值重新标定。标定方法如下：

打开测定部分门盖装上滑轮支架用圆柱头内六角螺钉固定住，将拴在弦线盘上的钢丝绳头抽出，下端挂历一砝码托盘，（砝码托盘连杆的重量为四等标准 12N）钢丝绳下所挂重量 P 与摩擦力矩示值 M 应符合下列公式：

$$P=M/L$$

式中　P——砝码重，N（包括托盘重 12N）；

M——摩擦力矩示值，N·m；

L——上主轴弦线盘半径，0.05m。

用目测方法检查允差小于刻度标尺的一小格，如超差可调节控制柜部分，具体方法见《高速高温摩擦损度验机自动控制装置使用说明书》。

5）加液体介质的试验

试验机可在有液体介质情况下进行试验，试验方法如下：

把试验机用的介质倒入附件箱内（不得少于 21L）待用，电泵的出口通过塑料管、阀、软管、喷嘴进入有机玻璃桶，下降主轴取掉防尘罩，装上两个半圆的支座，在其上面安装有机玻璃和圆桶把带有甩盘的下试样轴装入下主轴，装上带试样的上试样轴和下试样轴，用软管喷嘴对准试样接触面，注意不能把喷嘴对准甩水盘下面，使液体流回附件箱，有机玻璃和支座，都用螺钉固定，试验前把有机玻璃桶的两半圆盖盖上拧紧，即可开车。试验时可调节阀改变流量，注意时节嘴位置是否对准试样接触面。用环形试样作试验时，可在环上开一油槽，以保证液体流入接触面。

2.8.3　摩擦系数和磨损量测定

按库仑定律：

$$F=\mu N$$

式中　F——摩擦力，N；

μ——摩擦系数；

N——正压力，N。

其中 N 即试验时的负荷值，而 F 乘试样回转半径 0.03m，就是记录仪上显示的摩擦力矩 M（N·m），所以 μ 可按下式计算：

$$\mu=F/N=M/0.03N$$

式中　M——摩擦力矩，N·m；

N——载荷，N。

磨损量可用称重法或测长法测定，从机身百分表可直接读出试样的磨损量。

2.9　盘销式摩擦磨损试验机

2.9.1　试验机构造

1）主要参数

（1）最大负荷：2000N　　精度 1%

（2）上主轴转速：变频调速电机调速范围 0～5600r/min

（3）最大摩擦力矩：2N·m

（4）电动机：YD100L6/4/2，0.75/1.3/1.8kW，1000/1500/3000r/min

（5）试样计算直径：26mm，接触形式可做成销盘式、双环式

（6）外形尺寸：（长×宽×高）700mm×330mm×690mm

（7）重量：约 200kg

2）试验机结构

（1）结构简介

试验机由三速电机（1）（如图 2-17 所示）通过一级齿形带轮（2）和（6）直接带动上试样轴（7）旋转，使装在上主轴上的上试样（9）同步旋转，由于采用了同步齿形带传动，就不会由于试样间的摩擦力增大而皮带轮打滑同时噪声较低。试验负荷由四等标准砝码通过 1∶10 的杠杆（22）加载块（3）和下试样轴（15），直接作用在试样（10）和（9）上，上试样（9）是通过试样夹具（8）连接在上试样轴（7）的下端面上，下试样（10）是靠两个圆柱销（31）固定在下试样轴（15）的上端面上，这样由于上试样轴（7）的旋转，通过试样间的摩擦力而使下试样轴（15）随之旋转。由于下主轴是精确的安装在两套滚针轴承和一套轴向止推滚动轴承上，自身的摩擦系数很小。

在下试样轴（15）上固定着力矩压杆（18）由于下试样轴（15）旋转使力矩压杆（18）压向荷重传感器，通过放大器由一个显示表头，显示出摩擦力矩，从而计算试样间的摩擦系数。

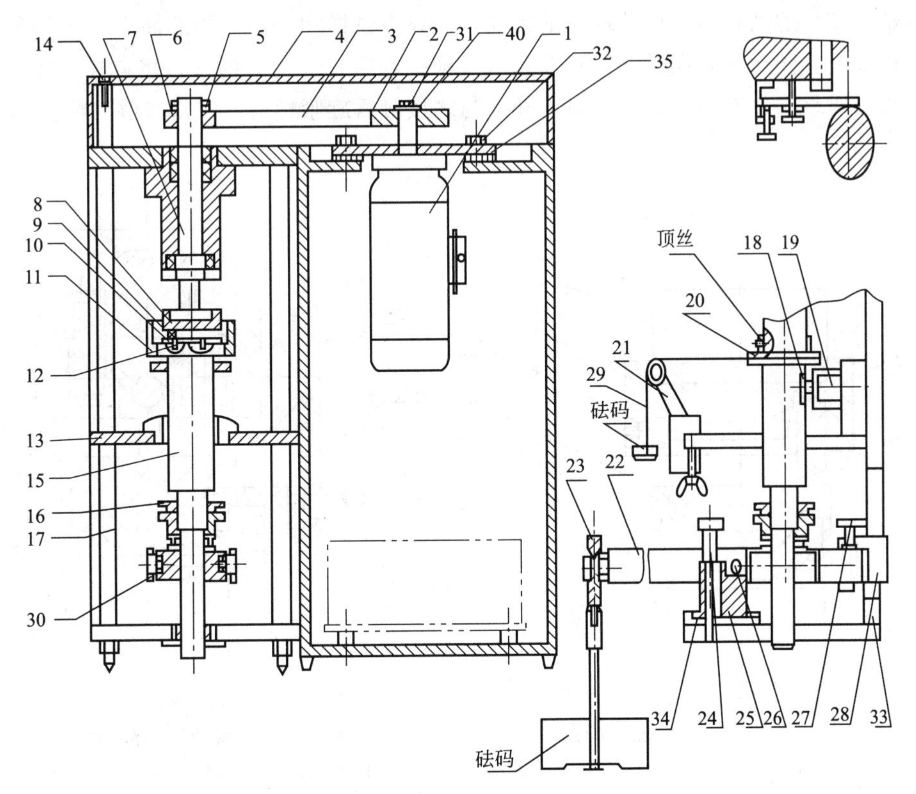

图 2-17　MPX-2000A 盘销式摩擦磨损试验机示意图

1—三速电机；2—齿形带轮；3—加载块；4—顶盖；5—螺母；6—齿形带轮；7—上主轴；8—试样夹具；9—上试样；10—下试样；11—油杯；12—圆柱销；13—支承板；14—六角螺钉；15—下主轴；16—调节锁母；17—调节锁母；18—力矩压杆；19—传感器；20—滑轮；21—滑轮支座；22—杠杆；23—砝码托盘；24—旋紧螺钉；25—刃口座；26—刃口；27—螺钉；28—游动铊；29—弦线；30—支座；31—圆柱销；32—螺母；33—轴；34—轨道板；35—内六角螺钉；40—垫圈

(2) 试样夹具和试样接触形式

本试验机可通过更换试样夹具来实现不同的试样接触形式。见图 2-18 盘销形式，图 2-20双环形式及加润滑形式，另外装上油杯（11）和（50），见图 2-19 和图 2-21，则可做以上两种形式的润滑摩擦。各种接触形式的试样摩擦中径：销盘试样为 ϕ26mm，双环试样为 ϕ27mm。

a. 盘销试样的安装。

见图 2-18 和图 2-19，可先将固定刃口座的螺钉（24）逆时针旋转，不要取出，即松开位置，右手端起杠杆（22）的前端，将刃口座（25）顺其道轨板（34）向自己身体方向拉，使刃口（26）与刃口座（25）脱开，并小心地将杠杆（22）放下，而下试样轴（15）也随之降下。这样上下主轴间的空隙足可以安装试样，安装销盘型试样则可以先将销试样夹具（8）见图 2-18，用 2 条 M5×5 的内六角螺钉（14）固定在上试样轴（7）上，然后将 ϕ5 上试样（9）插入试样夹具（8）的销孔内，并用 4mm 内六角扳手将下试样环（41）通过圆柱销（42）将上试样（9）顶紧，这时销试样就安装好了。若做湿摩擦可先将 O 型密封圈放入油杯（50）的内螺栓空刀槽中，顺时针旋紧在下试样轴（15）的外螺纹上，将两个 ϕ4 圆柱销（12）装在下试样轴（15）的销孔内，盘试样对准销孔，放在下试样轴（15）的端面上，再将盘试样安装在下试样轴上，然后注入润滑油，只要超过试样接触后 2～3mm 即可，将杠杆（22）托起，轻轻地将刃口座（25）向前推，使刃口（26）与之接触后旋紧螺钉（24），试样装夹完毕。

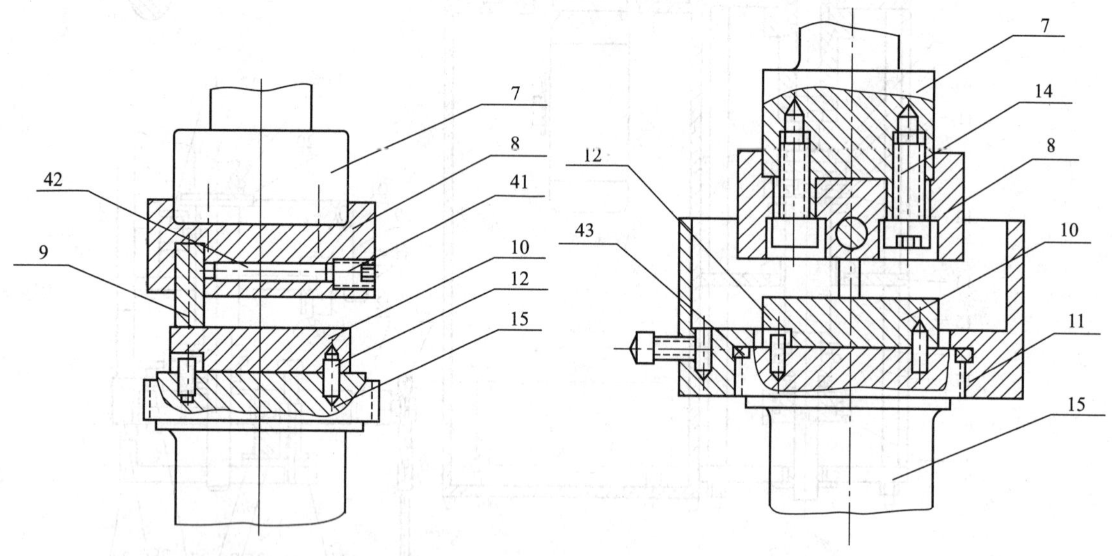

图 2-18 盘销试样干摩擦装配图

7—上试样轴；8—试样夹具；9—上试样；10—下试样；12—销子；15—下试样轴；41—下试样环；42—圆柱销

图 2-19 盘销试样湿摩擦装配图

7—上试样轴；8—试样夹具；10—下试样；11—螺母；12—销子；14—内六角螺钉；15—下试样轴；43—螺母

b. 双环试样的安装。

图 2-19、图 2-20 和图 2-21 主要说明湿摩擦时的安装，先将杠杆（22）降下来，同 a（盘销试样的安装），这时下试样轴（15）随之下降，取油杯（50）将下试样环（41）上的槽对准销子（51），放入油杯（50）与底面贴平，将上试样环（46）的槽也对准上试样夹具（44）上的槽装好后，放在下试样环（47）的上面，使其摩擦面接触。在下试样轴（15）端面上插入两个 ϕ4 销子（12），并在顶尖孔处放上 ϕ6 钢球（48）。在上试样轴（7）的端面上

装上1根带M5螺纹的销子（52），先将油杯（50）装下试样轴（15）上，用手托起杠杆（22），下试样轴随之升起，并将上试样夹具（44）销孔对准上试样轴（7）端面上的销子（52）后慢慢将杠杆升起，并照a的方法将刃口座（25）固定好，并在油杯中注入润滑油，油面刚好超过试样接触面2～3mm为好，否则，上试样轴旋转时，油会溅出，这样环试样安装完毕。

c. 上面a、b两条所讲的是湿摩擦时试样的安装过程，干摩擦时试样的安装，要比湿摩擦简单，只要将杠杆（22）前端抬起，下试样轴（15）必然要下降一定距离，这样上、下试样（9）、（10）就可以安装了，当使用双环试样时，下环试样需安装在下环试样座（49）上，将下环试样座放在下试样轴上的钢球（48）和销子（12）上即可。

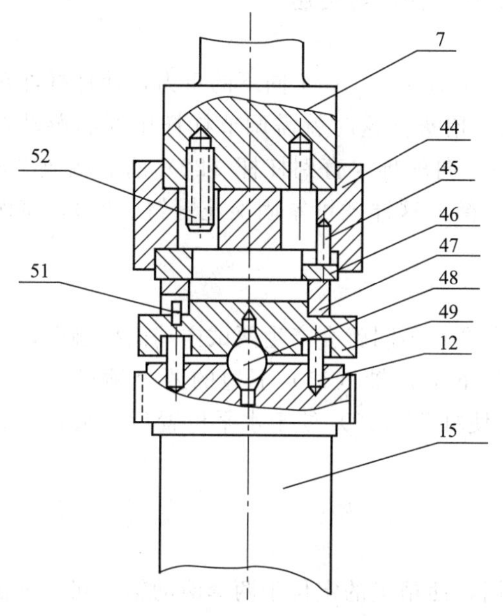

图2-20　双环试样干摩擦装配图

7—上试样轴；12—销子；15—下试样轴；44—上试样夹具；45—销子；46—上试样环；47—下试样环；48—钢球；49—下试样座；51,52—销子

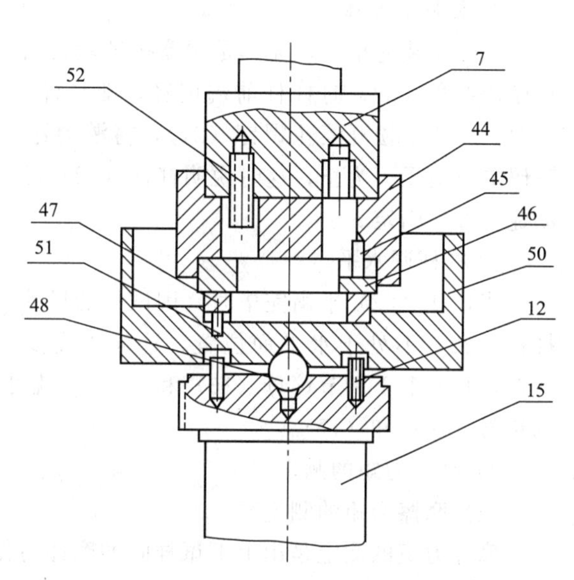

图2-21　双环试样湿摩擦装配图

7—上主轴；12—销子；15—下主轴；44—夹具；45—螺钉；46—上试样环；47—下试样环；48—钢球；49—下环试样座；50—油杯；51—销子；52—销子

2.9.2　试验机操作方法

1）电机及同步齿形带的调整和齿形带轮的更换

（1）电机及同步齿形带的调整：

本试验机是同步齿形带传动，中心距是靠移动电机（1）来实现的。先松掉试验机顶盖（4）的两条内六角螺钉（35），顶盖（4）取下，然后松开四条螺栓（37）向左右移动电机（1），来调整齿形带（3）的松紧。注意齿形带松紧要调节适当，不可像三角带那样拉的很紧，过松则带齿与轮齿啮合不住。

（2）若要选择您所满意的转速则可通过更换齿形带轮（2）和（6）来实现六个不同的转速，也就是每一对齿形带轮都可得到三种转速。其齿数为第1对主动轮20齿、从动轮52齿，可得到370、549、1102r/min三种转速。第2对主动轮为50齿、从动轮为25齿，可得到1970、2930、5880r/min三种转速。

（3）更换带轮时，先将电机板（38）上的螺钉（37）松开，电机板（38）向左推，取下齿形带，将上主轴端圆螺母（5）拧下来，更换从动轮后，将圆螺母（5）重新紧固。换主动轮时，先将螺钉（39）松开，将垫圈（40）取下，更换另一个主动带轮，再将垫圈（40）装好，紧固螺钉（39），将齿形带套在轮上后调节齿形带的松紧度。然后紧固电机板螺栓（37），盖上顶盖（4），紧固螺钉（35），将顶盖（4）固定在机身上。

2）试样的安装和杠杆的平衡

① 试样的安装。

试验前应将试样加工成相应尺寸，去掉毛刺要求，盘环试样端面的销孔位置准确。盘试样两上下平面要求平行度允差 0.01。

② 如上述 a、b 方法，做干摩擦时，可不降下杠杆（22）见图 2-18，只要将杠杆（22）前端抬起，下试样轴（15）就可下降一定距离，具体方法不再复述。

③ 杠杆的平衡。

试样安装完毕后，尤其是湿摩擦试验会给下试样轴（15）一个向下的重力，使杠杆在单挂砝码托盘（23）时杠杆前端偏轻，即杠杆（22）抬头，这时就需调节杠杆尾部的游动铊（28）。方法是松开滚花螺钉（27），将游动铊（28）向前推，直到杠杆（22）前后端放 20g 砝码能自动压下为止，这时说明杠杆（22）已经平衡，这样就可紧固滚花螺钉（27），将游动铊（28）固定。

④ 杠杆调水平。

当杠杆（22）平衡完毕时，因试样的尺寸（高度）不同就会产生两试样端面接触后，而杠杆（22）不处于水平面位置，这样则需要调整下试样轴（15）下边的两个锁母（16）、（17），只要上下调节锁母（16）和（17），就可以使杠杆（22）处于水平位置后，重新锁紧两锁母（16）和（17）。

3）摩擦力矩的测定

（1）摩擦力矩的测定

摩擦力矩的测定是由上下试样间的摩擦力作用，使精确的定位于两套滚动轴承间的下试样轴（15）产生一回转扭矩，通过固定在下试样轴（15）上的力矩压杆（18）直接作用在一个测力传感器（19）上，传感器（19）的输出信号，经过放大器将信号放大，显示在电压微安表上，在表上可直接读出力矩值的大小。

（2）摩擦力矩的标定

每次试验前（连续试验除外）应对摩擦力矩示值重新标定。

标定方法如下：

① 本试验机最大摩擦力矩为 2N·m。在表上显示分为 0—1N·m，0—2N·m。标定前先按下电源按钮，使整机预热 5min，这时可将滑轮支座（21）固定在中间支承板（13）上，并将弦线（29）通过滑轮支座槽，在滑轮支座（21）下面挂上砝码 P，这样就使下主轴产生一个力矩，其力矩值用下式计算（此处 P 值应为砝码标记力值的 1/10，即砝码标记为 500N，则：$P=500/10=50$N）：

$$M=P\times L$$

式中 M——摩擦力矩示值；

P——挂砝码质量，N；

L——弦线盘半径，0.025m。

② 当标定 0—1N·m 挡时，挂 40N 砝码；当标定 0—2N·m 挡时，挂 80N 砝码。当标

定 0—1N·m 挡时，表上每一小格示值为 0.05N·m。用手托起砝码，并且旋转调零旋钮使表针对准零线后轻轻放下砝码，这时指针应对准表上最后的刻线，若有误差则可旋转调终旋钮，如此反复数次即调整完毕。用 0—2N·m 挡时，表上每一个小格指示为 0.1N·m，标定过程同上。

③ 本机备有外接二次仪表插孔。并在插孔位置标有正负，其输出电压为 100mv-Iv。

4）加载

当试样安装完毕时，调整了杠杆的水平位置，并且调节了杠杆的平衡后，就可以在砝码托上挂上实验要求的砝码重量。每个砝码上标记的力值，数为实际加载后的力值，其中已包含了 1∶10 的杠杆比值。

5）启动电机

当您把载荷加好后，就可以按下试验机按钮板上的电源 Q 键，这时 Q 键开关上方的指示灯亮了，这说明电器部分得电，这时就可以按下你所选用的慢、中、高速中的一个按键电机启动，并且按键上方指示灯也亮了。

6）摩擦试验

磨损试验的保护调整机构，见图 2-18。

① 当您做摩擦试验时，须调整圆柱销（42）与本体脱开，保证压杆（18）压在测力传感器（19）上，并锁紧螺母（43）。然后调整下试样环（41）使其与压杆（18）保持不大于 0.5mm 的间隙。这时即可开机做摩擦试验。

② 当您做磨损试验时，先将下试样环（41）与压杆（18）保持最大间隙，然后松开螺母（43），调整圆柱销（42），使压杆（18）与压力传感器脱离接触。然后再将螺母（43）拧紧，这时即可开机做磨损试验了。

2.9.3　摩擦系数和磨损量测定

按库仑定律：

$$F=\mu N$$

式中　F——摩擦力；

μ——摩擦系数；

N——正压力。

其中 N 即试验时的负荷值而摩擦力 F 乘以试样摩擦半径 0.013m 或 0.0135m，就是本试验机测得的摩擦力矩 M。

磨损量可以用称重法和测长度法测定。

2.10　万能摩擦磨损试验机

2.10.1　试验机构造

MMW-1A 微机控制万能摩擦磨损试验机的主要技术指标如表 2-6 所示。

表 2-6　MMW-1A 微机控制万能摩擦磨损试验机的主要技术指标

序号	项　目　名　称	技术指标
1	试验力	
1.1	轴向试验力工作范围	10～1000N
1.2	最大试验力的 20%以上试验力的示值相对误差	≤±1%

续表

序号	项 目 名 称	技术指标
1.3	最大试验力的20%以上试验力的示值重复性相对误差	≤1%
1.4	最大试验力的20%以下,试验力的示值误差	≤±2N
1.5	最大试验力的20%以下,试验力的示值重复性误差	≤2N
1.6	加卸试验力应平稳,应无冲击和脉动现象	
1.7	试验力长时保持示值变动误差	≤±1%FS
1.8	试验力显示分辨率	1N
2	摩擦力矩	
2.1	摩擦力矩的测定范围	0～2500N·mm
2.2	从最大摩擦力矩的10%开始,摩擦力矩示值相对误差	≤±2%
2.3	从最大摩擦力矩的10%开始,摩擦力矩示值重复性相对误差	≤2%
2.4	摩擦力矩显示分辨率	1N·mm
3	主轴转速	
3.1	主轴转速范围	5～2000r/min
3.2	主轴转速在100r/min以上误差	≤±5r/min
3.3	在100r/min及100r/min以下误差	≤±1r/min
4	油盒在75～150℃范围内各点(至少三点)保温10min,其温度变动值	≤±2℃
5	试验机时间显示与控制范围	1～99999s或min
6	试验机转数显示与控制范围	999999999
7	主机额定功率	2.5kW
8	主机长、宽、高	830×700×1500
9	试验机重量	300kg

MMW-1A微机控制万能摩擦磨损试验机的结构示意图如图2-22所示。本试验机主要由电控制面板、主轴驱动系统、弹簧式加载系统、试验力摩擦力矩测量系统、嵌入式计算机测控系统（包括液晶显示器、计算机主机、采集模块、控制板卡等）、摩擦副及专用夹具等组成。

1）主轴驱动系统

主轴驱动系统主要由电机（2）、主轴（1）、同步带轮（3）、（4）及圆弧齿同步带（5）等组成。主要是电机通过同步带轮带动主轴，试样及夹具通过拉杆与主轴连接在一起，随主轴同步转动。优点是电机为主动力源，具有控制精度高、使用寿命长等优点。

2）弹簧式加载系统

弹簧式加载系统主要由直流电机（27）、蜗杆（29）、涡轮（30）、丝杆（31）、弹簧（33）、施力板（34）等组成。主要是直流电机通过涡轮、蜗杆带动丝杆转动，丝杆带动施力板压缩弹簧以实现对下导主轴施加向上的正压力。其优点是该加载系统采用80∶1涡轮蜗杆减速装置，传动稳定且有自锁功能。

3）试验力摩擦力矩测量系统

试验力摩擦力矩测量系统主要由试验力传感器（21）、摩擦力矩传感器（22）、径向球轴承（20）、止推球轴承（23）等组成。试验时，加载系统通过弹簧把试验力传递到试验力传感器上，试验力传感器再通过下导主轴传递到下试样上，这样试样间的加载试验力即可通过试验力传感器测出。上试样在一定力作用下，做旋转运动，摩擦副间的摩擦力通过下导主轴

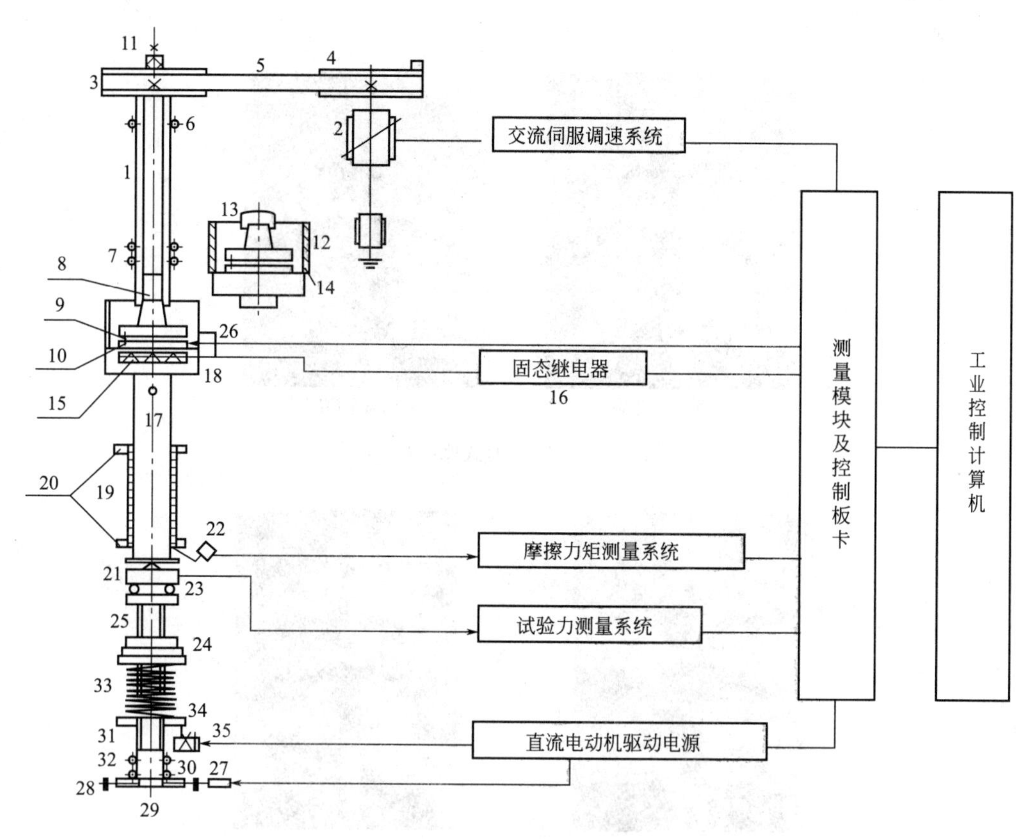

图 2-22　MMW-1A 微机控制万能摩擦磨损试验机的结构示意图

1—主轴；2—电机；3—从动带轮；4—主动带轮；5—同步带；6—向心球轴承；
7—向心推力球轴承；8—夹头；9—摩擦副；10—摩擦副；11—拉杆；12—高温油盒；
13—保温差；14—加热阀；15—加热板；16—固态继电器；17—下导向主轴；18—副盘；
19—直线运动轴承；20—径向球轴承；21—试验力传感器；22—摩擦力矩传感器；23—止推球轴承；
24—锁紧螺母；25—滚花螺钉；26—温度传感器；27—直流电机；28—向心球轴承；29—蜗杆；
30—涡轮；31—丝杆；32—推力球轴承；33—弹簧；34—施力板；35—限位开关

传递到摩擦力矩传感器上。其优点是本机采用高精度的测量元件，最高精度可达 3‰，另外，在下导主轴上安装直线运动轴承（19）及径向球轴承（20），可有效提高试验力及摩擦力矩的测量精度。

4）计算机测控系统

计算机测控系统主要由计算机主机、液晶显示器、采集模块、控制板卡等组成。开机试验时，试验力传感器、摩擦力矩传感器、温控器测得相关数据进入采集模块，数据经过 A/D 转换送进计算机，计算机接受数字信号后，在测控软件上显示出来。测控软件本身内置了相关的计算公式，通过计算可在软件中实时显示摩擦系数。对相关参数设定时，把要设定的参数输入软件，计算机再把有关数据通过控制板卡送到各个执行单元，进行自动控制。其优点是采用计算机对试验机进行全程控制，提高了各单元的执行速度及控制精度。可视化的软件操作页面，易于操作者对设备的监控、工业级的计算机、显示器、采集模块以及专业温控器具有抗干扰性强、使用寿命长的优点。

5）摩擦副及专用夹具

其见图 2-23～图 2-28。

摩擦副：

小销盘摩擦副

大销盘摩擦副

图 2-23 销盘形式摩擦副

小止推球轴承

大止推球轴承

图 2-24 轴承形式摩擦副

球盘摩擦副

四球摩擦副

图 2-25 球盘形式摩擦副

专用夹具：

小销盘夹头

大销盘夹头

图 2-26 销盘形式夹具

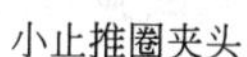

小止推圈夹头

大止推圈夹头

图 2-27　椎圈形式夹具

球盒夹头

钢球夹头

图 2-28　其它形式夹具

2.10.2　试验机操作方法

1）开机

➢连接好设备电源，轻按一下面板上的“电源开”按钮。

➢然后按一下“启动”按钮，将计算机开启。

➢待计算机开启后，在屏幕桌面上找到“MMW-1A 万能摩擦磨损试验机测控系统”图标，双击进入程序。

➢将鼠标放在欢迎页面中间单击，弹出“输入密码”页面，在密码输入区输入“mmw23”点击确认，进入测控系统主页。

➢试验机开机通电半小时以上才能进行试验。

2）试验前准备

➢确定试验摩擦副形式，预先按图纸要求加工好试样。

➢主轴从低速到高速空转 10min。

➢确定试验条件，如试验力、转速、时间、温度等。

➢准备好上、下试样及对应夹具。

➢根据试验要求，对试样进行清洁处理。

➢如用高温油盒做试样浸没式试验，试样夹具也应清洁处理。

➢清理副盘试样座，擦除座内污渍及粉尘，使副盘光亮平整。

3）试样装夹

➢把准备好的试样装入对应夹具内。

➢手持夹具及试样，锥柄朝上，装入主轴锥孔内。安装时轻轻转动夹具，直至推入根部。

➢用另一只手顺时针（俯视）旋转主轴顶部的拉杆，使拉杆下端的螺纹旋入夹具顶部的螺丝孔，并且旋紧。

➢然后把下试样（大、小试环）放入副盘座内，试环带销孔面朝下，对准副盘座上的固定销。

➢安装好试环后，检查一下试环是否平整。方法是：用两手轻轻按住试环两边，两手交替向下轻轻按动，凭手感判断是否平整。如不平整，检查试样加工精度及清理副盘内赃物。

➢做加热试验时，将试样安装完毕后，打开温控器开关，接插好温度传感器及电炉插头。注意：加热时，不要触碰下导向主轴及副盘，否则会造成人身伤害。

➢做介质试验时，将试样安装完毕后，再将泥浆罐连接到副盘上，并压上密封圈，在副盘上装上阀门并关闭，倒入介质即可。

4）开始试验

➢开始加载试验力前，首先调整下副盘高度。

➢逆时针（俯视）松开锁紧螺母，逆时针旋转滚花螺钉使下导向主轴上升，直到试环上表面与上试样下表面之间有 1～2mm 的间隙为止。

➢然后再反向旋紧锁紧螺母，消除滚花螺钉与上施力板之间的螺纹间隙。

➢在测控软件主页面上，输入试验力、转速、时间等参数。更改参数时，单击各个区域设定值后面的文本框，即可弹出参数输入对话框。试验时间单位可选择“分”或“秒”，只可在试验开始之前选择。转数设定值为 0 时，表示试验不受转数限制，只根据试验时间判定停机；若转数设定值不为 0 时，则软件将根据设定时间、设定转速与设定转数之间的关系判定停机，以先达到条件者为准。

5）数据保存

➢试验达到时设定试验时间或设定转数时，设定值右边警示灯变为红色，设备自动停机。

➢单击红色警示灯下方“复位”按钮，弹出数据保存对话框。

➢若要保存此次试验数据，单击“保存原始数据”，选定数据存储路径，为试验原始数据命名即可保存试验原始数据。若不想保存此次试验数据，单击“放弃”退回主页面。

➢若要以后导出、分析数据，数据保存至此结束。

➢导出数据时，在保存原始数据之后，单击“报表处理”。弹出报表设置对话框。在该页面上半部分可输入试验的基本情况，如产品编号、生产批号、试验部门、送样部门、报告编号、试验日期、报告人等，下半部分可输入试验的设定参数，如试验温度、试验转速、试验力、试样尺寸、试验时间等。另外，“时间间隔”的设定值为输出文本试验数据时的取样间隔，最小值为 1s。最后点击“确认”进入报表显示页面。

➢进入报表显示页面时，点击“加入表头”按钮，则在上一步输入的内容将自动添加到报表的顶部，如不需要，可不添加。之后点击“加入数据”按钮，则试验数据将按上一步设置的“时间间隔”取样添加到报表中。

➢数据加入报表后，点击“TXT 格式存盘”或“RTF 格式存盘”按钮，选择保存路径、命名保存即可。单击“退出”按钮，返回主页面。

➢若要对试验曲线保存，单击“曲线显示”按钮，进入曲线显示页面。在页面右侧功能区选择好要保存的曲线，点击“图像格式存盘”按钮，选择保存路径，命名，将曲线保存为 .Bmp格式图片。单击“返回”按钮，返回到主页面。

6）结束试验

➢数据保存完毕后，在主页面上单击“卸载”按钮，试验机将自动卸除试验力。在卸载试验力时，虽然试验机本身装有卸载限位装置，但为了设备的使用安全，操作者一定要注意观察卸载情况。正常情况下，试验力卸载到限位位置时，卸载自动停止。若达到限位位置还继续卸载，操作人员要点击“暂停”按钮或按下面板上的“急停”按钮，手动停止卸载。此时如继续卸载，将损坏设备。

➢卸载完毕后，单击页面上的“退出”按钮，退出测控系统。注意：退出测控系统时，不要用软件右上角的“×”按钮，否则，部分控制硬件不能关闭。

➢退出测控系统后，松开锁紧螺母，旋下螺丝轴，使下导向主轴下降，直至上下试样间有足够大的空间以拆卸试样。

➢先取出下试样，然后完全松开拉杆，再旋进两三圈，之后向下轻敲拉杆，至夹具与主轴松脱。然后一手托住夹具，一手松掉拉杆，取出上试样及夹具。注意：如做加温试验，务必等温度降至常温后再进行拆卸，以免造成人身伤害。

➢取出试样后，关闭计算机，按下面板上的“电源关”按钮，关闭整机电源。至此，整个试验过程结束。

2.10.3　试验机维护

1）保养与维护

由于本机是机械、电器、微机控制紧密结合一起的典型产品，所以它具有工业设备和微电子装置的双重特点。本机使用环境的变化，如温度、湿度等，以及电器元器件老化等因素，可能会导致本机发生故障。因此为使本机能长期正常运转，在存储和使用过程中应对本机进行日常检查和定期的维护。

日常检查如下。

在本机正常运转时，应检查以下事项。

➢主轴电机是否有异常声响或震动。

➢主轴转速是否均匀。

➢试验副盘是否稳定。

➢负荷加载直流电机工作是否正常。

➢测温系统是否正常显示。

➢计算机及显示器按常规电脑检查。

注意：保养和维护时，一定要关闭主机，切断主回路电源。

2）储存和保管

➢存放在规定的温、湿度范围且无灰尘、无金属粉尘、通风良好的场所，并避免淋雨受潮。

➢存放场地要平整，以免倾倒损坏设备。

3）故障对策

故障对策如表2-7所示。

表2-7　各种故障对策

序号	故障现象	产生原因	排除对策
1	主机不能开机	接入电源错误	按要求连接电源
		强电线路上空气开关跳闸	重新闭合空气开关
2	伺服电机不能启动	“急停”按钮闭合	旋开“急停”按钮
		驱动器报警	详见驱动器说明书
		驱动器参数设置有误	详见驱动器说明书
3	卸载限位开关不起作用	安装位置移动	紧固联接螺栓
		限位开关损坏	更换限位开关
4	试验力、摩擦力矩波动较大	试验力传感器位置不正	调正传感器
		摩擦力矩传感器固定座松动	紧固联接螺栓
		设备周围有强电流干扰	关闭干扰电源
		与模块连接处接线松动	紧固接线
		摩擦副表面粗糙	按图纸要求加工试样
5	摩擦系数波动大	试验力或摩擦力矩波动引起	排除试验力、摩擦力矩波动故障
6	不能测温	传感器插头接触不良	重新插接插头
7	温度控制超出技术要求	周围环境温度不稳	改善实验室环境
		测控器控制方式错误	详见说明书
		传感器与试样接触不良	重新装夹传感器
8	不能加载试验力	“急停”按钮闭合	旋开“急停”按钮
		卸载未到位	确保每次试验后卸载到位

第二部分 实验内容

实验一 低中碳钢表面硼铬稀土低温共渗层摩擦磨损实验

一、实验目的

1. 了解 M-2000 型摩擦磨损试验机的工作原理和使用方法；
2. 了解在不同工作运转变量下摩擦系数的变化规律；
3. 了解减小摩擦的途径；
4. 培养对实验数据的分析和处理能力；
5. 初步了解影响摩擦磨损过程的参数。

二、实验设备和材料

摩擦磨损试验采用 M-2000 型磨损试验机，试验参数：试样轴速度为 200r/min 和 400r/min；摩擦时间 30min。光电子天平，感量为 0.01mg。

实验材料：45 钢和 20 钢，对偶面材料为 T10 钢，硬度约为 63HRC。

三、实验原理

1. 摩擦力矩的测定

摩擦力矩等于下试样半径与摩擦力的乘积，此摩擦力矩可用摆架来测量，试验时，可根据摩擦力矩的范围选用重铊，在摩擦力的作用下，摆架离开铅垂位置而仰起一定的角度，指针随之而移动。在可卸的标尺上指针所指的数值，即为所测摩擦力矩的大小（标尺有四种刻度都对应一定的力矩范围）。

在试验过程中应选择最小的力矩范围，以便获得最大可能的灵敏度或最大可能的摩擦力矩读数精度。例如：测定的摩擦力矩为 80kg·cm 时，则试验摩擦力矩范围应选为 100kg·cm，而不应选为 150kg·cm。如果在试验前不能确定试验摩擦力矩的大小，可先采用最大摩擦力矩范围（150kg·cm）。进行试验几分钟后，根据试验所得的摩擦力矩的大小，即可确定适当的试验摩擦力矩范围。

为了调整不同的摩擦力范围，可在摆架上加上或卸下重铊。表 1 列出对应摩擦力矩的范围所需配置的重铊数。

表1 对应摩擦力矩的范围所需配置的重轮数

摩擦力矩测量范围(4级)	标尺最小刻度值	重轮数	重轮标记
0～10kg·cm	0.2kg·cm/格	1	A
0～50kg·cm	1.0kg·cm/格	2	A+B
0～100kg·cm	2.0kg·cm/格	3	A+B+C
0～150kg·cm	2.5kg·cm/格	4	A+B+C+D

2. 描绘记录装置

在试验过程中，摩擦力矩的大小随试样表面磨损的情况而发生变化，描绘记录装置能自动描绘出摩擦力矩值的变化与摩擦行程长度之间的关系曲线。

描绘记录纸全长为80mm，相当于所选取的摩擦力矩范围的最大值。如果选取的摩擦力矩范围为150kg·cm，则记录长度1mm等于$\frac{150}{80}=1.875$kg·cm。

3. 积分机构

积分机构可测试验过程中摩擦功的数值。积分机构的摩擦盘在试验机的左端，摩擦盘上有一个小滚轮，在试验过程中，摩擦盘的旋转是通过蜗杆轴及齿轮的传递得到的，摩擦盘上的小滚轮在相互间摩擦力的作用下亦随之而摆动。小滚动轮借助拉杆、拨叉与摆架相连，当拨叉上的刻线对准标尺的零位时，小滚轮应位于摩擦盘的中心，拉杆因试样随摩擦力矩的变化而移动时，小滚轮就沿着摩擦盘的半径方向移动，由于小滚轮所在的位置不同，速度亦随之而变化，小滚轮的转数可在计数器上读出。

根据齿轮的传动关系，下试样轴转一转时，摩擦盘的转数为：

$$\frac{1}{72}\times\frac{100}{30}\times\frac{35}{35}\times\frac{35}{100}=0.0162\text{ 转}$$

摩擦盘的有效半径为80mm，小滚轮的直径为41.3mm，当力矩为最大值M，且下试样轴转n转时，小滚轮应转

$$\frac{2\times 80\pi}{41.3\pi}\times 0.0162N=\frac{2\pi n}{100}$$

如果实际力矩为m，那么当下试样轴的转数为N时，小滚轮的转数n为$n=2\pi\frac{m}{M}\times\frac{N}{100}$，下试样转轴$N$转时，摩擦的$W$等于$W=2\pi NRF$

式中 R——下试样半径，cm；

F——摩擦力，kg。

$RF=m$，即刻度尺上所测的数值，以kg·cm为单位，因此有，$W=2\pi nm$kg·cm而$N=\frac{100nM}{2\pi m}$，故$W=100nm$kg·cm$=nM$kg·m，结果说明，在下试样轴转N转的某一段时间内转数n与最大力矩M的乘积。

4. 摩擦系数的测定

(1) 线接触试验（即作滚动摩擦，滚动滑动摩擦试验）

$$\mu=\frac{F}{p}=\frac{M}{RP}$$

式中 P——试样所承受垂直负荷（标尺上实际指示的负荷）；

μ——摩擦系数。

（2）2α 角接触试验（即滑动摩擦试验）

$$\mu=\frac{m}{RP}\times\frac{\alpha+\sin\alpha\cos\alpha}{2\sin\alpha}$$

式中 α——上下试样之接触角。

（3）用摩擦功求平均摩擦系数：

$$\mu=\frac{W}{2\pi RNP}$$

四、实验步骤

（一）试验前的准备

按照所选择的摩擦、磨损试验方法，制作出合格的试样。本次实验所造的试样如图 1、图 2 所示。

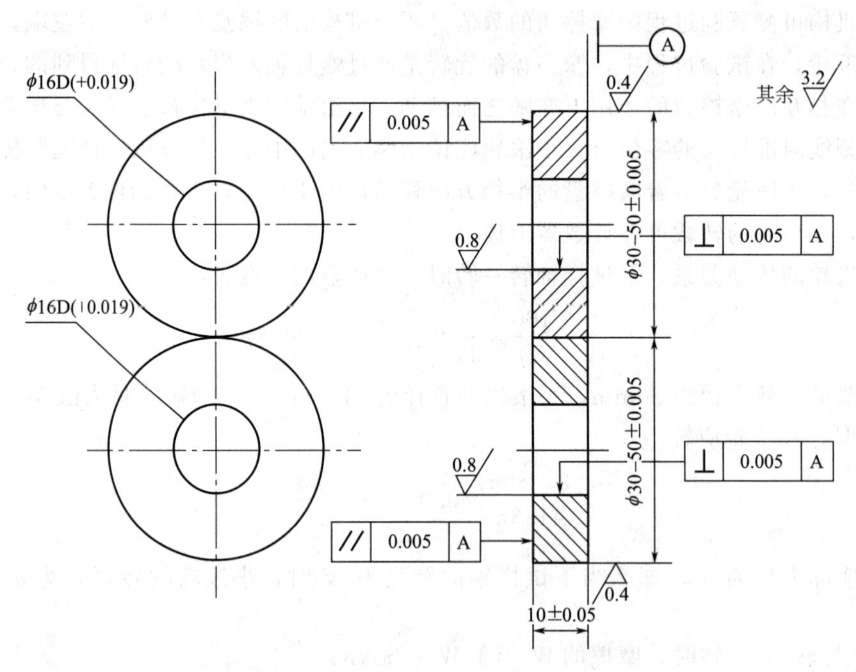

图 1 摩擦用试样 1（试样材料根据实验要求确定）

试验机在运转前必须用手轻轻转动内齿轮以检查试验机各部分是否处于正常状态，以防止在销子，螺钉未取出情况下进行。在开动试验时，先扭转开关接通电源，然后一手按按钮开关，另一只手要拉住摆架下端或推着摆架的上端，以防摆架产生大的冲击损坏试验机。

（二）滑动摩擦试验

1. 装上滑动摩擦用试样，圆盘试样装在下轴。

2. 将滑动齿轮向右移至中间位置，并用螺钉牢固，同时必须用销子将齿轮固定在摇摆头上。

3. 将螺帽松开，用螺杆将滚子提起，与偏心轮最高点脱开，直至两试样接触为止，然后紧牢螺帽。

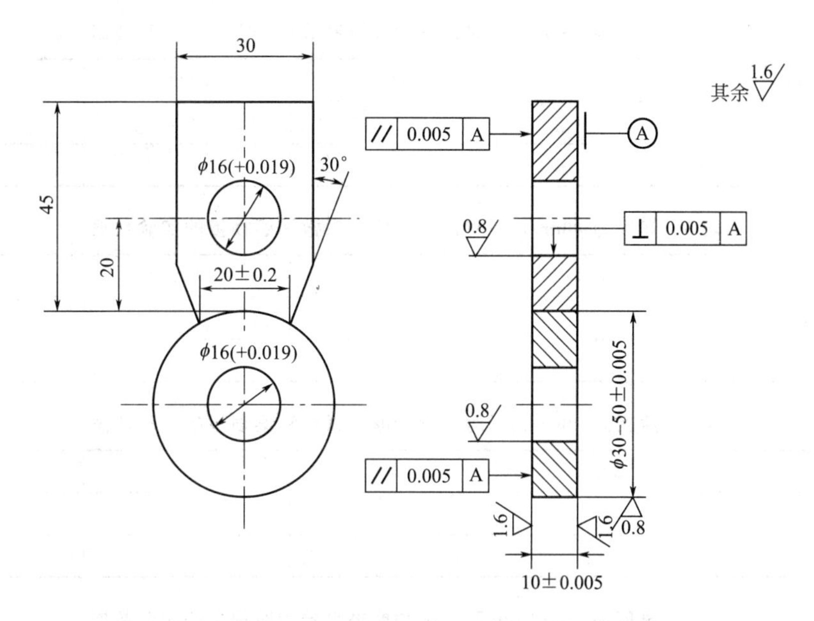

图 2　摩擦用试样 2（试样材料根据实验要求确定）

4. 确定欲施加的压力负荷，选用相应范围的弹簧和标尺，施加压力后，要调整螺钉，使弹簧长杆离开座的平面 2～3mm。

5. 根据摩擦力矩之大小选相应范围的摩擦力矩标尺和重铊并使力矩标尺的指针对正零位。对零位时，应先将摇摆头掀起，然后，开车再调整平衡块，对正零位。

6. 把小滚轮通过松开拨叉上的螺钉，移动轴，调整到摩擦盘的中心，使空转时，小滚轮不转。

7. 接上使描绘筒转动的小齿轮，并把记录纸贴在描绘筒上，注意描绘筒转动时，不要使描绘笔画到描绘纸重叠处。

8. 根据试验的需要记下计数器的转数（因计数器不能复零，并把刻度盘调整到零位）。

9. 做湿摩擦试验时，在两试样的上方装上油杯，对试样进行润滑。

10. 以上工作完毕后，搬动摇摆头使两试样接触，调整螺帽和螺钉使负荷标尺的指针对准到零位，确定试验速度，即可开车，施加负荷，进行实验。

(三) 滚动摩擦实验

1. 装上滚动摩擦用试件。

2. 将销子拔出使下试样带动上试样滚动。

3. 将螺帽松开，用键将偏心轮调整到零位（即不偏心时），然后将螺帽紧牢。

4. 将滑动齿轮向左移至中间位置，并用螺钉固牢，其余操作参照滑动摩擦试验 5～10。

(四) 滚动滑动摩擦试验

1. 将销子拔出，把滑动齿轮移至左端位置，并用螺钉固牢，使其与齿轮啮合。

2. 松开螺帽，用键将偏心轮调整到零位（即不偏心），然后将螺帽紧牢。其余操作参照滑动摩擦试验。

五、实验数据记录

详细记录表 2～表 5，并做出相应图形，进行深入的分析。

表 2　速度为 200r/min 时，滑动摩擦系数和磨损量的实验数据

项　目	300N	400N	500N	600N
摩擦系数(μ)				
磨损量(Δm)				

表 3　速度为 400r/min 时，滑动摩擦系数和磨损量的实验数据

项　目	300N	400N	500N	600N
摩擦系数(μ)				
磨损量(Δm)				

表 4　速度为 200r/min 时，滚动摩擦系数和磨损量的实验数据

项　目	300N	400N	500N	600N
摩擦系数(μ)				
磨损量(Δm)				

表 5　速度为 400r/min 时，滚动摩擦系数和磨损量的实验数据

项　目	300N	400N	500N	600N
摩擦系数(μ)				
磨损量(Δm)				

六、实验报告要求

1. 测定不同载荷（300N、400N、500N、600N），不同速度时滑动摩擦的摩擦系数和磨损量；

2. 测定不同载荷（300N、400N、500N、600N），不同速度时滚动摩擦的摩擦系数和磨损量；

3. 测定滚动、滑动复合摩擦的摩擦系数和磨损量。

七、思考题

1. 不同载荷下各类摩擦的摩擦系数，摩擦力矩，摩擦功的变化规律是什么？

2. 对滑动摩擦、滚动摩擦、滚动滑动复合摩擦三类摩擦进行计量比较。

实验二　GCr15 钢在 M-2000 试验机上的滚动摩擦实验

一、实验目的

1. 了解 M-2000 型摩擦磨损试验机的工作原理和使用方法；
2. 了解 GCr15 钢的摩擦规律；
3. 熟练操作 M-2000 型摩擦磨损试验机。

二、实验设备和材料

摩擦磨损试验采用 M-2000 型磨损试验机，试验参数：试样轴速度为 200r/min 和 400r/min；摩擦时间 30min。光电子天平，感量为 0.01mg。

实验材料：GCr15 钢，硬度为 65HRC；对偶面材料为 GCr15 钢，硬度为 65HRC。

三、实验原理

本实验的实验原理与实验一相同，这里不做详细的讲述。

四、实验步骤

1. 制样　在 M-2000 上进行滚动摩擦实验采用的试样和对偶面试样的尺寸和加工精度要求如图 1 所示。实验中的对偶面试样和主试样均为滚动，尺寸要求一致，外径为 40mm，内径为 20mm，厚度为 10mm，试样摩擦工作面粗糙度 Ra 约为 0.2μm，其他面粗糙度 Ra 约为 0.8μm。

2. 试验机调整　根据实验要求将试验机上、下主轴均调整为转动状态。根据实验要求调整标尺及所加载荷，把试验机的主轴设定为滚动摩擦状态，带有 10% 的滑动摩擦。摩擦力矩测量选定 0～5 范围的摩擦力矩标尺。实验前调整力矩的标尺的指针对正零位。把计数器与摩擦行程归零。

3. 试样的清洗、称重　在试验机上进行摩擦实验前，把所有试样放在超声波清洗机上用丙酮和酒精分别清洗 30min，然后在电子天平上称重（为了消除误差，每个试样称三次取平均值），记录数据，同时为了比较磨损前后其表面形貌的变化，需要测量其表面粗糙度。也可以在光学显微镜上观察试样实验前的状态。

4. 试样安装　在上轴安装主试样，下轴安装对磨的 GCr15 钢试样，用螺帽固定。在试样正上方安装油壶，调整油滴，使其为 20 滴/min。以上工作完毕后，使两试样接触，调整螺帽与螺钉，使其负荷为 1000N，确定其转速为低速。

5. 实验　开机进行实验，并每一段时间记录一次力矩。

6. 试样磨损后称重　试样经摩擦实验后，重复以上过程 3。

7. 数据记录及整理　通过摩擦磨损实验可以读出摩擦力矩、正压力、转数，同时可以测定摩擦系数和磨损量。

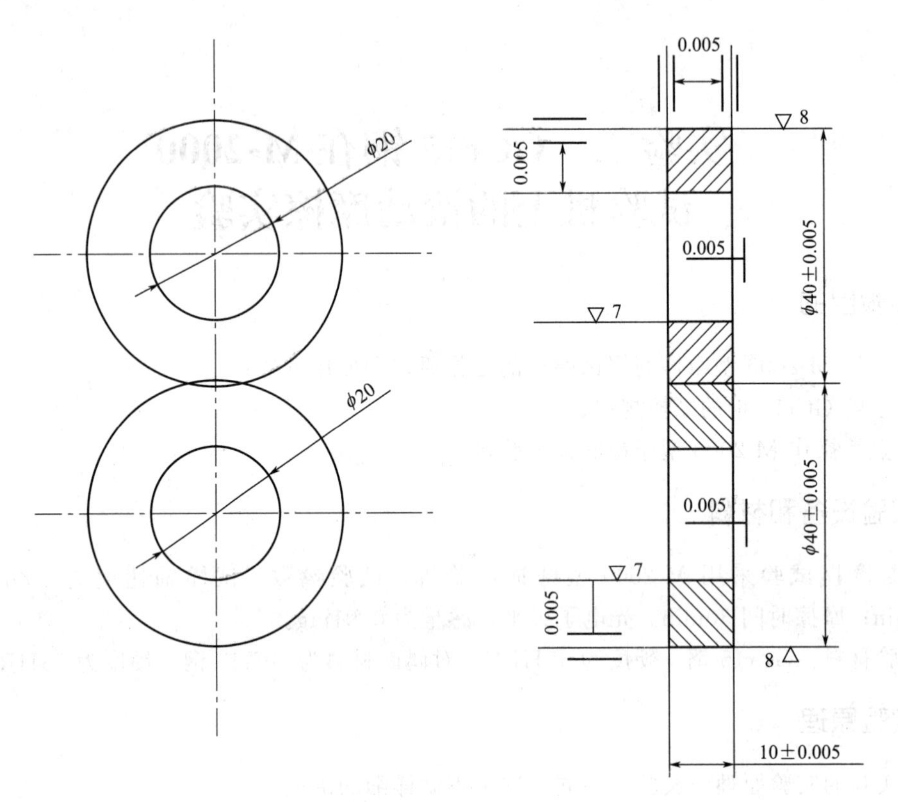

图 1　试样尺寸规格

摩擦系数：　　　　　　　　$\mu=Q/P=T/(R\times P)$

式中，μ 为摩擦系数；T 为摩擦力矩；P 为试样所承受的垂直载荷；R 为下试样的半径。力矩可在试验机上直接读取，试样的半径已经确定。

磨损量的测定依据下式：

$$M=m_0-m_1$$

式中，M 为磨损量；m_0 为磨前试样质量；m_1 为磨后试样质量。

8. 重复以上实验过程　使速度为高速，载荷分别为 600N、800N、1200N、1400N。

五、实验数据记录

详细记录表 1～表 2，并做出相应图形，进行深入的分析。

表 1　速度为 200r/min 时，滚动摩擦系数和磨损量的实验数据

项　目	600N	800N	1000N	1200N	1400N
摩擦系数(μ)					
磨损量(Δm)					

表 2　速度为 400r/min 时，滚动摩擦系数和磨损量的实验数据

项　目	600N	800N	1000N	1200N	1400N
摩擦系数(μ)					
磨损量(Δm)					

六、实验报告要求

1. 测定不同载荷下，低速时滚动摩擦的摩擦系数和磨损量；
2. 测定不同载荷下，高速时滚动摩擦的摩擦系数和磨损量；
3. 分析 GCr15 钢滚动摩擦实验的摩擦机理。

七、思考题

1. 不同载荷下 GCr15 钢滚动摩擦系数的变化规律是什么？
2. 简述 GCr15 钢滚动摩擦过程中磨损量与磨损时间的关系。

实验三　GCr15 钢在 MRH-3 试验机上的滑动摩擦实验

一、实验目的

1. 了解 MRH-3 型摩擦磨损试验机的工作原理和使用方法；
2. 了解 GCr15 钢的滑动摩擦规律；
3. 熟练操作 MRH-3 型摩擦磨损试验机；
4. 熟悉 MRH-3 型摩擦磨损试验机的注意事项。

二、实验设备和材料

摩擦磨损试验采用 MRH-3 型磨损试验机；光电子天平，感量为 0.01mg。

实验材料：GCr15 钢，硬度为 63HRC；对偶面材料为 GCr15 钢，硬度为 63HRC。

三、实验原理

本实验机的执行单元为环块摩擦副，试环装在主轴前端并能随着主轴一起转动，主轴由三相异步电机带动。试样装在环块以上的方形试块座内，试块座装在加力横梁上。系统启动时，试验力控制系统控制加力横梁产生向下拉的作用，从而在试块和环块之间产生压力的作用，该力通过试验力测量系统在微机控制系统上显示。试验中的摩擦力由摩擦测量系统测定，并最终显示在摩擦力数显表和微机上。

四、实验步骤

1. 试样制备　按照国家标准 GB 12444—2006 金属磨损实验方法环块型实验要求制样。试样尺寸如图 1 所示。对偶面为 GCr15 钢，其尺寸如图 2 所示，制造工艺如下：下料——锻造——球化退火——机加工——淬火——低温回火——精磨。

2. 试样的清洗、称重　摩擦磨损实验前，把所有试样放在超声波清洗机上用丙酮和酒精分别清洗 30min，清洗后再 60℃烘干，保温 2h 左右。在烘箱内冷至室温，放入干燥器，2h 后在电子天平上称重（为了消除误差，每个试样称三次取平均值），记录数据，同时为了比较磨损前后表面形貌的变化，需要测量其表面粗糙度。也可以在光学显微镜上观察试样实验前的状态。

3. 试样安装　试验机上的上试样（块状）为待测试样，尺寸 12.32mm×12.32mm×19.05mm。实验中上试样固定不动，下试样旋转，其摩擦副为滑动摩擦。打开电源，启动机器。先夹装块状试样，后装载下环状试样，拧紧。

4. 使用前准备和检查　接通电源，启动电源开关，使各个参数显示器均在显示状态，保持预热，调节开关，使试验力和摩擦力显示为零。接下来，启动主轴（注意保持顺时针旋转），调节旋钮，使转速升高，空转 10min 后，通过预制盘进行时间控制，试验机的报警显示除温度报警和温控仪同步工作，其他参数在报警状态下，主轴不能工作，需要按下各参数

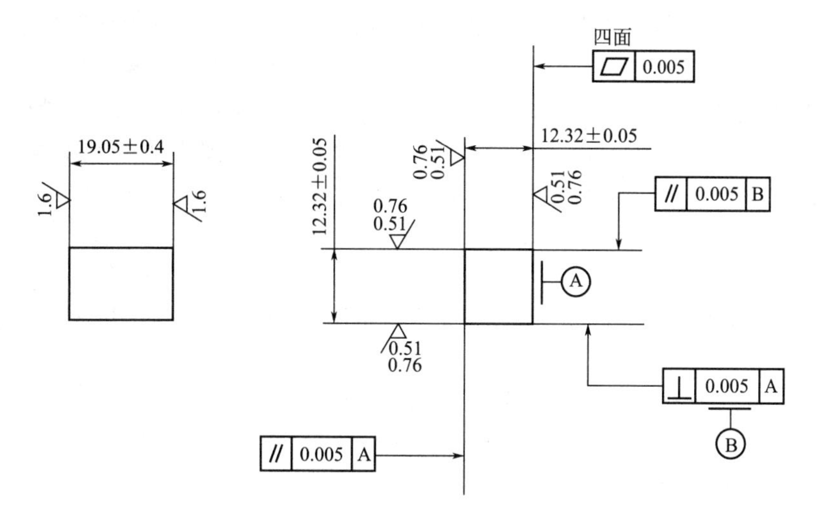

图 1　主试样块的加工尺寸图

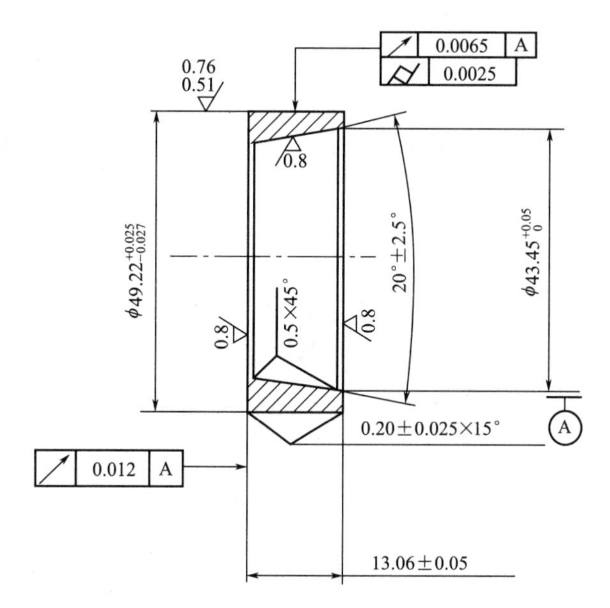

图 2　GCr15 钢环加工尺寸图

的清零按钮，方可进行参数设置，开始试验。

5. 试验力操作　先按下试验力卸除键，使试验力返零，然后按下复位按钮，报警指示灯熄灭；调零按钮的最佳位置使得试验力显示屏交替显示，顺序按下启动键和施加键，试验力按照试验力预设盘预设置的数值自动施加，在加力中，按下暂停键，试验力暂停。按下卸除键，卸除试验力；手动加载启动键、手动加载键和手动卸载键能够实现试验力手动控制，可以实现试验力的增加和减少。

6. 摩擦力操作　试验机的最大摩擦力 300N，当摩擦力因为擦伤灯原因突然增大，并超过预设值，主轴自动停转。试验时，首先调节调零按钮，使摩擦力显示屏交替显示±0，摩擦力预设盘初始设置较大的数值。试验进入正常状态时，根据摩擦力显示屏显示的数值设置较为接近的数值，这样在试验过程中，即使很轻微的擦伤也会因摩擦力的增大而停机报警。

7. 主轴单元操作　转速旋转面板可以完成各种操作，具体见说明书。

8. 试验周期单元操作　试验周次预设盘可以在 1～9999999 范围内设置任意数值，主轴转数超过预设值，停机报警，摩擦力报警指示灯亮，按下清零键，接触报警。

9. 时间单元操作　试验时间预设盘可以在 1～9999s（或 min）之间设置任意数值，超过预设值时，时间报警指示灯亮，按下清零键，接触报警，若要主轴再次启动，需要先操作转速旋转面板，再按下试验时间清零键。

10. 记录系统　双笔记录系统可以记录摩擦力-时间，温度-时间曲线。

11. 拆下试样，清洗称重。

12. 观察并记录磨痕的宽度　采用显微镜测量磨痕的平均宽度，并观察磨痕的形貌特征，以便分析磨损特征。

13. 数据整理和计算　磨损量采用下式计算：

$$磨损量=磨前质量-磨后质量$$

摩擦系数采用下式计算：

$$\mu=f/F$$

式中，μ 为摩擦系数；F 为试验压力；f 为摩擦力。

五、实验报告要求

1. 分析摩擦力-时间，温度-时间曲线；
2. 分析 GCr15 钢滑动摩擦实验的摩擦机理。

六、思考题

1. GCr15 钢滑动摩擦系数的变化规律是什么？
2. 简述 GCr15 钢滑动摩擦过程中磨损量与磨损时间的关系。

实验四　高速工具钢涂层摩擦磨损实验

一、实验目的

1. 摩擦系数和磨损量的测量；

2. 了解和熟悉表面粗糙度测量仪、电子分析天平、多功能摩擦磨损试验机等实验仪器的基本原理与实验步骤。

二、实验仪器

1. 表面粗糙度测量仪；
2. 光学显微镜；
3. 电子分析天平；
4. 多功能摩擦磨损试验机。

三、实验内容

1. 摩擦系数的读取；
2. 磨损量的测量；
3. 磨损前后的表面形貌的显微观察，辨别磨损形式。

四、实验步骤

1. 用丙酮在超声波中清洗钢球和圆盘，然后用脱脂棉球擦拭；最后热风吹干待用。
2. 将一个清洁钢球安装在球夹具中，并固定于摩擦试验机。
3. 测试试样的表面粗糙度。
4. 用双面胶把圆盘固定于摩擦试验机。
5. 在实验载荷和速度下，开动电动机驱动主轴旋转。
6. 试验时间达到给定时间时，关掉电动机，卸去载荷取出试样，并清洗试样。
7. 用光学显微镜测量球上的磨斑直径，显微镜观察圆盘的磨痕宽度和深度，取平均值。
8. 清理现场。
9. 撰写实验报告。

五、实验参数

试样：直径 9.5mm 的钢球；直径 30mm，高度 5mm 的高速工具钢涂层圆盘。

实验条件：载荷 5N 或 10N；速度 0.05m/s；时间：20min；润滑方式：干摩擦。

六、思考题

1. 分析影响测量结果的因素。

测量的环境湿度、温度等会对测量结果产生误差；

测量的材料本身的洁净度对结果会产生影响；

测量的方法以及读数误差等会对结果产生影响。

2. 涂层以什么形式的磨损为主？

根据得到的图像进行判断，发现主要以磨料磨损为主。

实验五　45钢和铜摩擦磨损实验

一、实验目的

1. 了解摩擦磨损试验机的基本工作原理，掌握XP-6型数控高温摩擦磨损试验机的参数设置和操作方法。

2. 了解掌握材料摩擦磨损机理，并能够进行摩擦磨损实验及运用机理正确分析试验结果。

二、实验设备（环境）

XP-6型数控高温摩擦磨损试验机、铜销试样、45钢块试样、45钢销试样、润滑剂（MoS_2）。

三、实验步骤与内容

实验步骤：

1. 销试样及盘试样分别通过试样夹具安装在试验机上下主轴上。
2. 调杠杆平衡。
3. 加载。
4. 启动电动机，选择速度，进行实验。
5. 记录试样之间的摩擦系数，进行数据处理。
6. 实验结束，关闭仪器电源，整理实验工具。

实验内容：

1. 在同一载荷的作用下，测量不同转速时铜与钢之间的摩擦系数。
2. 在同一载荷的作用下，测量不同转速时钢与钢之间的摩擦系数。
3. 在不同载荷的作用下，测量相同转速时铜与钢之间的摩擦系数。
4. 在不同载荷的作用下，测量相同转速时钢与钢之间的摩擦系数。
5. 添加润滑剂，在相同载荷下，测量不同转速时铜与钢之间的摩擦系数。
6. 将试样加热到高温，在固定载荷和转速下，测量钢与钢之间的摩擦系数。

四、实验结果与数据处理

将实验结果填入表1～表16。

表1　转速100r/min、载荷750N，钢对钢的实验数据

加载时间 t/min	0.5	1	1.5	2	2.5	3	3.5	4	4.5	5
摩擦系数(μ)										

平均摩擦系数：$\mu=$

表 2　转速 200r/min、载荷 750N，钢对钢的实验数据

加载时间 t/min	0.5	1	1.5	2	2.5	3	3.5	4	4.5	5
摩擦系数(μ)										

平均摩擦系数：μ=

表 3　转速 300r/min、载荷 750N，钢对钢的实验数据

加载时间 t/min	0.5	1	1.5	2	2.5	3	3.5	4	4.5	5
摩擦系数(μ)										

平均摩擦系数：μ=

表 4　转速 100r/min、载荷 1250N，钢对钢的实验数据

加载时间 t/min	0.5	1	1.5	2	2.5	3	3.5	4	4.5	5
摩擦系数(μ)										

平均摩擦系数：μ=

表 5　转速 200r/min、载荷 1250N，钢对钢的实验数据

加载时间 t/min	0.5	1	1.5	2	2.5	3	3.5	4	4.5	5
摩擦系数(μ)										

平均摩擦系数：μ=

表 6　转速 300r/min、载荷 1250N，钢对钢的实验数据

加载时间 t/min	0.5	1	1.5	2	2.5	3	3.5	4	4.5	5
摩擦系数(μ)										

平均摩擦系数：μ=

表 7　转速 100r/min、载荷 750N，铜对钢的实验数据

加载时间 t/min	0.5	1	1.5	2	2.5	3	3.5	4	4.5	5
摩擦系数(μ)										

平均摩擦系数：μ=

表 8　转速 200r/min、载荷 750N，铜对钢的实验数据

加载时间 t/min	0.5	1	1.5	2	2.5	3	3.5	4	4.5	5
摩擦系数(μ)										

平均摩擦系数：μ=

表 9　转速 300r/min、载荷 750N，铜对钢的实验数据

加载时间 t/min	0.5	1	1.5	2	2.5	3	3.5	4	4.5	5
摩擦系数(μ)										

平均摩擦系数：μ=

表 10　转速 100r/min、载荷 1250N，铜对钢的实验数据

加载时间 t/min	0.5	1	1.5	2	2.5	3	3.5	4	4.5	5
摩擦系数(μ)										

平均摩擦系数：μ=

表 11　转速 200r/min、载荷 1250N，铜对钢的实验数据

加载时间 t/min	0.5	1	1.5	2	2.5	3	3.5	4	4.5	5
摩擦系数(μ)										

平均摩擦系数：μ=

表 12　转速 300r/min、载荷 1250N，铜对钢的实验数据

加载时间 t/min	0.5	1	1.5	2	2.5	3	3.5	4	4.5	5
摩擦系数(μ)										

平均摩擦系数:μ=

表 13　转速 100r/min、载荷 1250N，铜对钢的实验数据（添加润滑剂）

加载时间 t/min	0.5	1	1.5	2	2.5	3	3.5	4	4.5	5
摩擦系数(μ)										

平均摩擦系数:μ=

表 14　转速 200r/min、载荷 1250N，铜对钢的实验数据（添加润滑剂）

加载时间 t/min	0.5	1	1.5	2	2.5	3	3.5	4	4.5	5
摩擦系数(μ)										

平均摩擦系数:μ=

表 15　转速 300r/min、载荷 1250N，铜对钢的实验数据（添加润滑剂）

加载时间 t/min	0.5	1	1.5	2	2.5	3	3.5	4	4.5	5
摩擦系数(μ)										

平均摩擦系数:μ=

表 16　转速 200r/min、载荷 1500N，钢对钢的实验数据（温度为 350℃）

加载时间 t/min	0.5	1	1.5	2	2.5	3	3.5	4	4.5	5
摩擦系数(μ)										

平均摩擦系数:μ=

五、实验报告要求

1. 分析不同载荷和无润滑剂的条件下，钢对钢试样的摩擦系数变化规律；
2. 分析不同载荷和无润滑剂的条件下，铜对钢试样的摩擦系数变化规律；
3. 分析润滑剂对钢对钢试样和铜对钢试样摩擦系数的影响；
4. 分析高温下，钢对钢试样摩擦系数的变化。

六、思考题

1. 温度如何影响摩擦系数？
2. 简述润滑剂与摩擦系数之间的定性关系。

实验六　镀膜件的摩擦磨损实验

一、实验目的

1. 了解显微硬度计结构、测试原理及测试过程；
2. 了解薄膜结合强度测试仪结构、测试原理及测试过程；
3. 了解常用的摩擦磨损实验机结构、测试原理、用途；
4. 了解表面形貌仪的测试原理。

二、实验设备和实验材料

实验材料：各种镀膜件；

实验设备：显微硬度计、强度测试仪、MS-T3000 摩擦磨损试验仪、表面形貌仪、光电子天平。

三、实验原理及试验机结构

1. 实验原理

MS-T3000 摩擦磨损仪运用球-盘之间摩擦原理及微机自控技术，通过砝码或连续加载机构将负荷加至球上，作用于试样表面，同时试样固定在测试平台上，并以一定的速度旋转，使球摩擦涂层表面。通过传感器获取摩擦时的摩擦力信号，经放大处理，输入计算机经 A/D 转换将摩擦力信号通过运算得到摩擦系数变化曲线。

$$\mu = F/N$$

式中　μ——摩擦系数；

F——摩擦力；

N——正压力（载荷）。

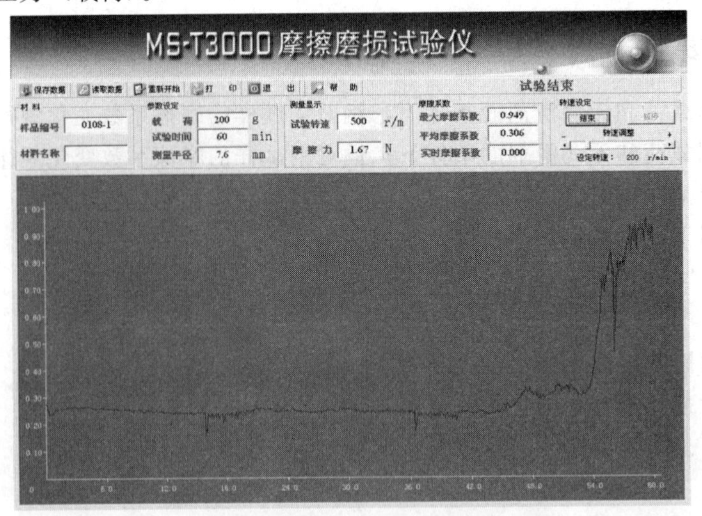

图 1　MS-T3000 摩擦磨损仪操作界面

通过摩擦系数曲线的变化得到材料或薄膜的摩擦性能和耐磨强度，即在特定载荷下，经过多长时间（多长距离）摩擦系数会发生变化，此时薄膜被磨损并通过称重法得到材料表面磨损量。MS-T300摩擦磨损仪操作界面见图1。

2. 试验机结构

（1）旋转平台：1～3000转/min，精度±1转；

（2）升降高度：20mm；

（3）试样厚度：10mm～1m片；

（4）旋转半径：3～10mm；

（5）压头：Φ2-6mm钢珠或Φ2-4mm圆柱；

（6）测试操作：键盘操作，微机控制。

四、实验步骤

1. 开机，进入Windows界面，预热10min，进入MS-T3000主界面。

2. 进入主菜单，设定转速10/min，点击开始，运转1分钟后自动停止，表示仪器运转正常。

3. 放置试样：

（1）松开悬梁定位旋钮，将悬梁顺时针旋转45°，将试样用固定螺钉固定在测试台上。

（2）手动旋转测试台或设定转速在10r/min，看压头是否正常在测试台上运动，并轻施切向力，看压头是否碰撞紧固件及压头有无移出测试件。

（3）调整加载梁平衡。

4. 条件输入：根据实际情况输入样品编号，材料名称，实验载荷，时间，测量半径，试验转速。

5. 上述条件输入完毕后，仪器进入测试，点击“实验开始”即可。

6. 实验时间到后，仪器自动停止，跳出试验结束框，按“确定”，如果要保存数据则按“保存数据”。

7. 试验结束后，按退出键。

8. 关机。

五、实验要求

1. 认真按照试验仪的操作规程进行；

2. 认真观察摩擦系数的变化，并分析其原因。

六、思考题

1. 在特定载荷下，经过多长时间（多长距离）摩擦系数会发生变化？

2. 在整个过程中，摩擦系数变化的规律是什么？

实验七　刀具角度测量及刀具磨损实验

一、实验目的

1. 初步掌握测量刀具磨损的一般方法；

2. 掌握观察车刀的磨损过程。

二、实验设备、仪器、工具和试件

1. C620-1 普通车床：工具磨床。

2. 15J 型读书显微镜。

3. 外圆车刀、油石、量角台、放大镜、秒表及试件。

三、实验方法和步骤

1. 测量刀具磨损的方法

在切削加工中，由于切屑与前刀之间，以及工件与后刀面之间存在着摩擦，因此，刀具可以发生三种形式磨损，如图 1 所示。

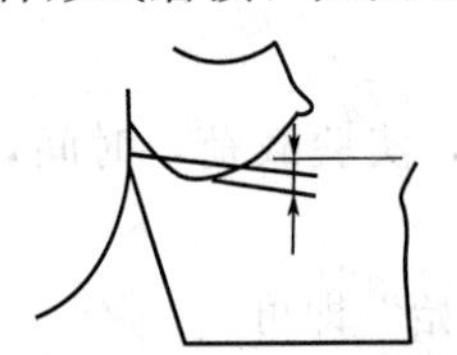

(a) 磨损主要发生在前刀面

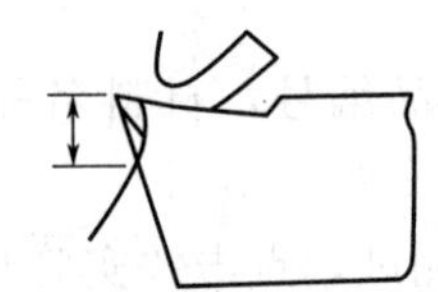

(b) 磨损主要发生在后刀面

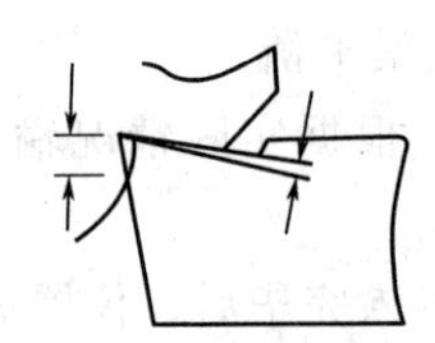

(c) 磨损主要发生在前、后刀面

图 1　刀具的三种典型磨损形式

随切削条件的变化，磨损的方式也就不同。在生产中，不论粗加工或精加工，后刀面磨损都存在，同时后刀面磨损的测量也较方便，所以一般都以后刀面磨损值制定车刀的磨钝标准。

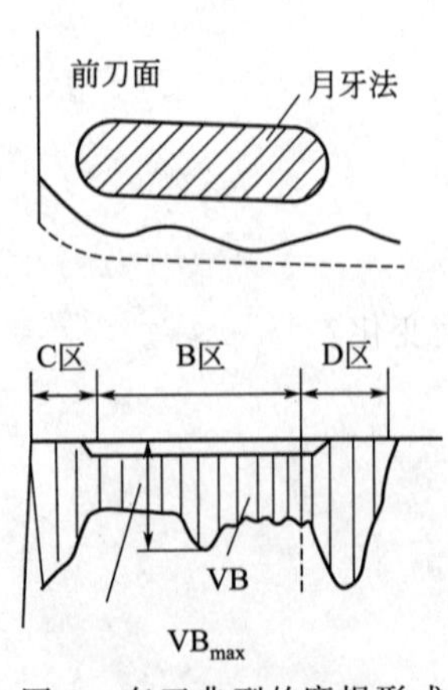

图 2　车刀典型的磨损形式

刀具磨损发生在后刀面时，观察磨损形状。在主切削刃上，由于刀具的前角以及前刀面发生少量磨损，因此，磨损后其切削刃比原来切削刃略有降低。为了精确的测量 VB 值，首先应确定一条基准线，一般可以用原来的切削刃作为标准。按照 ISO 国际标准中规定，当切削刃参加工作部分的中部磨损均匀时，以后刀面磨损带 B 区的平均磨损量 VB 所允许达到的最大磨损尺寸作为磨钝标准，若磨损不均匀时，则取 B 区最大磨损值 VB_{max} 所允许达到的最大磨损尺寸作为磨钝标准（如图 2 所示）。实验测量时应同时读出后刀面磨损带 B 区的平均磨损量 VB 和最大磨损值 VB_{max}。

2. 实验步骤

切削一定的时间（用秒表记录）后，测出后刀面磨损值，然后继续切削一定的时间，再测出后刀面的磨损值，如此进行下去到一定的阶段，即可以切削时间为横坐标，以 VB_{max} 或 VB 为纵坐标画出磨损曲线。

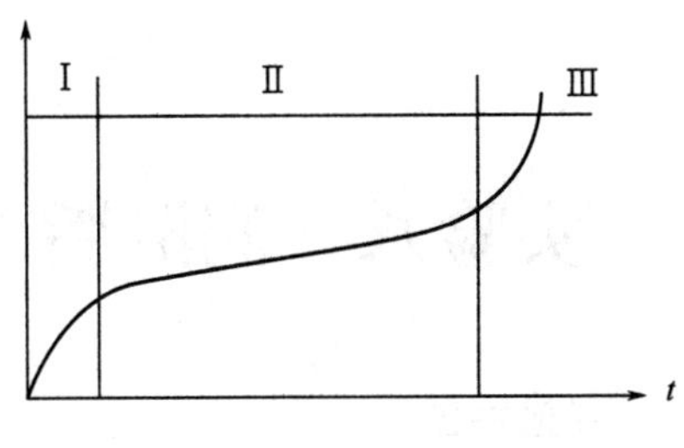

图 3　车刀典型的磨损曲线

从磨损曲线（如图 3 所示）可以看出初期磨损阶段磨损较快，正常磨损阶段磨损较慢，而急剧磨损阶段磨损较快，因此在初期磨损阶段测量时间间隔应取短一些，而正常磨损阶段则可将测量时间间隔取长一些。

四、实验要求

1. 认真按照车床的操作规程进行；
2. 认真观察车刀磨损的过程，观察磨损过程中产生的现象，并着重分析其原因。

五、思考题

1. 为什么车刀的磨损曲线会如此变化？
2. 在整个过程中，车刀磨损变化的规律是什么？

实验八　润滑脂（陶瓷或轴承）摩擦磨损实验

一、实验目的

1. 测量材料运行时的摩擦磨损；
2. 掌握 HRS-2M 型高速往复摩擦试验机的操作规程；
3. 了解润滑脂（陶瓷或轴承）摩擦磨损实验要求。

二、实验设备

HRS-2M 型高速往复摩擦试验机。

三、工作原理

本试验机适用于材料和零部件表面的摩擦磨损测试。载荷范围宽、滑动速度可调，能够准确地检测材料的摩擦系数、磨痕深度、表面轮廓和耐磨性，有针对性地对材料或零部件的润滑特性、表面处理及材料特性做出评估。

四、试验机主要技术参数

试验机主要技术参数见表 1 所示。

表 1　试验机主要技术参数

序号	项目	技术指标
1	载荷范围	1～200N(100g～20kg)精度:0.1N
2	往复滑动频率	1～60Hz(高:3600r/min)
3	滑动长度	0.5～25mm(最长 30m)
4	样品尺寸	ϕ5～60mm(最大直径:Φ100mm,高度:60mm)
5	样品厚度	0.5～30mm
6	摩擦系统测量精度	0.2%FS(满量程)
7	磨痕深度测量范围	±1mm 精度:0.1μm
8	选配件	100g 摩擦力传感器(0.05～1N)适用于微小载荷下材料摩擦系数的测试、1000g 摩擦力传感器(0.1～10N)、样品加热炉(室温～300℃)

用途：涂层、固态或液态的润滑脂、陶瓷、轴承和齿轮评价。

样品要求：金属或非金属块体材料、涂层等。

五、实验原理

1. 实验压力为 $F=10$N、往复速度为 400 次/min、时间为 20min、运行长度为 5mm。
2. 影响μ的因素：压力和速度。
3. 实验磨损三阶段：跑合阶段，稳定阶段、剧烈阶段。
4. 载荷传感器规格为 200N。

5. 根据摩擦系数的公式摩擦力为摩擦系数和载荷的乘积。

六、实验步骤

1. 首先调零

摩擦力 1=0　　载荷 1=0

摩擦力 2=0　　载荷 2=0

2. 启动运行

七、实验数据记录

将实验数据记录在表 2～表 6。

表 2　实验数据

时间/min	0.02	0.75	1.48	2.22	2.95	3.68
μ						

表 3　实验数据

时间/min	4.42	5.15	5.88	6.62	7.35	8.08
μ						

表 4　实验数据

时间/min	8.82	9.55	10.3	11	11.8	12.5
μ						

表 5　实验数据

时间/min	13.2	14	14.8	15.55	16.35	17.15
μ						

表 6　实验数据

时间/min	17.9	18.65	19.4	20
μ				

八、实验要求

1. 与其他试验相比，磨损试验受载荷、速度、温度、周围介质、表面粗糙度、润滑和偶合材料等因素的影响更大。试验条件应尽可能与实际条件一致，才能保证试验结果的可靠性。

2. 认真观察磨损过程中发生的现象，例如：黏着磨损、汽蚀等。

九、思考题

1. 实验过程中有几种摩擦磨损形式？

2. 外载荷较大时，摩擦过程有哪些变化？

3. 摩擦系数对哪些影响因素较为敏感？

实验九　氧化铝陶瓷摩擦磨损实验

一、实验目的

1. 初步掌握氧化铝陶瓷摩擦磨损实验的一般方法；

2. 掌握观察氧化铝陶瓷的磨损过程；

3. 熟悉 MMW-1A 型微机控制万能摩擦磨损试验机操作方法。

二、实验设备和材料

1. 实验设备

MMW-1A 型微机控制万能摩擦磨损试验机、KQ-250 型超声波清洗器。

2. 实验材料

含添加剂 MgO 质量不同的氧化铝陶瓷、丙酮、T10 钢。

三、实验方法和步骤

1. 将配方不同的长方体状试样置于有不同编号且已加入丙酮（分析纯）的小烧杯中，放在超声波清洗器中超声波清洗 10min，用热风吹干后备用。

2. 实验用的 T10 钢摩擦环硬度为 65HRC，外径 54mm，内径 38mm，高 10mm。每次实验前都需用丙酮溶液将其擦洗干净，除去表面铁锈，以防影响实验结果。

3. 准备工作完成后，将陶瓷试样和摩擦环装夹在摩擦磨损试验机上，按程序开启机器设置好相关参数，即可正式开始实验。

4. 在电动机的带动下，主轴以设定的转速（100r/min、150r/min、200r/min）转动，试样随主轴一起转动。随着载荷的增加，试样与下面的摩擦环接触，产生摩擦。通过传感器，智能系统自动采集数据，并将数据传送到计算机，得出当前条件下的摩擦系数。当到达设定时间时，试验机自动停止工作，点击显示屏上的曲线显示，即可得到实验力-时间-摩擦系数曲线和转速-时间-摩擦系数曲线。

四、实验数据记录

将实验结果记录于表 1～表 12。

表 1　含 0.3wt%MgO 氧化铝陶瓷的摩擦系数

时间/s	10	60	120	180	240	300	360	420	480	540	600
μ											

表 2　含 0.4wt%MgO 氧化铝陶瓷的摩擦系数

时间/s	10	60	120	180	240	300	360	420	480	540	600
μ											

表 3 含 0.5wt%MgO 氧化铝陶瓷的摩擦系数

时间/s	10	60	120	180	240	300	360	420	480	540	600
μ											

表 4 烧结温度为 1580℃ 氧化铝陶瓷的摩擦系数

时间/s	10	60	120	180	240	300	360	420	480	540	600
μ											

表 5 烧结温度为 1600℃ 氧化铝陶瓷的摩擦系数

时间/s	10	60	120	180	240	300	360	420	480	540	600
μ											

表 6 载荷为 40N，氧化铝陶瓷的摩擦系数

时间/s	10	60	120	180	240	300	360	420	480	540	600
μ											

表 7 载荷为 60N，氧化铝陶瓷的摩擦系数

时间/s	10	60	120	180	240	300	360	420	480	540	600
μ											

表 8 载荷为 80N，氧化铝陶瓷的摩擦系数

时间/s	10	60	120	180	240	300	360	420	480	540	600
μ											

表 9 载荷为 100N，氧化铝陶瓷的摩擦系数

时间/s	10	60	120	180	240	300	360	420	480	540	600
μ											

表 10 速度 100r/min，氧化铝陶瓷的摩擦系数

时间/s	10	60	120	180	240	300	360	420	480	540	600
μ											

表 11 速度 150r/min，氧化铝陶瓷的摩擦系数

时间/s	10	60	120	180	240	300	360	420	480	540	600
μ											

表 12 速度 200r/min，氧化铝陶瓷的摩擦系数

时间/s	10	60	120	180	240	300	360	420	480	540	600
μ											

五、实验要求

1. 严格按照 MMW-1A 型微机控制万能摩擦磨损试验机的操作规程做实验；
2. 试样实验前需要用超声波清洗器清洗 10min。

六、思考题

1. 分析 MgO 含量、烧结温度、载荷、转速对氧化铝陶瓷摩擦系数的影响。
2. 分析对比上述因素对氧化铝陶瓷摩擦系数影响最大的因素。
3. 着重分析 MgO 含量对氧化铝陶瓷摩擦系数的影响。

实验十　聚四氟乙烯涂层（石墨/二硫化钼涂层）摩擦磨损实验

一、实验目的

1. 初步掌握聚四氟乙烯涂层（石墨/二硫化钼涂层）摩擦磨损实验的一般方法；
2. 掌握观察聚四氟乙烯涂层（石墨/二硫化钼涂层）磨损现象；
3. 熟悉 УТИТВ-1000 真空摩擦磨损试验机操作方法。

二、实验设备和材料

实验设备：

УТИТВ-1000 真空摩擦磨损试验机、光电子天平（感应量 0.01‰g）。

实验材料：

聚四氟乙烯涂层若干（尺寸 ϕ70mm×10mm，硬度：HB34.9，涂层厚度：20μm）、丙酮、GCr15 钢球（尺寸：ϕ10mm，硬度：HRC66.6，*Ra*：0.64μm）。

三、实验参数

聚四氟乙烯涂层（PTFE）的物理性能如表 1 所示。

表 1　聚四氟乙烯涂层（PTFE）的物理性能

名称	密度/(g/cm^3)	拉伸强度/MPa	伸长率/%	压缩强度/MPa	线膨胀系数/(10^{-4}/k)
PTFE	2.14	24.4	317	12.0	1.41

对偶面材料的化学成分如表 2 所示。

表 2　GCr15 轴承钢化学成分（wt%）

Fe	C	Mn	Si	Cr	S	P
比重	0.95～1.05	0.20～0.40	0.15～0.35	1.30～1.65	≤0.020	≤0.027

实验中的速度和载荷如表 3 所示。

表 3　摩擦磨损试验参数

载荷/N	4	6	8	10	12		
速度/(m/s)	0.2	0.4	0.6	0.8	1.2	1.6	2.7

实验中的真空压强和辐照剂量如表 4 所示。

表 4　真空压强和辐照剂量

真空压强/MPa	10^{-5}	10^{-2}	10^{0}	10^{+2}	10^{+5}
辐照剂量/rad	1×10^{5}	5×10^{5}	1×10^{6}	5×10^{6}	1×10^{7}

四、实验方法和步骤

所有的试验滑移距离都为1000m，以保证达到稳定的磨损状态。摩擦力由测力计测量(最小刻度值为1N)。用光电分析天平称出（最小刻度值为0.01‰g）PTFE涂层材料的质量损失量。具体实验步骤如下。

1. 利用光电子天平对试样进行称重（为了减少误差，每次测量三次，取平均值)。用丙酮将试样清洗干净，吹干。检查试验机的真空室的密封性。

2. 按照实验方案确定的载荷和速度，调节试验机的两个参数，装入试样，然后对试验机进行抽真空，并不断向试验机冷凝器中加入液氮，以保证真空室中稳定的真空度，液氮量以不流出冷凝器为准。

3. 启动试验机，并观察测力计和真空室温度计的变化，读数，作好记录。同时不断向试验机冷凝器中加入液氮，以保证真空室中稳定的真空度。

4. 通过观察窗观察试样摩擦表面的变化，并记录时间。

5. 实验完毕，关闭试验机，停止加入液氮，利用光电子天平对试样进行称重（为了减少误差，每次测量三次，取平均值)。

6. 卸下试样，选取合适的试样重复进行实验。

五、实验数据记录

将实验数据填入表5～表8。

表5　不同载荷下，聚四氟乙烯涂层摩擦系数和磨损量

载荷/N	4	6	8	10	12
摩擦系数/μ					
磨损量/mg					

表6　不同速度下，聚四氟乙烯涂层摩擦系数和磨损量

速度/(m/s)	0.2	0.4	0.6	0.8	1.2	1.6	2.7
摩擦系数/μ							
磨损量/mg							

表7　不同真空度下，聚四氟乙烯涂层摩擦系数和磨损量

真空度/MPa	10^{-5}	10^{-2}	10^{0}	10^{+2}	10^{+5}
摩擦系数/μ					
磨损量/mg					

表8　不同辐照剂量下，聚四氟乙烯涂层摩擦系数和磨损量

辐照剂量/rad	1×10^{5}	5×10^{5}	1×10^{6}	5×10^{6}	1×10^{7}
摩擦系数/μ					
磨损量/mg					

六、实验要求

1. 严格按照УТИТВ-1000真空摩擦磨损试验机操作规程做实验。

2. 聚四氟乙烯涂层具有自润滑性，做实验时务必保持试样表面清洁。

3. 认真贯彻聚四氟乙烯涂层摩擦过程磨损表面形貌的变化。

七、思考题

1. 分析聚四氟乙烯涂层摩擦磨损机理。

2. 分析速度、载荷、真空度、辐照剂量（γ射线辐照）对聚四氟乙烯涂层摩擦系数和磨损量的影响。

3. 给出有效提高聚四氟乙烯涂层耐磨性的方法。

4. 为什么聚四氟乙烯涂层的摩擦力曲线按照台阶式增长？

实验十一　聚四氟乙烯摩擦磨损实验中磨屑的收集和观察

一、实验目的

1. 初步掌握聚四氟乙烯涂层磨屑收集的一般方法；
2. 掌握观察聚四氟乙烯涂层磨屑形状和大小的变化。

二、实验设备和材料

实验设备：

УТИТВ-1000 真空摩擦磨损试验机、SEM。

实验材料：

聚四氟乙烯涂层若干（尺寸 ϕ70mm×10mm，硬度：HB34.9，涂层厚度：20μm）、丙酮、纸槽、玻璃板（20mm × 20mm）、棉签、GCr15 钢球（尺寸：ϕ10mm，硬度：HRC66.6，Ra：0.64μm）。

三、实验参数

实验中的速度和载荷如表 1 中的参数所示。

表 1　摩擦磨损试验参数

载荷/N	4	6	8	10	12		
速度/(m/s)	0.2	0.4	0.6	0.8	1.2	1.6	2.7

实验中的真空压强和辐照剂量如表 2 所示。

表 2　真空压强和辐照剂量

真空压强/MPa	10^{-5}	10^{-2}	10^{0}	10^{+2}	10^{+5}
辐照剂量/rad	1×10^{5}	5×10^{5}	1×10^{6}	5×10^{6}	1×10^{7}

四、实验方法和步骤

所有的试验滑移距离都为 1000m，以保证达到稳定的磨损状态。

具体实验步骤如下。

1. 用丙酮将试样清洗干净，吹干。检查试验机真空室的密封性。

2. 按照实验方案确定的载荷和速度，调节试验机的两个参数，装入试样，然后对试验机进行抽真空，并不断向试验机冷凝器中加入液氮，以保证真空室中稳定的真空度，液氮量以不流出冷凝器为准。

3. 启动试验机，并观察测力计和真空室温度计的变化，读数，作好记录。同时不断向试验机冷凝器中加入液氮，以保证真空室中稳定的真空度。

4. 通过观察窗观察磨屑形貌的变化，并记录时间。

5. 实验完毕，关闭试验机，停止加入液氮。

6. 卸下试样，利用蘸有丙酮的棉签，轻轻擦拭试样表面和对偶面上的磨屑，至纸槽上。

7. 待纸槽上磨屑晾干后，将纸槽里的磨屑轻轻倒入玻璃板上，注意一定不要将磨屑擦碎，影响磨屑表面特征。

8. 利用 SEM 测量磨屑的大小和形状特征。

9. 对磨屑的大小和形状数据进行分析。

10. 选取合适的试样重复进行实验。

五、实验数据记录

将实验数据填入表 3～表 6 中。

表 3　不同载荷下，磨屑的大小

载荷/N	4	6	8	10	12
磨屑大小/μm					

表 4　不同速度下，磨屑的大小

速度/(m/s)	0.2	0.4	0.6	0.8	1.2	1.6	2.7
磨屑大小/μm							

表 5　不同真空度下，磨屑的大小

真空度/MPa	10^{-5}	10^{-2}	10^{0}	10^{+2}	10^{+5}
磨屑大小/μm					

表 6　不同辐照剂量下，磨屑的大小

辐照剂量/rad	1×10^{5}	5×10^{5}	1×10^{6}	5×10^{6}	1×10^{7}
磨屑大小/μm					

六、实验要求

1. 严格按照 УТИТВ-1000 真空摩擦磨损试验机操作规程做实验。

2. 聚四氟乙烯涂层具有自润滑性，磨屑收集时必须保证轻拿轻放。

3. 认真贯彻聚四氟乙烯涂层摩擦过程磨屑形貌的变化。

七、思考题

1. 分析磨屑对聚四氟乙烯涂层摩擦磨损机理的影响。

2. 分析速度、载荷、真空度、辐照剂量（γ 射线辐照）对磨屑大小的影响。

3. 给出有效提高聚四氟乙烯涂层耐磨性，磨屑如何控制？

4. 为什么磨屑呈片状？

实验十二　液体的界面性能测量

一、实验目的

1. 掌握表面张力和表面接触测量仪的测量原理、结构和方法；

2. 了解不同液体的表面特性及液体在固体表面上的铺展和润湿。

二、实验仪器

界面张力测量仪和 JY-82 接触角测定仪。

三、实验原理

界面张力是通过一个水平的铂金丝测试环从界面张力较高的液体表面拉脱所需的力来确定。固液表面接触角的测量是利用光学原理将液体与固体表面接触角放大，用量角器直接读取接触角大小。固液表面接触角见图 1。

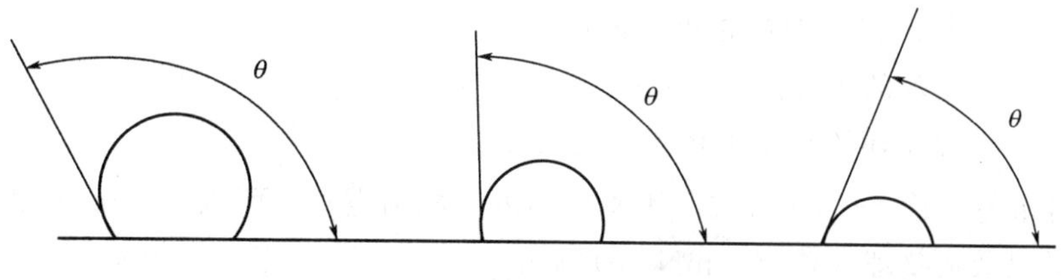

图 1　固液表面接触角

四、实验内容

1. 界面张力的测定；

2. 固液表面接触角测定。

五、实验步骤

（一）界面张力的测定

1. 测试之前，先用 10mL 的重铬酸钾饱和溶液和 90mL 硫酸的混合溶液把铂金环和玻璃杯洗涤之后，再用蒸馏水冲洗，彻底把油污去掉。

2. 调节平衡螺母并观察横梁上的水准泡，把仪器调到水平状态。

3. 把放大镜调好，使吊杆臂上的指针与反射镜上的红线重合，并使刻度盘上的游标指示为零。

4. 把被测液体倒在玻璃杯中，20～25mL，将此玻璃杯放在样品座的中间位置上，旋转右侧螺母，使铂金环与底座一起慢慢上升到液体的表面上，且使臂上的指针与反射镜上的红线重合，旋转涡轮把手使铂金环缓缓上升，当液体表面被拉得很紧时，指针始终保持与红线重合，这两个作用将被继续着，直到薄膜破裂时，刻度盘上的读数指出了液体的表面张力值。

5. 实验结果整理

表面张力是液体为一个紧张的薄膜的表面效应，表面张力与表面是相切的，用圆环法测量表面张力时需要考虑到以下两种情况。

① 在测量过程中，环被向上拉起，使液体表面变形，随着环向上移动的距离增加，液体的变形也增加，所以由中心到破裂点的半径小于环的平均半径，这种影响由环的半径和铂金丝的半径的比给出。

② 所量液体蘸附在环下部，这种影响可以用一种函数形式表示。

从以上两种影响来看，可得出实际的表面张力：

$$\delta = MF$$

式中 M——膜破裂时刻度盘读数，mN/m；

F——系数。

$$F = 0.7250 + \sqrt{\frac{0.03678M}{r_r^2(\rho_0 - \rho_1)} + P}$$

$$P = 0.04534 - \frac{1.679 r_w}{r_r};$$

式中 ρ_0——下相25℃时的密度，g/mL；

ρ_1——上相25℃时的密度，g/mL；

r_w——铂丝的半径，0.3mm；

r_r——铂丝环的平均半径，9.55mm。

由以上可求得，$P = -0.00740$。因本实验的上相为空气，所以$\rho_1 - 0.00129\text{g/cm}^3$。

实验数据记录及整理（单位：mN/m）

样品 次数									
1									
2									
3									

样品的平均 M=

实际的表面张力：$\delta = MF$

6. 思考题

吊杆臂上的指针与反射镜上的红线重合位置是否对实验结果有影响，应该如何来减小？

（二）固液界面接触角的测定

1. 首先将仪器及试样工作台找水平，再把试样置于工作台上，用弹簧片压紧，并把装有需测液体的液滴调整器装在支架上，旋转测微头，调整液滴的量，使在针头形成液滴，转动旋钮，使工作台上移，让试样表面与液滴接触，再向下移工作台，试样上即留下液滴，水平移动工作台，使液滴在目镜中心。

2. 接触角 θ 可按下述三种方法读取（液滴法使用3倍物镜较多）。一种方法是如图2所示，移动目镜中的十字线，在液滴和试样接点 O 处作液滴的切线，角度 θ 即为接触角。

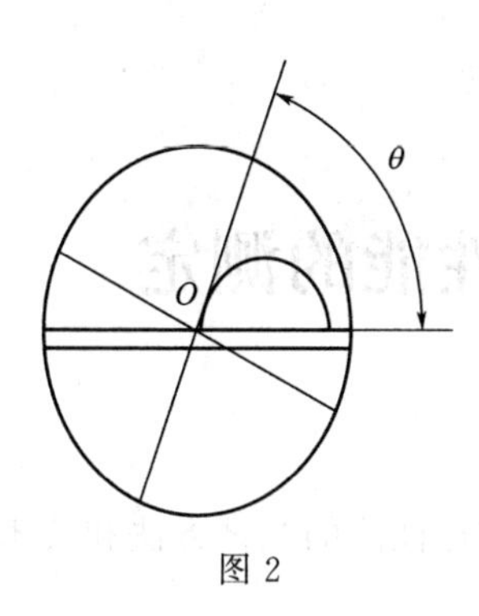

图 2

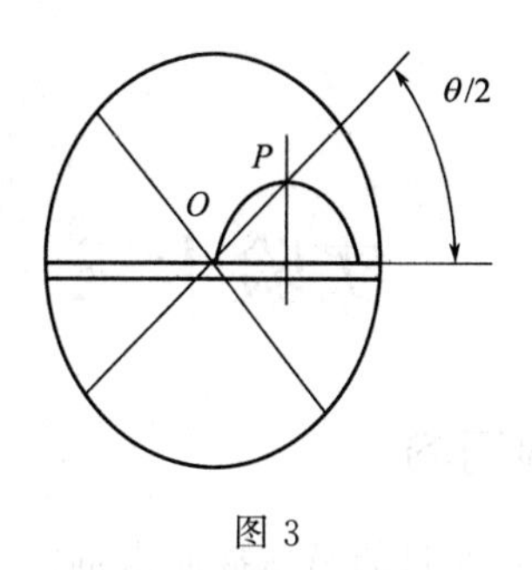

图 3

另一种方法如图 3 所示，取液滴圆弧的顶点 P 与 O 作连线，此线和试样平面的夹角为 $\theta/2$。最后一种方法如图 4 所示，第一步，线转动目镜中的两条十字线与液滴两侧相切；第二步，工作台上移，使目镜中的圆心与液滴的顶点 O 重合；第三步，转动目镜的十字线，使其中一条线通过液滴和试样接点 P，此线和试样平面的夹角为 $\theta/2$。

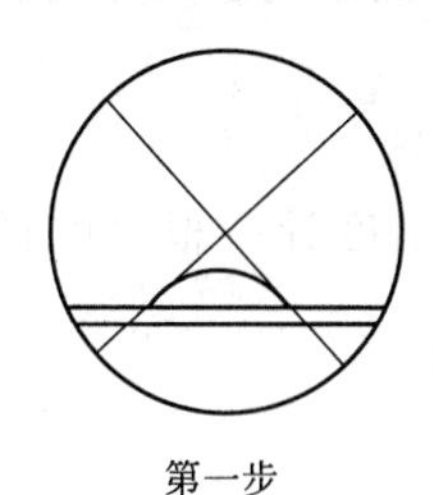
第一步

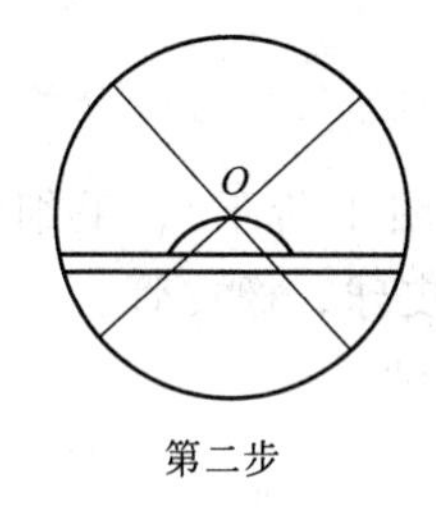

第二步

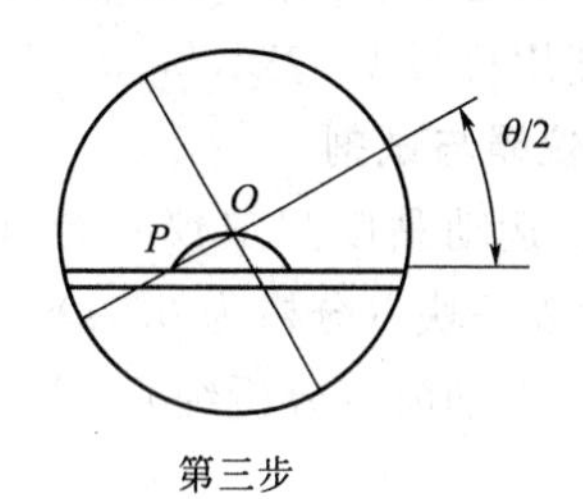

第三步

图 4

3. 实验结果整理

实验数据记录及整理（单位：度）

样品 次数									
1									
2									
3									

样品接触角 $\theta=$

4. 思考题

读数时如何减小眼睛的微动对结果的影响？

实验十三　润滑剂理化性能的测定

一、实验目的

本实验的目的是掌握润滑剂的黏度、闪点、燃点等理化性能的测试方法和技术。

二、黏度的测定

（一）实验原理

在某一恒定的温度下，测定一定体积的液体在重力作用下流过标定好的毛细管黏度计的时间，黏度计的毛细管常数与流动时间的乘积，即为该温度下测定的运动黏度。在温度 t 时间的运动黏度用符号 V_t 表示。

（二）验仪器与试剂

1. 仪器：运动黏度测定仪一台（如图 1 所示）、毛细管黏度计一根（内径为 1.0mm）（见图 2）、秒表一块（分格为 0.1s）、橡皮球、橡皮管。

2. 试剂：石油醚（分析纯）、实验用油。

图 1　运动黏度测定仪

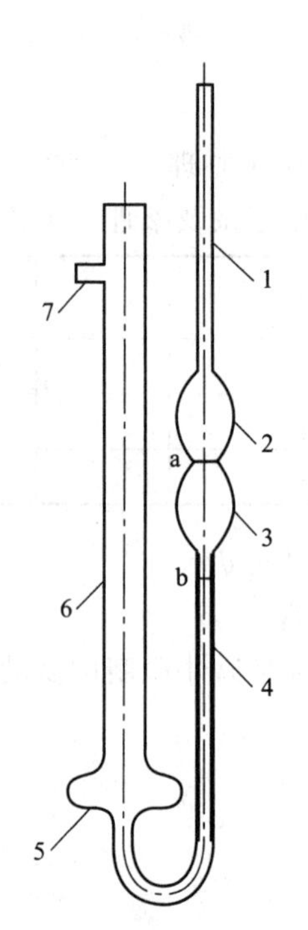

图 2　毛细管黏度计

1,6—管身；2,3,5—扩张部分；4—毛细管；7—支管；a，b—标线

（三）实验内容

利用运动黏度测定仪测定润滑油 40℃时的运动黏度。

（四）实验步骤

1. 在测定试样的黏度之前，将毛细管黏度计用石油醚洗涤，然后放入烘箱烘干或用通过棉花滤过的热空气吹干。

2. 测定运动黏度时，在内径符合要求且清洁、干燥的毛细管黏度计内装入试样。在装试样之前，将橡皮管套在支管 7 上，并用手指堵住管身 6 的管口，同时倒置黏度计，然后将管身 1 插入装着试样的容器中；这时利用橡皮球将液体吸到标线 b，同时注意不要使管身 1、扩张部分 2 和 3 中的液体发生气泡和裂隙。当液面达到标线 b 时，就从容器里提起黏度计，并迅速恢复其正常状态，同时将管身 1 的管端外壁所沾有的多余试样擦去，并从支管 7 取下橡皮管套在管身 1 上。

3. 将装有试样的黏度计插入运动黏度测定仪的恒温浴中并固定，在固定位置时，必须把黏度计的扩张部分 2 浸入一半。将黏度计调整成为垂直状态，然后调节恒温浴到规定温度（本实验为 40℃），恒温 15min。

4. 利用橡皮球从黏度计管身 1 口所套的橡皮管将试样吸入扩张部分 3，使试样液面稍高于标线 a，并且注意不要让毛细管和扩张部分 3 的液体产生气泡或裂隙。

5. 此时观察试样在管身中的流动情况，液面正好到达标线 a 时，开动秒表；液面正好流到标线 b 时，停止秒表。用秒表记录下来的流动时间，应该重复测定至少四次，其中各次流动时间与其算术平均值的差数应符合如下要求：

在温度 15～100℃测定黏度时这个差数不应超过算术平均值的±0.5%。

6. 取不少于三次的流动时间所得的算术平均值，作为试样的平均流动时间。

计算：试样的运动黏度 ν（mm^2/s）$=c\tau$

式中 c——黏度计常数，mm^2/s^2；

τ——试样的平均流动时间，s。

（五）实验注意事项

为了测准运动黏度，必须控制好被测流体的温度，测温精度要求达到 0.01℃；必须选择恰当的毛细管的尺寸，保证流出时间不能太长也不宜太短，即黏稠液体用稍粗些的毛细管，较稀的液体则用稍细的毛细管，流动时间应不少于 200s。

（六）实验记录与数据处理

试样一（ ）			
$c_1=$	mm^2/s^2	$c_2=$	mm^2/s^2
温度	℃	温度	℃
序号	流动时间	序号	流动时间
1		1	
2		2	
3		3	
4		4	
算术平均值 τ	s	算术平均值 τ	s
运动黏度 ν	mm^2/s	运动黏度 ν	mm^2/s

续表

试样二（　　　）			
$c_1=$	$\mathrm{mm}^2/\mathrm{s}^2$	$c_2=$	$\mathrm{mm}^2/\mathrm{s}^2$
温度	℃	温度	℃
序号	流动时间	序号	流动时间
1		1	
2		2	
3		3	
4		4	
算术平均值 τ	s	算术平均值 τ	s
运动黏度 ν	mm^2/s	运动黏度 υ	mm^2/s

（七）思考题

1. 影响运动黏度的因素有哪些？
2. 在实验操作中，能否不按步骤 2 而是直接往黏度计中倒入试样？为什么？
3. 在实验中哪些因素影响实验的稳定性？

三、润滑油开口闪点和燃点的测定

（一）实验原理

在规定的条件下，加热试样，当试样温度达到某温度时，试样的蒸气和周围空气的混合气一旦与火焰接触，即发生闪火现象，最低的闪火温度，称为闪点。如果继续加热，达到某温度时，试样发生点燃并燃烧一定时间，这一温度就被称为燃点。

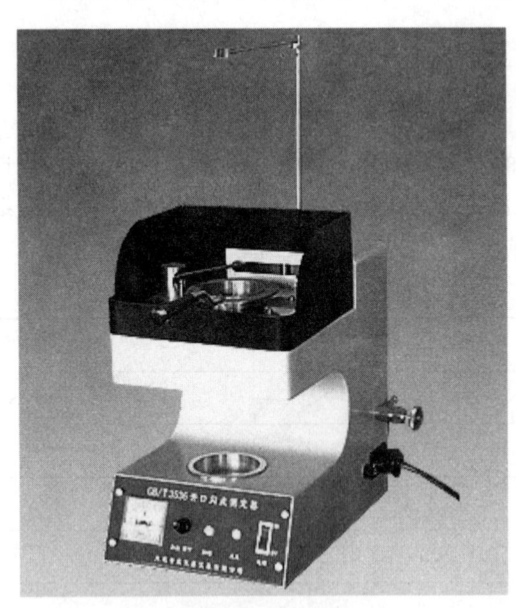

图 3　开口闪点测定仪

测定闪点的方法有两种：开口闪点和闭口闪点。本实验中主要介绍测定开口闪点和开口燃点。把试样装入内坩埚中到规定的刻线。首先迅速升高试样的温度，然后缓慢升温，当接近闪点时，恒速升温。在规定的温度间隔，用一个小的点火器火焰按规定通过试样表面，以点火器火焰使试样表面上的蒸气发生闪火的最低温度，作为开口杯法闪点。继续进行试验，直到用点火器火焰使试样发生点燃并至少燃烧 5s 时的最低温度，作为开口杯法燃点。

（二）实验仪器与材料

仪器：开口闪点测定仪一台（如图 3 所示），温度计一根。

材料：石油醚（分析纯），实验用油。

（三）实验步骤

1. 将内坩埚用石油醚洗涤后，放在点燃的煤气灯上加热，除去遗留的石油醚。待内坩埚冷却至室温时，放入装有细砂的外坩埚中，使细砂表面距离内坩埚的口部边缘 12mm，并使内坩埚底部与外坩埚底部之间保持厚度 5～8mm 的砂层；

2. 试样注入内坩埚时，对于闪点在 210℃和 210℃以下的试样，液面距离坩埚口部边缘为 12mm（即内坩埚内的上刻线处）；对于闪点在 210℃以上的试样，液面距离口部边缘为 18mm（即内坩埚内的下刻线处）；

3. 将装好试样的坩埚平稳地放置在支架的铁环中，再将温度计垂直地固定在温度计夹上，并使温度计的水银球位于内坩埚中央，与坩埚底和试样液面的距离大致相等；

4. 加热坩埚，使试样逐渐升高温度，当试样温度达到预计闪点前 60℃时，调整加热速度，使试样温度达到闪点前 40℃时能控制升温速度为每分钟升高（4±1)℃；

5. 试样温度达到预计闪点前 10℃时，将点火器的火焰放到距离试样液面 10～14mm 处，并在该处水平面上沿着坩埚内径作直线移动，从坩埚的一边移至另一边所经过的时间为 2～3s。试样温度每升高 2℃应重复一次点火实验。点火器的火焰长度，应预先调整为3～4mm；试样液面上方最初出现黄色火焰时，立即从温度计读出温度作为闪点的测定结果；

6. 继续对外坩埚进行加热，使试样的升温速度为每分钟升高（4±1)℃，然后按上面所述，用点火器的火焰进行点火试验；

7. 试样接触火焰后立即着火并能继续燃烧不少于 5s，此时立即从温度计读出温度作为燃点的测定结果。

（四）实验注意事项

试样向内坩埚注入时，不应溅出，而且液面以上的坩埚壁不应沾有试样；

测定装置应放在避风和较暗的地方并用防护屏围着，使闪点现象能够看得清楚。

（五）实验记录与数据处理

试样一(　　　　)

序号	开口闪点	开口燃点
1		
2		
算术平均值		

试样二(　　　　)

序号	开口闪点	开口燃点
1		
2		
算术平均值		

四、实验要求

1. 同一操作者重复测定的两个闪点结果之差，当闪点≤150℃时不应大于 4℃，当闪点>150℃时不应大于 6℃；

2. 同一操作者重复测定的两个燃点结果之差不应大于 6℃。

实验十四　润滑剂的摩擦特性测试

一、实验目的

1. 了解四球摩擦试验机的基本结构；

2. 掌握润滑剂油膜强度、抗磨性能和摩擦系数的测试方法；

3. 了解常用润滑油的摩擦学性能及减摩抗磨添加剂的作用。

二、实验仪器

四球摩擦试验机：负荷范围为6～800kg。

显微镜：装有测微计，读数值为0.01mm。

钢球：符合GB308《钢球》要求的2级轴承钢球，直径为ϕ12.7mm，材料为GCr15。

三、实验内容

1. 常用润滑油的油膜强度、抗磨性能、摩擦系数。

2. 基础油、5wt%油性剂＋基础油、5wt%极压剂＋基础油等三个油样的油膜强度。

四、实验原理

在四球机中四个钢球按等边四面体排列着。上球在1450r/min下旋转。下面三个球用油盒固定在一起，通过液压系统由下而上对钢球施加负荷。在试验过程中四个钢球的接触点都浸没在润滑剂中。每次试验时间为10s，试验后测量油盒内每个钢球纵横两个方向的磨痕直径，求出平均直径。按规定的程序反复试验，直到求出代表润滑剂承载能力的评定指标（包括P_B、P_D和ZMZ值）。

测润滑剂抗磨性能时，要求固定负荷392N，上球转速1200r/min，试验温度75℃，运转时间60min。

五、实验步骤

1. 使用前先启动电机空转10min。

2. 用溶剂汽油或直馏汽油清洗钢球、油盒、夹具及其他在试验过程中与试样接触的零部件，清洗后的钢球应光洁无锈斑（每次试验后都要清洗）。

3. 将钢球分别固定在四球机的上球座和油盒内，把试样倒入油盒中（盖过钢球），放上压环，拧紧螺帽固紧油盒。如果是试验润滑脂，则将钢球嵌入润滑脂中。试样中不能有空穴存在。

4. 把装好试样和球的油盒安放在上球座下面，把规定负荷加载，加载时避免冲击。每次试验时间为10s，试验后测量每个钢球的纵横两个方向的磨痕直径。

5. 最大无卡咬负荷P_B的测定：要求在最大无卡咬负荷P_B下的磨痕直径，不得大于相应的补偿线上的磨痕直径（即补偿直径）的5%。

6. 烧结负荷 P_D 的测定：一般从 800N 负荷开始，按规定的负荷级别进行试验，直至烧结发生为止。要求重复一次，若两次均烧结，则试验时采用的负荷就作为烧结负荷。发生烧结时应及时关闭电动机，否则可能损坏设备。下列现象可帮助判断是否发生了烧结：一是电动机噪声程度增加；二是油盒冒烟。

7. 某些极压性能很强的润滑油还未达到真正的烧结，钢球磨痕直径已达到极限值，则把产生最大磨痕直径 4mm 的负荷作为烧结点，有的润滑剂在极高的负荷下都不烧结，就做到机器的极限负荷 8000N 为止。

8. 综合磨损值 ZMZ 的测定：先确定试样的 P_B 点，然后从比 P_B 高一级的负荷开始，逐级加大载荷直到烧结为止，查补偿线上校正负荷总和（表 1），求出综合磨损值。

9. 润滑剂抗磨性能的测定：试验温度 75℃，施加固定负荷 392N，调整频率使上球转速为 1200r/min，启动电机运转 60min 后，测量油盒内每个钢球的直径，求出平均摩痕直径。测抗磨性能时，一旦摩擦力变大超过 7N 或者出现尖锐刺耳声，应及时关闭电动机。

六、实验注意事项

1. 加载时必须防止冲击负荷。

2. 试验过程中有异常现象发生，应及时关闭电动机。

3. 最好不要在同一台四球机上既做极压试验又做磨损试验，以免影响磨损试验的灵敏度。

七、实验记录及数据处理

将实验数据和数据整理结果列在下面表格中。

表 1　实验数据记录表

式样编号：　　　　样品名称：　　　　样品配方：

试验条件：　　　　试验材料：　　　　试验日期：

负荷级别	负荷 P /N	摩痕直径 D/mm			$P*D_h$ 系数	校正负荷 $P_{校}$/kg	备注
		d_1	d_2	$d_{平均}$			
1	59(6)				0.95		
2	87(8)				1.40		
3	98(10)				1.88		
4	127(13)				2.67		
5	157(16)				3.52		$A_1=$
6	196(20)				4.74		
7	235(24)				6.05		
8	314(32)				8.87		
9	392(40)				11.96		
10	490(50)				16.10		
11	618(63)				21.86		
12	785(80)				30.08		$A_2=$
13	981(100)				40.5		
14	1236(126)				55.2		
15	1569(160)				75.8		
16	1961(200)				102.2		
17	2452(250)				137.5		

续表

负荷级别	负荷 P /N	摩痕直径 D/mm			$P*D_h$ 系数	校正负荷 $P_{校}$/kg	备注
		d_1	d_2	$d_{平均}$			
18	3089(315)				187.1		总 A=
19	3923(400)				258		
20	4904(500)				347		
21	6080(620)				462		
22	7846(800)				649		$B/2$
						试验结果	P_B= kg P_D= kg ZMZ=

八、思考题

钢球质量、速度、负荷、温度等因素是如何影响四球试验结果的？

实验十五　水泥胶砂耐磨性测定

一、实验目的

测定水泥胶砂耐磨性。

二、实验设备

水泥胶砂耐磨试验机、刮平刀、天平。

三、实验步骤

1. 开机前检查水泥胶砂耐磨试验机各部件是否转动灵活，机内添加滑润油。

2. 平面朝下，将标准试件放至耐磨机水平转动盘上，做好定位标记，并用夹具轻轻固紧。

3. 载荷定为200N（不加砝码），电器控制箱上转数设定为30转，并将吸尘装置调整至试件上方，然后开机预磨。

4. 取下试件，扫净粉末，用天平称量，此为试件原始质量（g_1），清除水平转盘上残留颗粒。

5. 清除过的试件再次放回水平转盘上原安装位置放平，固紧。按实验要求决定压头负荷，再开磨40转，取下试件，扫除粉末，称重（g_2），为磨损后的质量。

四、记录结果

磨损量　　$G=(g_1-g_2)/0.0125$　（kg/m^2）

式中，0.0125为磨损面积。

以三块试件实验结果取平均值。其中超过平均值15%的应剔除，剔除一块，取余下两块的平均值，剔除两块应重新实验。

五、实验要求

1. 严格按照水泥胶砂耐磨试验机规程做实验。

2. 试件质量的称量应采取多次称量法，取平均值。

六、思考题

1. 水泥胶砂的耐磨性如何，为什么？

2. 如何有效控制水泥胶砂的磨损量？

实验十六　圆环镦粗法摩擦系数的测定

一、实验目的

1. 根据圆环镦粗后的变形，了解摩擦对金属流动的影响；

2. 通过实验掌握实际测定摩擦系数的方法；

3. 分析镦粗对材料组织的影响，并与铸态情形进行比较。

二、实验内容说明

1. 塑性加工过程中摩擦的特点

凡是物体之间有相对运动或有相对运动的趋势就有摩擦存在。前一种是动摩擦，后一种是静摩擦。在机械传动过程中，主要是动摩擦。在塑性加工过程中的摩擦，虽然也是由两物体间相对运动产生的，但与一般机械传动中的摩擦有很大差别。

（1）接触面上压强高　在塑性加工过程中，接触面上的压强一般在100MPa以上。在冷挤压和冷轧过程中可高达2500～3000MPa。而一般机械传动过程中，摩擦副接触面上的压强仅20～40MPa。由于塑性加工过程中接触面上的压强高，隔开两物体的润滑剂容易被挤出，降低了润滑效果。

（2）真实接触面积大　在一般机械传动中，由于接触表面凹凸不平，因而，实际接触面积比名义接触面积小得多。而在塑性加工过程中，由于发生塑性变形，接触面上凸起部分会被压平，因而实际接触面积接近名义接触面积。这使得摩擦阻力增大。

（3）不断有新的摩擦面产生　在塑性加工过程中，原来非接触表面在变形过程中会成为新的接触表面。例如，镦粗时，由于不断形成新的接触表面，工具与材料的接触表面随着变形程度的增加而增加。此外，原来的接触表面，随着变形程度的进行可能成为非接触表面。例如，板材轧制时，轧辊与板材的接触表面不断变为非接触表面向前滑出。因此，要不断给新的接触表面添加润滑剂。这给润滑带来困难。

（4）常在高温下发生摩擦　在塑性加工过程中，为了减少变形抗力，提高材料的塑性，常进行热加工。例如，钢材的锻造加热温度可达到800～1200℃。在这种情况下，会产生氧化皮，模具软化，润滑剂分解，润滑剂性能变坏等一系列问题。

2. 摩擦对塑性加工过程的影响

摩擦对塑性加工过程的影响，既有有利的一面，也有不利的一面。轧制时，若无摩擦力，材料不能连续进入轧辊，轧制过程就不能进行。在摩擦力起积极作用的挤压过程中，浮动凹模与坯料之间的摩擦力有助于坯料运动，使变形过程容易进行。又如板料拉深时，有意降低凸模圆角半径处的光洁度，以增加该处的摩擦力，使拉深件不易在凸模圆角处流动，以免引起破裂。

但是，对多数塑性加工过程，摩擦是有害的，主要表现在以下方面。

（1）增加能量消耗　在塑性加工过程中，除了使材料发生形状改变消耗能量外，克服摩擦力也要消耗能量。这部分能量消耗是无用的，有时这部分能量消耗可占整个外力所做功的

50％以上。

（2）改变应力状态，增加变形抗力　单向压缩时，如工具与工件接触面上不存在摩擦，工件内应力状态为单向压应力状态。当接触面上存在摩擦时，工件内应力状态成为三向压应力状态。同时摩擦也引起接触面上应力分布状况的改变。无摩擦均匀压缩时，接触面上的正应力均匀分布；存在摩擦时，接触面上的正应力呈中间高两边低的状况。摩擦会使变形抗力提高，从而增加能量消耗和影响零件的质量。摩擦使金属流动阻力增加，坯料不易充满型腔。对于轧制过程，由于摩擦使变形抗力提高，轧辊的弹性变形加大，同时使轧辊之间的缝隙中间大、两边小，其结果是轧件中间厚两边薄。

（3）引起变形不均匀　在挤压实心件时，由于外层金属的流动受到摩擦阻力的影响，出现了流动速度中间快边层慢的现象，严重时会在挤压件尾部形成缩孔。有时，摩擦引起的变形不均匀会产生附加应力，使制件在变形过程中发生破裂。

（4）加剧了模具的磨损，降低模具的寿命　摩擦产生的热使模具软化，摩擦使变形抗力提高，从而导致模具的磨损加剧。

3. 影响摩擦系数的主要因素

（1）金属的种类和化学成分　不同种类的金属，其表面硬度、强度、氧化膜的性质以及与工具之间的相互结合力等特性各不相同，所以摩擦系数也不相同。即使同一种金属，当化学成分不同时，摩擦系数也不相同。一般来说，材料的强度、硬度愈高，摩擦系数愈小。

（2）工具表面粗糙度　通常情况下，工具表面越粗糙，变形金属的接触表面被刮削的现象愈大，摩擦系数也愈大。

（3）接触面上的单位压力　单位压力较小时，表面分子吸附作用小，摩擦系数保持不变和正压力无关。当单位压力达到一定值后，接触表面的氧化膜破坏，润滑剂被挤掉，坯料和工具接触面间分子吸附作用愈益明显，摩擦系数便随单位压力的增大而增大。但增大到一定程度，便稳定了。

（4）变形温度　一般认为在室温下变形时，金属坯料的强度、硬度较大，氧化膜薄，摩擦系数最小。随着温度升高，金属坯料的强度硬度降低，氧化膜增厚，表面吸附力、原子扩散能力加强；同时高温使润滑剂性能变坏，所以，摩擦系数增大。到某一温度，摩擦系数达到最大值。此后，温度继续升高，由于氧化皮软化和脱落，氧化皮在接触面间起润滑剂的作用，摩擦系数却下降了。

（5）变形速度　由于变形速度增大，使接触面相对运动速度增大，摩擦系数便降低。

4. 圆环镦粗法原理

这种方法适于测定体积成形过程中的摩擦系数或摩擦因子。采用这种方法时，将几何尺寸（指外径、内径、高度的比值）一定的圆环放在平板之间进行压缩。压缩后圆环内、外径的变化情况与平板接触面上的摩擦情况关系很大。理论分析结果与实验结果表明，圆环的内径变化对接触面上摩擦情况的变化比较敏感。如果接触面上不存在摩擦，则圆环压缩时的变形情况和实心圆柱体一样，其中各质点在径向均向外流动，流动速度与质点到对称轴之间的距离成正比，当接触面上的润滑情况很差时，压缩后圆环的内径将减小；如果接触面上的润滑情况较好，则压缩后圆环的内径将增大。因此，采用圆环镦粗法时，是以压缩后圆环的内径变化来确定摩擦系数或摩擦因子的。假设圆环的几何尺寸为外径∶内径∶高度＝6∶3∶2，高度压缩30％后内径变化率为－10％。

三、实验方法和步骤

1. 试样

试样为工业纯铝，制成环状，其外圆、内径、高度比值为6∶3∶2，具体尺寸如图1所示。

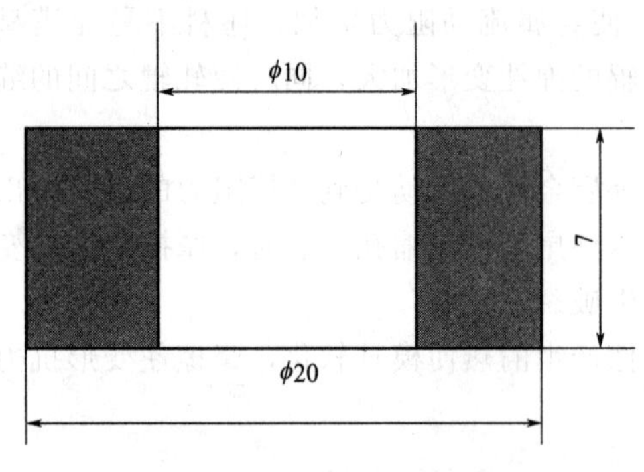

图1 圆环铝试样示意图

2. 实验设备、工具及辅助材料

设备：600kN和1000kN万能材料试验机；

工具：150mm游标卡尺、垫板；

辅助材料：MoS_2油膏。

3. 实验步骤

(1) 取圆环铝试样两个，分别在不同摩擦条件下（一个用油膏，一个不用油膏），在两平板间进行压缩，圆环要放在平板中心，保证变形均匀。

(2) 每次压缩量为15%左右，然后取出擦净测量变形后的圆环尺寸（外径、内径、高度）。

(3) 注意测量时测量圆环内径的上、中、下三个直径尺寸，取其平均值。

(4) 重复进行上述步骤三次，控制总压缩量在50%。

(5) 根据所获得的内径、高度数据，查图表得出摩擦系数值。

四、实验要求

1. 列表填写实验数据（分加润滑剂和未加润滑剂）；
2. 计算并查对校正曲线，得出实验结果；
3. 分析不同摩擦条件对圆环变形分布的影响；
4. 对测定摩擦系数的误差因素进行分析。

五、思考题

1. 圆环镦粗法的原理是什么？
2. 润滑剂如何影响摩擦系数？

实验十七　摆式仪法测定路面摩擦系数

一、实验目的和适用范围

本方法适用于以摆式摩擦系数测定仪（摆式仪）测定沥青路面、标线或其他材料试件的抗滑性，用以评定路面或路面材料在潮湿状态下的抗滑能力。

二、仪具与材料

1. 摆式仪：摆及摆的连接部分总质量为（1500±30)g，摆动中心至摆的重心距离为(410±5)mm，测定时摆在路面上滑动长度为（126±1)mm，摆上橡胶片端部距摆动中心的距离为510mm，橡胶片对路面的正向静压力为（22.2±0.5)N。橡胶物理性质技术要求见表1。

表1　橡胶物理性质技术要求

性质指标	温度/℃				
	0	10	20	30	40
弹性/%	43～49	58～65	66～73	71～77	74～79
硬度	55±5				

2. 橡胶片：当用于测定路面抗滑值时，其尺寸为6.35mm×25.4mm×76.2mm，橡胶质量应符合上表的要求。当橡胶片使用后，端部在长度方向上磨耗超过1.6mm或边缘在宽度方向上磨耗超过3.2mm，或有油类污染时，即应更换新橡胶片。新橡胶片应先在干燥路面上测试10次后再用于测试。橡胶片的有效使用期为1年。

3. 滑动长度量尺：长126mm。

4. 喷水壶。

5. 硬毛刷。

6. 路面温度计：分度不大于1℃。

7. 其他：皮尺或钢卷尺、扫帚、粉笔等。

三、检测原理

摆式仪是动力摆冲击型仪器。它是根据“摆的位能损失等于安装于摆臂末端橡胶片滑过路面时，克服路面等摩擦所做的功”这一基本原理研制而成。

四、检测环境

常温。

五、检测依据

JTG E60—2008《路基路面现场测试规程》

JTG H30—2004《公路养护安全作业规程》

六、取样要求

进行测试路段的取样选定。在横断面上测点应选在行车道轮迹处，且距路面边缘不小于1m。

七、方法与步骤

1. 准备工作

(1) 检查摆式仪的调零灵敏情况，并定期进行仪器的标定。当用于路面工程检查验收时，仪器必须重新标定。

(2) 对测试路段按随机取样选点的方法，决定测点所在横断面位置。测点应选在行车道的轮迹带上，距路面边缘不应小于1m，并用粉笔作出标记。测点位置宜紧靠铺砂法测定构造深度的测点位置，一一对应。

2. 试验步骤

(1) 仪器调平

① 将仪器置于路面测点上，并使摆的摆动方向与行车方向一致。

② 转动底座上的调平螺栓，使水准泡居中。

(2) 调零

① 放松上、下两个紧固把手，转动升降把手，使摆升高并能自由摆动，然后旋紧紧固把手。

② 将摆向右运动，按下安装于悬臂上的释放开关，使摆上的卡环进入开关槽，放开释放开关，摆即处于水平释放位置，并把指针抬至与摆杆平行处。

③ 按下释放开关，使摆向左带动指针摆动，当摆达到最高位置后下落时，用左手将摆杆接住，此时指针应指零。若不指零时，可稍旋紧或放松摆的调节螺母，重复本项操作，直至指针指零。调零允许误差为±1BPN。

(3) 校核滑动长度

① 用扫帚扫净路面表面，并用橡胶刮板清除摆动范围内路面上的松散粒料。

② 让摆自由悬挂，提起摆头上的举升柄，将底座上垫块置于定位螺丝下面，使摆头上的滑溜块升高。放松紧固把手，转动上升降把手，使摆缓缓下降。当滑溜块上的橡胶片刚刚接触路面时，即将紧固把手旋紧，使摆头固定。

③ 提起举升柄，取下垫块，使摆向右运动。然后，手提举升柄使摆慢慢向左运动，直至橡胶片的边缘刚刚接触路面。在橡胶片的外边摆动方向设置标准量尺，尺的一端正对该点。再用手提起举升柄，使滑溜块向上抬起，并使摆继续运动至左边，使橡胶片返回落下再一次接触路面，橡胶片两次同路面接触点的距离应在126mm（即滑动长度）左右。若滑动长度不符合标准时，则升高或降低仪器底正面的调平螺丝来校正，但需调平水准泡，重复此项校核直至使滑动长度符合要求。而后，将摆和指针置于水平释放位置。

注意：校核滑动长度时，应以橡胶片长边刚刚接触路面为准，不可借摆力量向前滑动，以免标定的滑动长度过长。

(4) 用喷壶的水浇洒试测路面，并用橡胶刮板刮除表面泥浆。

(5) 再次洒水，并按下释放开关，使摆在路面滑过，指针即可指示出路面的摆值。但第一次测定，不做记录。当摆杆回落时，用左手接住摆，右手提起举升柄使滑溜块升高，将摆向右运动，并使摆杆和指针重新置于水平释放位置。

(6) 重复上面的操作测定5次，并读记每次测定的摆值，即BPN。5次数值中最大值与最小值的差值不得大于3BPN。如差值大于3BPN时，应检查产生的原因，并再次重复上述各项操作，至符合规定为止。取5次测定的平均值作为每个测点路面的抗滑值（即摆值FB)，取整数，以BPN表示。

(7) 在测点位置上用路表温度计测记潮湿路面的温度，准确至1℃。

(8) 按以上方法，同一处平行测定不少于3次，3个测点均位于轮迹带上，测点间距3～5m。该处的测定位置以中间测点的位置表示。每一处均取3次测定结果的平均值作为试验结果，准确至1BPN。

八、检测结果计算

1. 抗滑值的温度修正

当路面温度为T（℃）时测得的摆值为BPNt，必须换算成标准温度20℃的摆值BPN20：

$$BPN20 = BPNt + \Delta BPN$$

式中　BPN20——换算成标准温度20℃时的摆值（BPN)；

BPNt——路面温度T时测得的摆值（BPN)；

T——测定的路表潮湿状态下的温度,℃；

ΔBPN——温度修正值，按表2采用。

表2　温度修正值

温度 T/℃	0	5	10	15	20	25	30	35	40
温度修正值 ΔF	−6	−4	−3	−1	0	+2	+3	+5	+7

2. 计算

(1) 按式(B-1）计算实测值X_i与设计值X_0之差。

$$\Delta X_i = X_i - X_0 \tag{B-1}$$

式中　X_i——各个测点的测定值；

X_0——设计值；

ΔX_i——实测值X_i与设计值X_0之差。

(2) 测定值的平均值、标准差、变异系数、绝对误差、精度等按式(B-2)～式(B-6）计算。

$$\overline{X} = \frac{\sum_{i=1}^{N} X_i}{N} \tag{B-2}$$

$$S = \sqrt{\frac{\sum_{i=1}^{N}(X_i - \overline{X})^2}{N-1}} \tag{B-3}$$

$$C_V = \frac{S}{\overline{X}} \times 100 \tag{B-4}$$

$$m_X = \frac{S}{\sqrt{N}} \tag{B-5}$$

$$p_X = \frac{m_X}{\overline{X}} \times 100 \tag{B-6}$$

式中 X_i——各个测点的测定值；

N——一个评定路段内的测点数；

$\overline{X}$——一个评定路段内测定值的平均值；

C_V——一个评定路段内测定值的变异系数，%；

m_X——一个评定路段内测定值的绝对误差；

p_X——一个评定路段内测定值的试验精度，%。

（3）计算一个评定路段内测定值的代表值时，对单侧检验的指标，按式(B-7）计算；对双侧检验的指标，按式(B-8）计算。

$$X'=\overline{X}\pm S\frac{t_\alpha}{\sqrt{N}} \tag{B-7}$$

$$X'=\overline{X}\pm S\frac{t_{\alpha/2}}{\sqrt{N}} \tag{B-8}$$

式中 X'——一个评定路段内测定值的代表值；

t_α，$t_{\alpha/2}$——t 分布表中随自由度（$N-1$）和置信水平 α（保证率）而变化的系数，如表3和表4所示。

表3 $\frac{t_{\alpha/2}}{\sqrt{N}}$的值

测定数 N	双边置信水平的 $t_{\alpha/2}/\sqrt{N}$		双边置信水平的 $t_\alpha/\sqrt{N}$	
	保证率 95%	保证率 90%	保证率 95%	保证率 90%
	$\alpha/2$	$\alpha/2$	α	α
2*	8.985	4.465	4.465	2.176
3	2.484	1.686	1.686	1.089
4	1.591	1.177	1.177	0.819
5	1.242	0.953	0.953	0.686
6	1.049	0.823	0.823	0.603
7	0.925	0.716	0.716	0.544
8	0.836	0.670	0.670	0.500
9	0.769	0.620	0.620	0.466
10	0.715	0.580	0.580	0.437
11	0.672	0.546	0.546	0.414
12	0.635	0.518	0.518	0.392
13	0.604	0.494	0.494	0.376
14	0.577	0.473	0.473	0.361
15	0.554	0.455	0.455	0.347

表4 $\frac{t_\alpha}{\sqrt{N}}$的值

测定数 N	双边置信水平的 $t_{\alpha/2}/\sqrt{N}$		双边置信水平的 $t_\alpha/\sqrt{N}$	
	保证率 95%	保证率 90%	保证率 95%	保证率 90%
	$\alpha/2$	$\alpha/2$	α	α
16	0.533	0.436	0.436	0.335
17	0.514	0.423	0.423	0.324
18	0.497	0.410	0.410	0.314
19	0.482	0.398	0.398	0.304

续表

测定数 N	双边置信水平的 $t_{\alpha/2}/\sqrt{N}$		双边置信水平的 $t_{\alpha}/\sqrt{N}$	
	保证率 95%	保证率 90%	保证率 95%	保证率 90%
	$\alpha/2$	$\alpha/2$	α	α
20	0.468	0.387	0.387	0.297
21	0.454	0.376	0.376	0.289
22	0.443	0.367	0.367	0.282
23	0.432	0.358	0.358	0.275
24	0.421	0.350	0.350	0.269
25	0.413	0.342	0.342	0.264
26	0.404	0.335	0.335	0.258
27	0.396	0.328	0.328	0.253
28	0.388	0.322	0.322	0.248
29	0.380	0.316	0.316	0.244
30	0.373	0.310	0.310	0.239
40	0.320	0.266	0.266	0.206
50	0.284	0.237	0.237	0.184
60	0.258	0.216	0.216	0.167
70	0.238	0.199	0.199	0.155
80	0.223	0.186	0.186	0.145
90	0.209	0.173	0.173	0.136
100	0.198	0.166	0.166	0.129

九、实验数据记录

将实验数据记录于表 5。

表 5　路面摩擦系数试验检测记录表（摆式仪法）

试验依据						样品编号					
试验条件						试验日期					
样品描述											
主要仪器设备及编号											
结构层次						路面类型					
桩号	车道	测点位置	摆值						路面温度/℃	换算成 20℃时摆值	抗滑值均值
			1	2	3	4	5	均值			
		前									
		中									
		后									
		前									
		中									
		后									
		前									
		中									
		后									

续表

桩号	车道	测点位置	摆值						路面温度/℃	换算成20℃时摆值	抗滑值均值
			1	2	3	4	5	均值			
		前									
		中									
		后									
		前									
		中									
		后									
		前									
		中									
		后									
		前									
		中									
		后									
备注：											

试验：　　　　复核：　　　　日期：　　年　　月　　日

十、注意事项

1. 橡胶片使用一年以后必须更换，使用过程中操作人员要按规定操作机器。
2. 试验中仪器出现问题时，不要自行处理，要与仪器维修人员及时联系。

实验十八　辊轴式纤维摩擦系数测试

一、实验目的与要求

1. 熟悉 Y151 型纤维摩擦系数测定的结构；

2. 了解纤维摩擦系数测试的方法。

二、实验仪器与用具

Y151 型纤维摩擦系数测定仪及附件（摩擦辊芯、预加张力夹、纤维成型板、铁夹子、金属梳片）、镊子、塑料胶带、剪刀。

三、试样

化学纤维一种（涤纶、腈纶、锦纶、丙纶等）。

四、实验方法与程序

（一）包制纤维辊

1. 从试样中取出 0.5g 左右的纤维，用手扯法整理成一端平齐，纤维顺直的纤维束（注意：在整理纤维过程中，手必须洗干净，而且只能握持纤维的两端不要接触纤维束的中段）。然后用手夹持纤维束的一端，用金属梳片梳理另一端，去掉纤维束中的纤维结和乱纤维，梳理完一端再倒过来梳理另一端。此时纤维片宽度约 3cm，厚度在 0.5mm 左右。

2. 将纤维用镊子夹到纤维成型板上，并使纤维片一端超出成型板上端边缘 2～3cm，将此超出部分折入成型板的下侧，并用铁夹子夹住。

3. 将成型板上的纤维片以金属梳片梳理整齐后，以塑料胶带沿成型板前端（不夹夹子一端）将纤维片粘住，粘的时候须注意，应以胶带的一半左右宽度粘住纤维，另一半宽度（3mm 左右）留着，胶带长度也应比纤维片宽度长，两端各留出 5mm 左右，粘在试验台上。

4. 去掉夹子，抽出成型板，将弯曲的纤维剪掉，使留下的纤维长度在 3cm 左右。揭起粘在试验台上的塑料胶带右端，将其粘在金属辊芯顶端，旋转辊芯，以塑料带粘住的纤维片就卷绕在辊芯表面。卷绕时，应使用权纤维束的一端（粘住的一端）与金属辊子关端平齐。卷好后，将露出在辊芯头端外面的胶带折入端孔，以顶端螺丝的垫圈固定，再以金属梳子梳理不整齐一端，使用权纤维平行金属辊芯，均匀地排列在辊芯表面，并用剪刀剪齐。

5. 先从金属辊芯右端套入螺母，再从金属辊芯左端套入螺钉，并用左手拇指抵住金属辊芯右端。然后三指用力使螺钉贴紧辊芯圆锥面，将纤维一端压紧，这时应使纤维平行、伸直、贴紧在金属辊表面，再拧紧螺母。注意拧紧过程中，固定螺钉的左手不能放松，只能用右手旋紧螺母，否则已平行于辊芯的纤维会旋成螺旋形，破坏试样表面状态。

6. 检查纤维辊纤维层表面化是否平滑，如有毛丝，则应用镊子夹去。

（二）动摩擦系数测试

Y151 型纤维摩擦系数测定仪主要包括扭力天平、金属辊芯轴、多级齿轮变速箱、纤维辊、纤维、张力夹头、扭力天平手柄。

1. 调节仪器水平位，接通电源，并打开扭力天平开关，校准天平零位。

2. 将准备好的纤维辊插进仪器主轴内孔，并固定住。

3. 用镊子夹取一根测试摩擦系数的纤维，在纤维两端各夹上一个重量相等的张力平，其中张力夹重量：纤维细度在4.44tex以下用100mg，4.44tex以上用200mg。

4. 将挂上张力夹的待测纤维挂在一纤维辊上，并使一个张力夹挂在天平称钩上，另一个张力夹绕过纤维辊表面，自由地挂上纤维辊的另一端。

5. 调节纤维辊的前后、左右、高低位置，使纤维在纤维辊上的包围角为180°，并且为垂直悬挂，不能歪斜。

6. 调节传动装置上的三个手柄位置为（ADG），即使纤维辊转速为30r/min，然后开动马达，纤维辊转动。

7. 打开扭力天平开关，这时由于纤维与纤维之间的摩擦力，天平指针偏向右边。

8. 以缓慢的速度（大约为7s加100mg的速度）转动扭力天平手柄，即对挂着张力夹的纤维施加一向上的托力，直至扭力天平指针回复零位，或使扭力天平的指针在平衡点中心两边等幅摆动，读取扭力天平上的读数，此读数即为$P_{动}$，将手柄复位，扭力天平开关关上。

9. 每根纤维如此重复操作2～3次，记录平均值。每个纤维辊测定6根纤维，得到6个纤维与纤维辊表面纤维之间的摩擦力值。测五个纤维辊共30个数值，分别记录。求出$P_{动}$的平均值，按公式计算动摩擦系数值。

（三）静摩擦系数测试

1. 按动摩擦系数测定方法1～5步操作。

2. 纤维辊不转动，打开扭力天平开关，缓慢转动扭力天平手柄。当转动至某一位置时，纤维与纤维转之间发生突然滑移，这时应立即停止转动扭力天平手柄，并读取当天平指针开始偏转时扭力天平上的读数$P_{静}$。

3. 测试次数与测动摩擦系数相同。

五、实验要求

1. 记录：试样名称、仪器型号、仪器工作参数、环境温湿度、原始数据。

2. 计算：动、静摩擦系数。

3. 在制作纤维辊过程中，手指不能接触辊芯表面包覆的纤维层，否则会影响测试结果。

六、思考题

1. 动摩擦系数和静摩擦系数在概念上有什么不同？

2. 如何测定纤维的动、静摩擦系数？

实验十九　金属材料试环-试块滑动摩擦磨损试验

一、实验目的

1. 掌握试环-试块滑动摩擦磨损试验方法；

2. 掌握 M-2000 型摩擦磨损试验机的操作方法。

二、实验设备

M-2000 型摩擦磨损试验机、光电子天平（感应量 0.01mg）

三、实验原理

试块与规定转速的试环相接触，并承受一定实验力，经规定转数后，用磨痕宽度计算试块的体积磨损，用称重法测定试环的质量磨损，试验中连续测量试块上的摩擦力和正压力，计算摩擦系数。

四、实验步骤

1. 试验应在 10～35℃范围内进行，对温度要求较严格的试验，应控制在（23±5)℃之内。试验应在无腐蚀性气体、无振动、无粉尘的环境中进行。

2. 将试环及试块牢固的安装在试验机主轴及夹具上，试块应处于试环中心，并应保证试块边缘与试环边缘平行。

3. 启动试验机，使试环逐渐达到规定转速，平稳的将实验力施加至规定值，可以进行干摩擦，也可以加入适当润滑介质以保证试样在规定状态下正常试验，对于润滑磨损实验，试验前应对所有与润滑剂接触的零件进行清洗。

4. 根据需要，在试验过程中记录摩擦力。

5. 试验累计转数应根据材料及热处理工艺需要确定。

6. 对于称重的试样，试验前后用适当的清洗液以相同的方法清洗试样，建议先用三氯乙烷，再用甲醇清洗；清洗后一般在 60℃下进行 2h 烘干冷却至室温后，放入干燥器，立即称重。

五、实验结果处理

1. 在块形试样磨痕中部及两端（距试样边缘 1mm 处）测量磨痕宽度，取三次测量平均值作为一个试验数据。

2. 标准尺寸试样三个位置的磨痕宽度之差大于平均宽度值 20%，试验数据无效。

3. 试验报告中至少包括：试验机型号、试验形式、材料种类、热处理种类、实验力（正压力)、试验转速及转数、润滑方式及润滑剂种类、试块的磨痕宽度和体积磨损、试环磨损失去的质量、摩擦系数、环境温度、试块加工方向。

六、实验准确度说明

1. 本实验方法的偏差与执行标准的严格性密切相关。相同材料重复性试验的一致性与材料的均匀性、材料在摩擦中的相互作用、试验人员操作技术密切相关。

2. 由于本实验结果分散性较大，尤其干摩擦试验对试样初始表面条件十分敏感，因此一般要做 3 次以上重复试验。

3. 磨损量与滑动距离一般不呈线性关系，因此仅能对同样转数的试验结果进行比较。

七、实验要求

1. 严格按照 M-2000 型摩擦磨损试验机操作规程做实验。
2. 严格按照 GB/T 12444—2006 执行。

八、思考题

1. 试环-试块滑动摩擦磨损形式是什么？
2. 为什么安装试样时，要保证试块边缘与试环边缘平行？
3. 环-试块滑动摩擦系数特点是什么？

实验二十　镜片耐磨性测试

一、实验目的

1. 掌握摩擦对镜片的影响；

2. 了解镜片耐磨性测试方法。

二、实验设备

1. 钢丝绒：000＃，钢丝绒膜层面应平整，无毛刺并有序排列，其质量应大于5g，平面尺寸应大于压模直径。

2. 压模：直径Φ40mm，压模的面形与样品的凸面相似，总负荷（压模，钢丝绒等）为(750±15)g。

3. 摩擦试验机：往复频率为100次/min，摆幅为（10°±1°），摇摆半径为（103±0.87)mm。

4. 雾度仪：负荷按照GB/T 2410的要求。

三、实验材料

镜片必须储存于温度为（23±5)℃，及湿度为50％±10％的环境下最少4h。

四、实验环境

实验环境必须保持于温度为（23±5)℃，及湿度为50％±10％。

五、实验步骤

1. 在以上试验条件下，将样品清洗干净后用棉纸吸干或晾干；

2. 按GB/T 2410的方法，测定样品未经摩擦时的初始值 H_0（每旋转90°，依次获得4次测量值后取4次的平均值)；

3. 固定样品，使其中心与摆杆中心重合，凸面向上；

4. 在压模中心粘上钢丝绒，使钢丝绒丝纹与摩擦方向垂直，并将总荷重加于样品的凸面上；

5. 启动摩擦试验机，往复摩擦1000次；

6. 将经过上述摩擦试验的样品清洗干净后用棉纸吸干或晾干，先将摩擦痕方向置于水平方向，获得第一个测量值，然后按步骤2依次获得其他三个测量值，取4次测量值的平均值 T；

7. 摩擦雾度值 H_s 为平均值 T 与 H_0 的差值。

六、实验要求

1. 必须保证实验要求的实验环境；

2. 镜片必须进行实验前的处理；
3. 科学记录实验数据，写明实验材料样本和编号。

七、思考题

1. 为什么镜片必须进行实验前的处理?
2. 镜片耐磨性的特点是什么?
3. 镜片的耐磨性与实验环境的关系是什么?

实验二十一　纺织材料耐磨性的测定

一、实验目的

1. 了解纺织纤维耐磨性能测定的基本方法；

2. 熟悉掌握纤维摩擦仪的正确操作方法。

二、实验设备

纤维摩擦仪。

三、实验原理

纤维耐磨性能通常用摩擦阻力和摩擦系数来表示。测量短纤维的摩擦系数一般用绞盘法，将纤维的一定角度 θ 包围在绞盘上（摩擦辊的材料可以是金属、陶瓷式包覆纤维），纤维两端分别挂上相同重量 f_0 的张力夹，其中一端的张力夹挂在扭力天平的钩子上，另一端垂下，当摩擦辊顺时针做等速回旋时，由于纤维与摩擦辊表面存在摩擦力，使纤维两端的张力不等，$f_1 > f_2$，此时扭力天平指针偏向一边。为了测量扭力天平秤钩上受力大小，可扳动手柄，使天平指针回复至零位，此时天平读数值为 m，则 $f_1 = f_0 - m$。

根据欧拉公式，纤维在绞盘上的摩擦系数可用下式计算：

$$f_2 = f_1 e^{\mu\theta}$$

$$\mu = \frac{\ln f_2 - \ln f_1}{\theta} = \frac{\ln f_2 - \ln(f_0 - m)}{\theta}$$

式中，f_2 为绞盘紧端的纤维张力，CN；f_1 为绞盘松端的纤维张力，CN；θ 为纤维与绞盘之间的包围角；μ 为纤维与绞盘之间的摩擦系数；f_0 为纤维两端张力夹质量，CN。

当 $\theta = 180°$时，$\theta = \pi$

则：$\mu = \dfrac{\ln f_0 - \ln\ (f_2 - m)}{\pi}$

将自然对数 ln 转化成以 10 为底的 ln 常用对数 lg。

则：$$\mu = \frac{\lg f_0 - \lg(f_0 - m)}{1.364} = 0.733[\lg f_0 - \lg(f_0 - m)]。$$

四、实验步骤

1. 静摩擦系数的测定

(1) 接通电源，校准摩擦仪的水平，校正扭力天平的零位；

(2) 将准备好的摩擦辊插进摩擦仪主轴内孔，用紧固螺钉紧固；

(3) 在试样中任选 1 根纤维，在纤维两端夹上张力夹（100mg、150mg、200mg）各一个，将其中的 1 个张力夹跨骑在扭力天平秤钩上，另一个绕过摩擦辊表面，自由地悬挂在摩擦辊上；

(4) 调节摩擦辊的前后、左右、高低位置，以保证测试纤维在摩擦辊的包角为180°，使被测纤维垂直悬挂，不能歪斜；

(5) 摩擦辊保持静止，缓慢转动扭力天平手柄，直至纤维与摩擦辊之间发生突然滑移，读取扭力天平指针开始偏转时扭力天平上的读数，每根纤维重复此操作2～3次，记录其平均值。每个摩擦辊要测6根纤维。

2. 动摩擦系数的测定

调节摩擦辊转速为30n/min，开动电机，使扭力天平指针偏向右边，转动扭力天平手柄，直至扭力天平的平衡指针回到平衡刻度线，记录扭力天平上的读数，次数与静摩擦系数测定次数一样。

五、实验要求

1. 在取样和测试过程中，手和用具尽量干净，以免手汗和水分影响测试结果的准确性；
2. 要记录实验条件。

六、思考题

1. 纺织纤维静摩擦系数特点是什么？
2. 纺织纤维动摩擦系数特点是什么？

实验二十二　高密度钻井液的配制及其泥饼摩擦系数的测定

一、实验目的

1. 掌握低密度钻井液（$\rho=\pm1.05g/cm^3$）加重为高密度钻井液（$\rho=\pm1.50g/cm^3$）的方法；

2. 掌握泥饼摩擦系数测定仪的原理和使用方法。

二、实验仪器及实验材料

1. 实验仪器

ZNN-1 泥饼摩擦系数测定仪一套，钻井液常规测试仪器一套，搪瓷量杯，电动搅拌机、天平等。

2. 实验材料

CMC 溶液（2%～5%）、FCLS（2∶1）、重晶石等。

三、实验原理

在钻进高压盐水层或高压油、气、水层时，为防止井下复杂事故的发生，都要适当增加钻井液的密度（比重），通常根据需要加入一定量的加重剂来实现。

加重剂必须具备：本身密度大，属于惰性物，不与钻井液中的其他组分发生化学反应；本身强度低，磨损性小，易粉碎又不磨损泵的配件，且含可溶性盐类少。

常用的加重材料有：重晶石，钛铁矿粉、石灰石粉等。

这里使用的加重材料是重晶石粉。它是最常用的一种以硫酸钡为主要成分的天然矿石加工而成的，它的磨损性较小，密度较高（$4.0\sim4.2g/cm^3$），它可用作水基及油基钻井液的加重剂，可使其密度达到 $2.00g/cm^3$ 以上。由于加重剂的加入会使钻井液的黏度、切力增加，所以钻井液加重前需要控制固相含量，所需密度愈高，加重前的固相含量应愈低，黏度切力亦应愈低，还应根据钻井液的类型加以调控，加重钻井液时不能太猛，应逐步提高。

四、实验方法及步骤

1. 搬土原浆的配制

在室温下冷水配制比重为 1.08 左右的原浆，放置十天左右，使其性能基本稳定。

2. 基浆的配制

用 1000ml 搪瓷量杯取已配好的原浆 940ml，在电动搅拌机搅拌下加入 40mlFCLS 碱液和 2%的 CMC 溶液 20ml（总体积 1000ml），搅拌 10min，测其如下性能，记入附表：漏斗黏度（T）、比重（γ）、Φ600、Φ300、初切（$\tau s1$）、终切（$\tau s10$）。性能测定后，将所有钻井液回收，并准确测量其体积。若粘切过大，可再加处理剂调节。

3. 配制加重钻井液（γ 浆＝1.5）

准确计量基浆体积（700ml 左右即可），根据基浆体积按下式计算：

$$重晶石加量=W\frac{\gamma_{浆}-\gamma_{基}}{\gamma_{重}-\gamma_{浆}}\times\gamma_{重}\times V_{浆}$$

式中 $\gamma_{浆}$——所配重钻井液密度（1.5g/cm^3）；

$V_{浆}$——加重前基浆体积，ml；

$\gamma_{基}$——加重前基浆密度，g/cm^3；

$\gamma_{重}$——加重剂密度，g/cm^3（取 4.0）。

在上面已调整好的一定体积基浆中搅拌加入已称好的重晶石粉，然后搅拌 15～30min，即得所配的加重钻井液。测定如下性能记入附表：T、γ、Φ_{600}、τ_{s1}、τ_{s10}。

同时，将配好的加重钻井液倒入 500ml 搪瓷量杯或漏斗黏度计的 500ml 量筒中，静置 15min，分别测定上、下部钻井液的比重：γ_1 和 γ_2（$\gamma_2-\gamma_1\leqslant 0.01$）。

重钻井液的上、下部密度差的大小，是衡量所配制的重钻井液的稳定性的一个重要指标。通常是将重钻井液静置 24 小时，测定它的上、下部密度差不能大于 0.06，这里由于时间关系，只是要求大家有个初步认识。当重钻井液稳定性差时加重材料（重晶石）有可能沉淀，这样对钻井非常不利，有可能造成井下复杂事故的发生。

特别注意的是：上面公式计算出的重晶石加量是知道加重前的钻井液体积而计算。即是定量钻井液加重所需的加重材料数量。而配制定量加重钻井液时所需加重材料的计算为：

$$W=\frac{V\rho(\rho_2-\rho_1)}{\rho_3-\rho_1}$$

式中 W——所用加重材料的重量；

V——欲配的钻井液体积；

ρ_1——原浆密度；

ρ_2——欲配的钻井液密度；

ρ_3——加重材料的密度。

4. 泥饼摩擦系数的测定

在钻井过程中发生的各种类型的卡钻中，最为频繁、危害最严重的是泥饼黏附卡钻。钻柱与泥饼的黏附力与泥饼摩阻系数成正比。为了预防泥饼黏附卡钻，钻井过程中需经常测定钻井液的泥饼摩阻系数，常用 ZNN-1 泥饼摩擦系数仪测定这项数据。

具体步骤：

（1）把仪器擦洗干净，尤其是黏附盘的研磨面。

（2）在钻井液杯底盘下方槽内放一“O”形垫圈后，放入钻井液杯内，上紧下部两个固定螺丝。

（3）在钻井液杯底盘内，放好滤纸、橡胶垫圈和滑动垫圈后，用门形扳手上紧滑动环。

（4）把钻井液杯放到支架板上，钻井液杯底部拧入阀杆，并上紧。

（5）向钻井液杯内倒入钻井液试样至刻线或距顶端 1/4 处。

（6）把黏附盘杆从钻井液杯盖的里面穿过钻井液杯盖。

（7）把钻井液杯盖上紧到钻井液杯上。进行这一步时，一手将压板的一端放进二支架立柱之间，固定支架；另一手用勾头扳手将钻井液杯盖上紧。

（8）在钻井液杯盖的上方孔内，拧入另一阀杆并上紧。

（9）在阀杆的顶端装上减压阀，插上销子。

(10) 用高压软管把气瓶和减压阀连起来。

(11) 退回减压阀手柄。

(12) 在钻井液杯的下方放一量筒，使阀杆的一端伸进量筒内，并反时针转动阀杆 1/4 圈，打开阀门。

(13) 打开气瓶开关，转动减压阀手柄，使压力指示 500 磅/英寸^2 ($35kgf/cm^2$ 或 3.44MPa)，或 475 磅/英寸^2 ($33.25kgf/cm^2$ 或 3.28MPa)。

(14) 反时针转动钻井液杯上方阀杆 1/4 圈，打开阀门，使压力进入钻井液杯内。

(15) 记录开始试验的时间。

(16) 当滤液体积或泥饼厚度达到要求后，记录滤液的体积和时间。这里要求滤失时间为 30min。

(17) 压下黏附盘杆，使黏附盘黏附到泥饼上。做这一步时，把压板放到黏附盘杆上，以钻附盘杆为支点，压板的凹槽放到支架立柱横梁的下方，用力压下压板的另一端，一直到黏附盘黏附到泥饼上为止。

(18) 让黏附盘住，待 5min 或更长时间，置套筒于扭矩扳手上，调整扭矩扳手下的刻度盘至零值。将扭矩扳手套筒套在黏附盘杆的六角形顶端。用一只手把压杆卡住在支架的两个立柱间，用另一只手转动扭矩扳手，并记录扭矩扳手刻度盘的最大读数。

(19) 记录黏附盘黏附时间，滤液体积和最大力矩值。

(20) 逆时针转动减压阀手柄（关闭气源），然后将放气阀打开，使钻井液杯内的气体排出，抽出锁紧销子，取下加压装置。

(21) 卸开盖子，倒出钻井液。

(22) 卸开提放环，取下泥饼和滤纸，并卸下阀杆。

(23) 清理仪器并擦干，用洗涤剂清洗黏附盘，然后用清水清洗并揩干。

5. 摩擦系数的计算

(1) 将力矩扳手测得的扭矩乘以 1.5，把以磅表示的扭矩换算为以磅表示的摩擦力。

(2) 黏附盘端面面积为 3.14 英寸^2，作用在它上面的压力为：

3.44MPa 500 磅/英寸^2：$500\times3.14=1570$（磅）

3.28MPa 475 磅/英寸^2：$475\times3.14=1491$（磅）

(3) 摩擦系数是黏附盘开始滑动所需的力与作用在黏附盘端面的标准力之比值。

$$\text{摩擦系数}=\frac{\text{扭矩}\times1.5}{\text{压力}\times\text{黏附盘端面面积}}$$

当压力为 500 磅/英寸^2 时：

$$\text{摩擦系数}=\text{扭矩值}\times\frac{1.5}{500\times3.14}\approx\text{扭矩值}\times0.955\times10^{-3}$$

当压力为 475 磅/英寸^2 时：

$$\text{摩擦系数}=\text{扭矩值}\times\frac{1.5}{475\times3.14}\approx\text{扭矩值}\times10^{-3}$$

五、实验要求

1. 认真填写实验报告附表。
2. 讨论实验现象。

实验报告附表

<table>
<tr><td rowspan="2">参数
钻井液</td><td rowspan="2">T/s</td><td rowspan="2">γ/(g/cm^3)</td><td rowspan="2">Φ_{600}/格</td><td rowspan="2">Φ_{300}/格</td><td rowspan="2">τ_{s1}/Pa</td><td rowspan="2">τ_{s10}/Pa</td><td colspan="2">加药情况</td></tr>
<tr><td>种类</td><td>数量</td></tr>
<tr><td>基浆</td><td></td><td></td><td></td><td></td><td></td><td></td><td>FCLSCMC</td><td></td></tr>
<tr><td>加重钻井液</td><td></td><td></td><td></td><td></td><td></td><td></td><td>重晶石</td><td></td></tr>
<tr><td colspan="2">重钻井液上部密度
(g/cm^3)</td><td></td><td colspan="2">重钻井液下部密度
(g/cm^3)</td><td></td><td colspan="2">上下部密度差
(g/cm^3)</td><td></td></tr>
<tr><td>扭矩值</td><td colspan="4"></td><td colspan="2">摩擦系数值</td><td colspan="2"></td></tr>
</table>

六、思考题

1. 对加重剂的要求是什么？常用产品有哪些？加重材料用量如何计算。

2. 钻井液加重前的性能要求有哪些？

3. 设钻井液比重为1.10，重晶石比重为4.20，钻井液静切力为5mPa·s，若用此钻井液悬浮重晶石，问重晶石颗粒直径最大可为多少微米？

4. 已配好的加重钻井液，使用中要求在保证重晶石悬浮的条件下，进一步略为提高比重，应采用下列4种方法中的哪一种？为什么？

A. 加入黏土；B. 加入适量高黏CMC和重晶石；C. 加大量FCLS和重晶石；D. 只加重晶石。

实验二十三　磁阻尼和动摩擦系数的测定

一、实验目的

1. 观测磁阻尼现象；
2. 学习测量磁阻尼和动摩擦系数的方法；
3. 进一步了解磁阻尼系数、动摩擦系数的概念。

二、实验仪器

MF-1磁阻尼和动摩擦系数测定仪、HTM-2霍尔开关用计时仪、磁性滑块、3根导线、米尺。

将3M型透明隐形胶带分别粘于磁性滑块的两滑动面上和铝质斜面上，对其动摩擦系数进行研究。

三、实验原理

1. 磁阻尼现象

当大块金属与磁场有相对运动或处在变化磁场中时，会产生电磁感应现象，在金属块内会激起感应电流，由楞次定律可以判定，感应电流的效果总是反抗引起感应电流的原因，因此金属块的运动要受到与运动方向相反的阻力——感应电流受到的磁场安培力作用。感应电流产生的机械效应即为磁阻尼现象。

2. 磁阻尼系数和动摩擦系数的测定原理

磁性滑块在非铁磁质良导体斜面上匀速下滑时，滑块受的阻力除滑动摩擦力 F_S 外，还有磁阻尼力 F_B。

设磁性滑块在斜面处产生的磁感应强度为 B；滑块与斜面接触的截面不变，其线度为 l。当滑块以匀速率 v 下滑时，可看作斜面相对于滑块向上运动而切割磁感应线。由电磁感应定律，在斜面上的切割磁感应线部分将产生电动势 $E=Blv$，如果把由于磁感应产生的电流流经斜面部分的等效电阻设为 R，则感应电流应与速度 v 成正比，即为 $I=\frac{Blv}{R}$，此时斜面所受到的安培力 F 正比于电流 I，即为 $F\propto I$。而滑块受到的磁阻尼力 F_B 就是斜面所受安培力 F 的反作用力，方向与滑块运动方向相反。

由此推出：F_B 应正比于 v，可表达为 $F_B=Kv$（K 为常数，将它称为磁阻尼系数）。因为滑块运动是匀速的，故它在平行于斜面方向应达到力平衡，从而有

$$W\sin\theta=Kv+\mu W\cos\theta$$

式中，W 为滑块所受重力；θ 为斜面与水平面的倾角；μ 为滑块与斜面间的滑动摩擦系数。

若将上述方程式的两边同时除以 $W\cos\theta$，可得方程

$$\tan\theta=\frac{K}{W}\times\frac{v}{\cos\theta}+\mu$$

显然，$\tan\theta$ 和$\frac{v}{\cos\theta}$呈线性关系（$y=ax+b$）。作出 $\tan\theta$-$\frac{v}{\cos\theta}$直线图，可得斜率 a 和截距 b

$$K=aW$$
$$\mu=b$$

四、实验内容及步骤

（1）将两传感器的 V_+、V_- 和 OUT 接头分别与 HTM-1 计时仪的 5V、GND 和 INPUT 接线柱相接。

（2）调节夹子 M，使斜面具有某一倾角，调节螺钉，使滑块下滑时不往旁边偏离。

（3）测量重垂线和底边的长度，计算倾角的大小。

（4）使滑块从斜面上端开始向下滑动，滑块的蓝色面朝下，滑块不仅受到滑动摩擦力的作用，而且还受到磁阻尼力的作用。

（5）在约 $20°<\theta<45°$的范围内能达到匀速下滑的实验条件，对于同一 θ 值，让滑块从不同的高度滑下，由通过两传感器的时间相同，来说明滑块在 A、B 间的运动是匀速的。

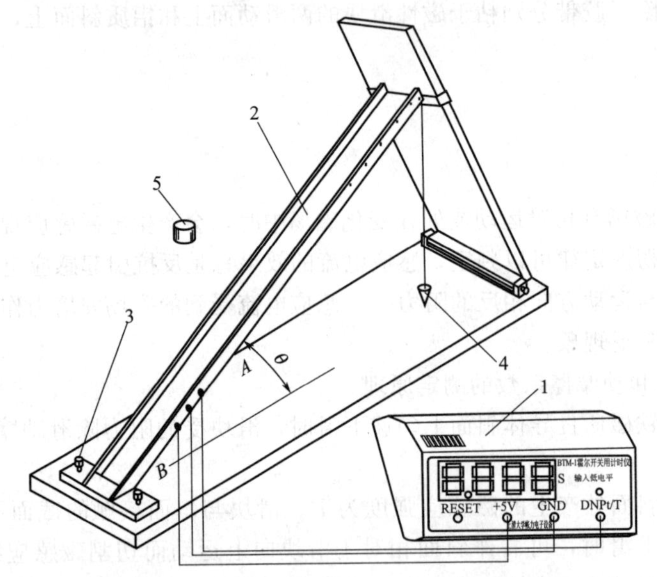

图 1　MF-1 磁阻尼和动摩擦系数测定仪和 HTM-2 霍尔开关用计时仪

1—传感器；2—斜面；3—螺钉；4—重垂线；5—滑块

① HTM-2 霍尔开关用计时仪，它由 5V 直流电源和电子计时器组成；

② 铝质槽形斜面，可通过夹子 M 的上下移动来调节倾角 θ，在斜面的反面 A、B 处各装 1 个霍尔开关，用计时仪可测量滑块通过 A、B 的时间；

③ 调节斜面横向倾角的螺钉，可以防止滑块在下滑过程中靠近某一侧；

④ 重锤，用来确定底边 L 和高 H 的长度，从而得出 θ 并计算 $\tan\theta$ 和 $\cos\theta$ 的值；

⑤ 磁性滑块，它是在圆柱形非磁性材料的一个滑动面上粘一薄片磁钢制成的，因而在这一面附近的磁感应强度较强，而另一面由于离磁钢较远，所以它附近的磁感应强度很弱，以至可以忽略不计。为了区别，将强磁场面涂成蓝色，弱磁场面涂成红色。

（6）倾角不变，使滑块从不同高度 c_1，c_2，…处滑下，记录滑块通过 A、B 两点的时间。求取平均值。

(7) 测量 A、B 两点间的距离，计算滑块下滑速度。

(8) 改变倾角 θ，按以上步骤再次测量。

(9) 测量滑块质量 m。

(10) 作出 $\tan\theta$-$\frac{v}{\cos\theta}$直线图，由此图求出斜率 a、截距 b。根据上述方程式计算磁阻尼系数 K 和滑动摩擦系数 μ。

(11) 用最小二乘法进行数据处理，计算磁阻尼系数 K 和滑动摩擦系数 μ。

五、实验数据记录

将实验数据记录于表 1、表 2。

表 1 实验数据

斜面的倾角			滑块从不同高度下滑通过 A、B 两点间的时间 T(s)					$\overline{T}$/s
L/m	H/m	θ/(°)	C_1	C_2	C_3	C_4	C_5	

AB 距 S=　　　　　　　　　　　滑块质量 m=

表 2 数据处理

序号	θ/(°)	$\overline{T}$/s	$y=\tan\theta$	$\cos\theta$	V/(m/s)	$x=V / \cos\theta$	x^2	xy
1								
2								
3								
4								
5								
平均值	—	—		—	—			

六、实验要求

1. 按实验示意图连接导线后，接通 HTM-2 霍尔开关计时仪的电源，在滑块下滑前按一下计时仪的 RESET 键，复零计时数。

2. 滑块接触导轨面的磁性为 N 极，在滑块滑到第一个对应导轨下面的霍尔开关位置时，会使霍尔开关传感器输出低电平，计时仪上相应的指示灯发光，计时仪开始计时；在滑块再滑到第二个对应导轨下面的霍尔开关位置时，霍尔开关传感器输出低电平，计时仪上相应的指示灯发光，计时仪停止计时，并保持所计的时间到按 RESET 键前。若滑块接触导轨面的磁性为 S 极，不会使霍尔开关传感器输出低电平，计时仪不计时。

3. 由于滑动摩擦系数与接触表面有关，务请实验前用柔软的纸仔细擦拭实验导轨和实验滑块。请留意湿度和灰尘对滑动摩擦的影响。

七、思考题

磁阻尼系数的大小与哪些因素有关？

实验二十四　塑料薄膜摩擦系数的测定

一、实验目的和要求

1. 了解材料摩擦系数对包装工艺的影响；
2. 掌握测定摩擦系数的方法；
3. 分析不同材料摩擦系数的应用。

二、实验仪器和材料

仪器：摩擦系数剥离试验仪
材料：塑料薄膜

三、实验基本内容

测定不同包装材料的摩擦系数。

四、实验原理

包装在物流环境中常会与其他物品接触并发生摩擦，而影响包装质量。将软包装材料试验表面平放在一起，在一定的接触压力下，使两表面相对移动，记录所需的力。

五、实验步骤

1. 裁切待测软包装材料试样。

2. 依次打开电脑、摩擦系数/剥离试验仪电源、运行摩擦剥离软件，选择操作模式为摩擦试验，再进行参数设定。

3. 将试样在标准环境下进行至少 16h 的处理，每次测试取两个 8cm×20cm 的试样。

4. 将一个试样的试验表面向上，平整地固定在水平试验台上。试样与试验台的长度方向应平行。

5. 将另一个试样的试验表面向下，包住滑块毛毡的一面，用胶带在两侧固定。若试样较厚或刚性较大，可将其取成 63cm×63cm（滑块尺寸），在滑块底面和试样非试验表面间用双面胶带固定试样。

6. 将固定有试样的滑块无冲击地放在第一个试样中央，并使两试样的试验方向与滑动方向平行且测力系统恰好不受力。

7. 将标准压环固定在传感器上，用细钢丝将滑块和传感器连接。

8. 在软件界面点击运行试验，试验结束后，钢带自动回位，显示试验数据。至少测 3 对试样。

9. 进行数据处理，计算薄膜的摩擦系数，分析测试结果。

六、实验要求

1. 取样时戴上手套，尽量不要接触与仪器的接触面。

2. 不同硬度的材料，取样的方式不一样。

七、思考题

1. 测定软包装基材摩擦系数的意义有哪些？
2. 摩擦系数的影响因素有哪些？

实验二十五　印刷耐磨性实验

一、实验目的

1. 掌握印刷耐磨性的测定方法；
2. 掌握 QD-3007 型摩擦实验机的使用方法。

二、实验器材

1. QD-3007 型摩擦实验机；
2. 清洁胶版纸（宽度为 50mm、长度为 150mm）若干条，注意纸纹方向垂直于长度方向；
3. 印刷品（宽度为 60mm、长度 210mm）若干条；
4. 20 倍放大镜一副。

三、实验原理

实验通过专用摩擦纸于特定重环上；经过一定的次数和频率，在印品表面来回摩擦，最后通过仪器或视觉观察印品表面被破坏情况。

四、实验步骤

1. 接通电源，根据不同印品要求设置摩擦频率和摩擦次数；
2. 并让机器处于待机状态，切忌空机运行；
3. 将试样装夹于摩擦台上，拧紧两边螺母；
4. 将 80g 胶版纸，注意摩擦纸粗面朝下，对准印品，装在仪器上；
5. 启动并运行；
6. 实验结束后取下摩擦纸和印品，实验结束。

五、质量分析

装潢印刷品在搬运或运输中难免会发生摩擦，会破坏印品表面，影响其质量，被磨损的印刷品会失去美观，甚至直接影响产品销量，因此就必须用 QD-3031 印刷品油墨耐磨试验机对其墨层耐摩擦（脱色）性进行检测。

QD-3031 印刷品油墨耐磨试验机符合标准：JIS-5071-1/TAPPI-UM486/GB7706 标准。它适用于印刷品印刷墨层耐摩性、PS 版感光层耐摩性及相关产品表面涂层耐摩性的测试试验。更能有效分析印刷品的抗擦性差、墨层脱落、PS 版的耐印力低及其他产品的涂层硬度差等问题。

分别取若干条专用摩擦纸（80g 清洁胶版纸，长 150mm、宽 50mm，注纸纹方向垂直于长度方向）和测试印刷品（长 210mm、宽 60mm），置于 QD-3031 试验机特定重环上。经过一定的次数和频率，往返在摩擦纸和印品表面摩擦。测试结束后通过相关仪器（彩色密度计）的实验前后数值对比或者视觉观察印刷品表面来判断其破坏情况，进而能分析出装潢印刷品耐磨性能的好坏。

六、实验要求

1. 严格按照 QD-3007 型摩擦实验机的操作规程做实验；
2. 试验机不能空机运转。

七、思考题

1. 如何判断印刷品耐磨性能的好坏？
2. 印刷品耐磨性的磨损形式有哪些？
3. 印刷品耐磨性的基本原理是什么？

实验二十六　水泥混凝土耐磨性实验

一、实验目的

1. 了解水泥混凝土耐磨性实验方法和步骤；
2. 掌握水泥混凝土耐磨性的评定指标。

二、实验仪器

1. 混凝土磨耗试验机，应满足：水平转盘上的卡具，应能卡紧150mm×150mm×150mm立方体试件或直径为Φ150mm的钻孔取芯试样，卡紧后试件不上浮或翘起；磨头和水平转盘间有效间空为160～180mm；磨头和花轮刀片：应符合T0510附录中有关花轮刀片的规定。

2. 试模：模腔的有效容积为150mm×150mm×150mm，符合表T0551-1的规定。

3. 烘箱：调温范围为50～200℃，控制温度允许偏差为±5℃。

4. 电子秤：量程大于10kg，感量不大于1g。

三、实验材料

混凝土磨耗试验采用150mm×150mm×150mm立方体标准试件，每组三个试件。试件的成型和养护按T0551的规定进行。

四、实验步骤

1. 试件养护至27d龄期从养护地点取出，擦干表面水分放在室内空气中自然干燥12h，再放入60℃±5℃烘箱中，烘12h至恒重。

2. 试件烘干处理后放至室温，刷净表面浮尘。

3. 将试件放至磨耗试验机的水平转盘上（磨削面应与成型时的顶面垂直），用夹具将其轻轻紧固。在200N负荷下磨30转，然后取下试件刷净表面浮尘称重，记下相应质量m_1，该质量作为试件的初始质量。然后在200N负荷下磨60转，然后取下试件刷净表面粉尘称重，并记录剩余质量m_2。

整个磨损过程应将吸尘器对准试件磨损面，使磨下的粉尘被及时吸走。如果混凝土具有高耐磨性，可再增加旋转次数，并应特别注明。

4. 每组花轮刀片只进行一组试件的磨耗试验，进行第二组磨耗试验时，必须更换一组新的花轮刀片。

五、实验结果分析

按下式计算每一试件的磨损量，以单位面积的磨损量来表示。

$$G_c=\frac{m_1-m_2}{0.0125}$$

式中　G_c——单位面积的磨耗量，kg/m^2；

　　m_1——试件的初始质量，kg；

　　m_2——试件磨耗后的质量，kg。

以 3 块试件磨耗量的算术平均值作为实验结果，结果计算精确至 $0.001kg/m^2$。当其中一块磨损量超过平均值 15%时，应予以剔除，取余下两块试件的平均值作为实验结果，如两块磨损量超过平均值 15%时，应重新实验。

六、实验要求

1. 严格按照混凝土磨耗试验机的操作规程做实验；
2. 每次以 3 块试件磨耗量的算术平均值作为实验结果。

七、思考题

水泥混凝土耐磨性的基本原理是什么？

实验二十七　圆环压缩法测定金属塑性成形的摩擦系数

一、实验目的

1. 了解金属塑性成形中的摩擦特点和影响；

2. 熟悉摩擦对于金属流动影响的一般规律；

3. 掌握用圆环法测定金属成形中摩擦系数的原理和方法。

二、实验原理

金属塑性成形过程中，工具与变形金属接触面上存在相对运动或有相对运动的趋势时，其接触表面之间必然产生摩擦。塑性成形中的摩擦与机械传动中的摩擦相比，接触压力会较高，会产生新的接触面，并且大多是在较高温度下产生的。

金属塑性成形时，摩擦在少数情况下会起到积极地作业，可以利用摩擦阻力来控制金属的流动方向。但在大多数情况下摩擦是十分有害的，主要表现在改变了变形金属的应力状态，增大了变形抗力；引起不均匀变形，产生附加应力和残余应力；降低模具的寿命等。为了减轻摩擦引起的种种不良影响，常采用润滑剂来降低摩擦。因此对金属塑性成形过程中的摩擦和润滑机理的深入了解能大大提高生产效益和产品质量。

用圆环压塑法测定金属塑性成形的摩擦系数：把一定尺寸的圆环试样放在平砧上镦粗。由于试样与砧面的接触摩擦系数的不同，圆环大的内外径在压缩过程中将有不同的变化。在任何摩擦情况下，外径总是增大，而内径则随摩擦系数变化而变化，或增大或减小。

用上限法或应力分析法可以求出分流面半径 R_n、摩擦系数 μ 和圆环尺寸的理论关系。测定摩擦系数时，将某种材料的圆环试件做成要求的尺寸，在润滑或不润滑条件下进行多次镦粗。每次压缩后测量并记录圆环内径 d 和高度 H，一般要求测出高度方向上的上、中、下三点内径，和三个方向的高度尺寸，并取平均值。根据测得的圆环内径和高度，在理论校准曲线图的坐标网格上描出各点并绘出实验曲线，即可测出该圆环试件与工具接触面间的摩擦系数。

三、实验内容

1. 了解 YB32-63C 型四柱液压机的基本结构与功能；

2. 熟悉并掌握 YB32-63C 型四柱液压机的基本操作；

3. 分别在不添加任何润滑剂和 MoS_2 膏做润滑剂的条件下，用圆环压缩法测定工业纯铁、纯铝与工具之间的摩擦系数。

四、实验步骤

1. 确定实验组数和每组数据点数：本实验共设计了三组实验，光滑纯铝、粗糙纯铝、加润滑剂纯铁，每组采集 6 个数据点；

2. 测量圆环柱的初始内径和高度；

3. 用 YB32-63C 型四柱液压机进行压缩；

4. 测量压缩后的圆环柱的内径和高度，每组测三次，若内径变为椭圆则需多测一次。

五、实验数据处理

将实验数据记录于表 1～表 3。

表 1　纯铝（粗糙）实验数据

序号	1		2		3		4		5		6	
初始内径/mm												
初始高度/mm												
压缩后内径/mm	1		1		1		1		1		1	
	2		2		2		2		2		2	
	3		3		3		3		3		3	
	平均		平均		平均		平均		平均		平均	
压缩后高度/mm	1		1		1		1		1		1	
	2		2		2		2		2		2	
	3		3		3		3		3		3	
	平均		平均		平均		平均		平均		平均	

表 2　纯铝（光滑）实验数据

序号	1	2	3	4	5	6
初始内径/mm						
初始高度/mm						
压缩后内径/mm(平均值)						
压缩后高度/mm(平均值)						

表 3　纯铁（润滑剂）实验数据

序号	1		2		3		4		5		6	
初始内径/mm												
初始高度/mm												
压缩后内径/mm	1		1		1		1		1		1	
	2		2		2		2		2		2	
	3		3		3		3		3		3	
	平均		平均		平均		平均		平均		平均	
压缩后高度/mm	1		1		1		1		1		1	
	2		2		2		2		2		2	
	3		3		3		3		3		3	
	平均		平均		平均		平均		平均		平均	

六、实验要求

1. 认真完成实验数据的记录，并着重画出材料的摩擦曲线图；

2. 做好实验数据的误差分析。

七、思考题

1. 金属塑性成形中的摩擦有哪些特点？其影响有哪些？

2. 在塑性成形中，摩擦对金属流动影响规律是什么？试画出在圆环压缩实验中摩擦系数较小和摩擦系数较大时的金属流动示意图。

实验二十八　流体在圆直管内流动的摩擦系数测定

一、实验目的

1. 掌握流体流过光滑管（塑料管）、粗糙管（钢管）时直管阻力摩擦系数的测定方法；
2. 熟悉实验装置中所采用的流量计、压差计的构造及其使用方法；
3. 学习化工数据处理中常用的对数坐标纸的用法。

二、实验设备

1. 实验装置结构及流程可参见实验仿真流体摩擦系数测定实验界面图（图 1）；
2. 实验装置采用倒 U 形管压差计，用水指示液测定管内压差；
3. 按流量大小分别采用两个转子流量计测定管内流体流量。

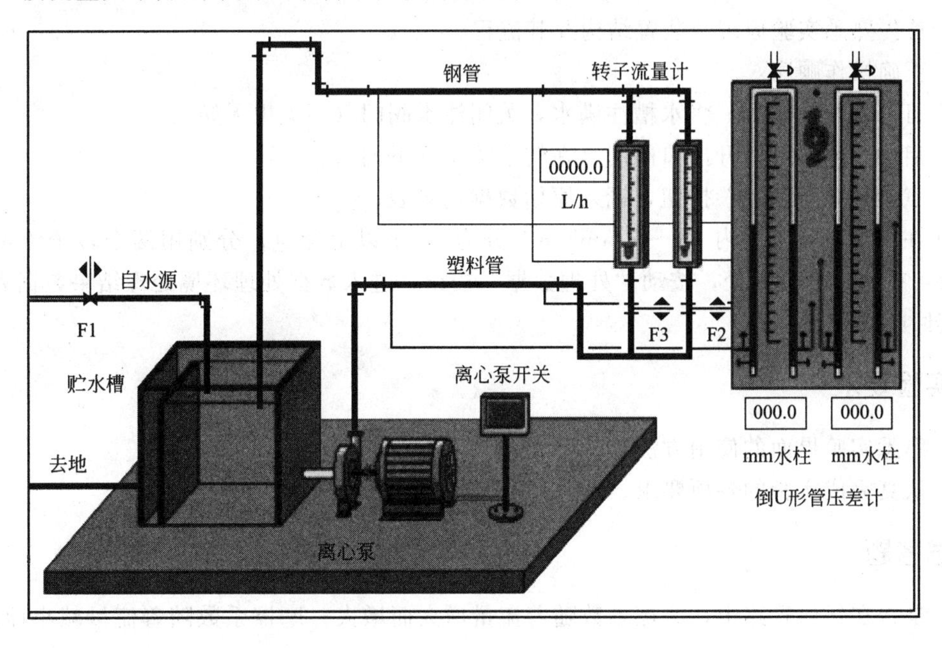

图 1　实验界面图

三、实验原理

流体在管内流动时，由于流体黏性及涡流的影响，将产生摩擦阻力，其表现为流体沿途的压力降（$-\Delta P_f$），可用 Fanning 公式表示：

$$-\Delta P_f = \lambda \frac{L}{d} \times \frac{\rho u^2}{2}$$

我们知道：

$$-\Delta P_f = f(L, d, u, \rho, \mu, \varepsilon)$$

$$\frac{-\Delta P_f}{\rho u^2}=\phi\left(\frac{\rho du}{\mu},\frac{L}{d},\frac{\varepsilon}{d}\right)$$

与Fanning公式比较，可得摩擦系数关联式：

$$\lambda=F(\mathrm{Re},\varepsilon/d)$$

层流时，　$\lambda=64/\mathrm{Re}$

光滑管湍流时，　$\lambda=0.3164/\mathrm{Re}^{0.25}$

式中　$-\Delta P_f$——以压降表示的流动阻力，Pa；

L——管长，m；

d——管径，m；

u——流体在管内平均速度，m/s；

ρ——流体密度，kg/m^3；

μ——流体黏度，Ns/m^2；

λ——摩擦系数，无因次。

四、实验方法

1. 首先熟悉实验原理和装置结构及其流程。

2. 正确操作顺序：

① 打开水槽注水阀，将水槽注满水，关闭注水阀门（不关也无妨）；

② 启动离心泵，打开出口阀门（在转子流量计下面）；

③ 点击“显示数据”按钮，调入原始数据记录表；

④ 在整个流量范围内（$0\sim7.5m^3/h$）分为10个以上测点，分别用两个转子流量计调节流量，在每一个测点处，按动“处理数据”按钮，进入数据处理环境处理结果数据表、曲线及其回归方程式。

五、实验要求

1. 熟悉实验界面的使用方法；

2. 认真完成实验的各项要求。

六、思考题

1. 是否在任何管路中，摩擦系数随着流量增大而增大；摩擦系数随着流量减小而减小？为什么？

2. 为什么流体在钢管内的摩擦系数比在塑料管内的大？

第三部分 附 录

附录1 中华人民共和国国家标准 塑料滑动摩擦磨损试验方法

本标准适用于测定塑料及塑料基复合材料的滑动摩擦磨损性能。

1 摩擦磨损定义

1.1 摩擦

两物体接触表面之间产生阻碍切向相对移动的现象称为摩擦。

1.2 摩擦力

两物体摩擦时相对位移的阻力。

1.3 摩擦系数

阻碍两物体相对运动的摩擦力对作用到物体表面的法向力之比。

1.4 磨损

物体相对运动时相互接触表面的物质不断损失或产生残余变形称为磨损。

2 试样

2.1 塑料试样尺寸

试样尺寸见图1。

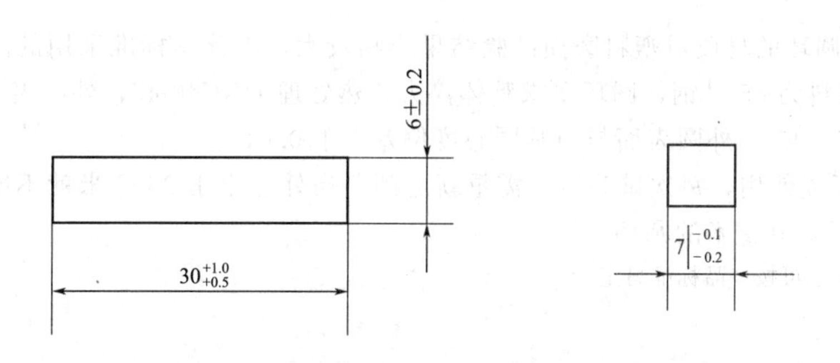

图1 试样尺寸

2.2 试样表面平整，无气泡、裂纹、分层、明显杂质和加工损伤等缺陷。每组试样不少于3个。

3 试验设备

3.1 传动系统，用来带动圆环以给定的转速旋转，精确到5%以内，并要求圆环安装部位轴的径向跳动小于 0.01mm。

3.2 加载系统，对试样和圆环，可施加法向力，精确到 5%以内。

3.3 测定和记录摩擦力矩系统，精确到 5%以内。

3.4 记录圆环转数的计数器或计时器，精确到 1%以内。

3.5 试样夹具结构和尺寸见图 2，并附配垫圈（GB 848-76），沉头螺钉 M3×0.35，长 10 毫米，要保证试样安置无轴向窜动。

注：试验设备本标准推荐采用 M-200 型磨损试验机。

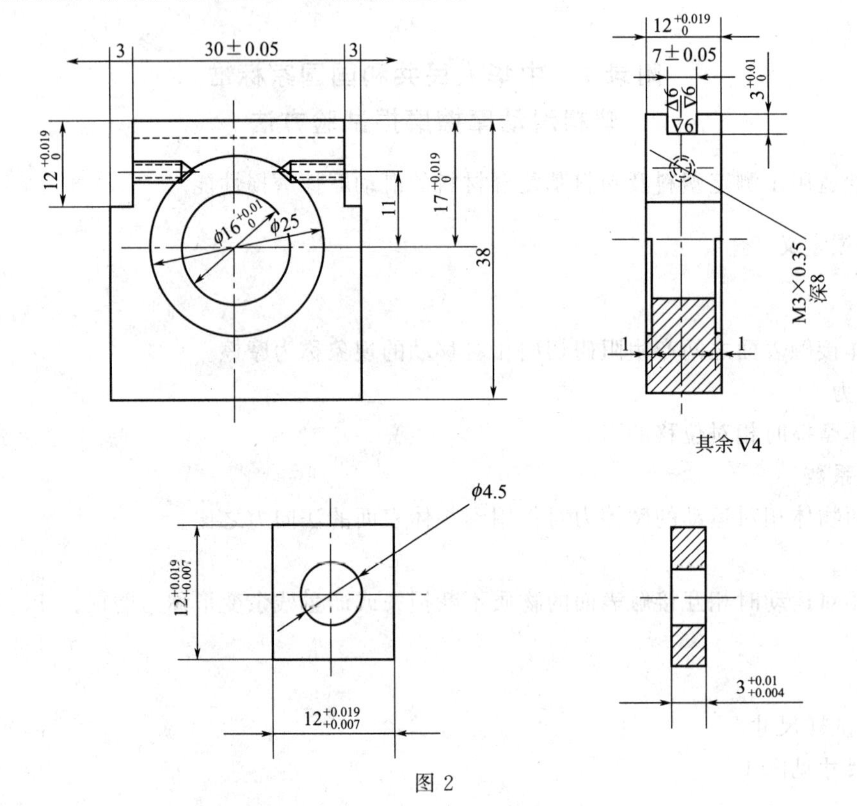

图 2

3.6 本试验中圆环的材质对塑料磨损试验结果影响较大，因此本标准采用的圆环，其外形尺寸见图 3。材料为 45 号钢，圆环要求整体淬火，热处理 HRC40-45，外圆表面光洁度∇8，倒角处均为 0.5×45°，外圆表面与内圆同心度偏差小于 0.01。

圆环可以反复使用，每次试验后，需重新磨削。当外径小于 36 毫米就不能再用。做仲裁试验时必须用 ϕ40 毫米的圆环。

注：圆环材质也可按产品标准另定。

4 状态调节

状态调节按 GB 2918-82《塑料试样状态调节和试验的标准环境》进行，温度为（23±5)℃，湿度为（50±10)%。

5 试验条件

试验中上转轴保持静止，下转轴以 200 转/分转动，摩擦副做滑动摩擦，对磨 2 小时，负荷 20 公斤，根据材料，允许选择其他负荷。试验环境温度为（23±5)℃。

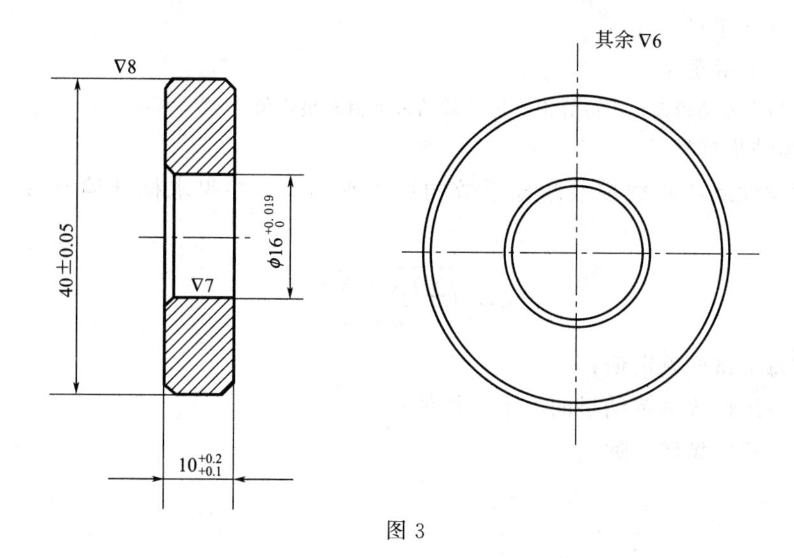

图 3

6 试验步骤

6.1 圆环应清除油污，贮存于干燥缸内以防生锈。

6.2 试样经状态调节后用感量为 0.1 毫克的分析天平称取其质量（m_1）。

6.3 把试样装进夹具，摩擦面用角尺校正并使它与圆环的交线处于试样正中。装好摩擦力矩记录纸，开机校好零点。

6.4 再次用乙醇、丙酮等不与塑料起作用的溶剂仔细清除试样和圆环上的油污，此后不准再用手接触试样和圆环的表面。

6.5 平稳地加荷至选定的负荷值。

6.6 对磨 2 小时后停机卸负荷，取下试样和圆环，清理试样表面后，用精度不低于 0.02 毫米的量具测量磨痕宽度，或在试验环境下存放 1 小时后称取试样质量（m_2）。

7 结果计算

7.1 单个试样的结果计算

7.1.1 本标准以磨痕宽度来表征磨损量。测量三点，取平均值，各点之差不得大于 1 毫米。在需要时，也可用体积磨损表示磨损量。

体积磨损 V（厘米^3）可用式(1) 计算：

$$V=\frac{m_1-m_2}{\rho} \tag{1}$$

式中 m_1——试验前试样的质量，g；

m_2——试验后试样的质量，g；

ρ——试样在 23℃时的密度，g/cm^3。

7.1.2 摩擦系数μ可用式(2) 计算：

$$\mu=\frac{M}{rF} \tag{2}$$

式中 M——趋向稳定的摩擦力矩，kg·cm；

F——试验负荷，kg；

r——圆环半径，cm。

结果取二位有效数字。

注：如果摩擦力波动较大，则应算出摩擦系数的最大值和最小值。

7.2 一组试验结果计算

计算磨痕宽度或体积磨损及摩擦系数的算术平均值。如果求标准偏差 S，可用式(3)计算：

$$S=\sqrt{\frac{\sum(X-\overline{X})^2}{n-1}} \tag{3}$$

式中 X——每个试样测定值；

$\overline{X}$——一组试样测定结果的算术平均值；

n——测定的试样个数。

8 试验报告

试验报告应包括下列内容：

a. 塑料名称、规格、牌号、生产厂；

b. 试样的制备方法，摩擦表面状况，测定的试样个数；

c. 环境温度、湿度及状态调节条件；

d. 圆环材质、硬度、光洁度和外径尺寸；

e. 试验负荷；

f. 试验结果：磨痕宽度或体积磨损及摩擦系数的测定结果；

g. 试验日期、人员。

附加说明：

本标准由中华人民共和国化学工业部提出，由全国塑料标准化技术委员会物理力学方法委员会归口。

本标准由上海市塑料研究所、一机部上海材料研究所负责起草。

本标准主要起草人王麟书。

附录 2　中华人民共和国国家标准
塑料轴承极限 PV 试验方法

本标准适用于测定塑料及有塑料覆盖层滑动轴承的干摩擦和油润滑极限 PV 值。

1　术语定义

1.1　塑料轴承 PV 值

塑料轴承压强与轴在轴承表面相对滑动线速度之积。

1.2　塑料轴承极限 PV 值

在一定滑动速度下，塑料轴承所能承受的压强有一极限值，该极限压强（P）和滑动线速度（v）之积称为塑料轴承极限 PV 值。

2　试样

2.1　试样为塑料轴承和钢轴套组成的一对摩擦副。见图 1。塑料轴承和钢轴套的尺寸见图 2 和图 3。

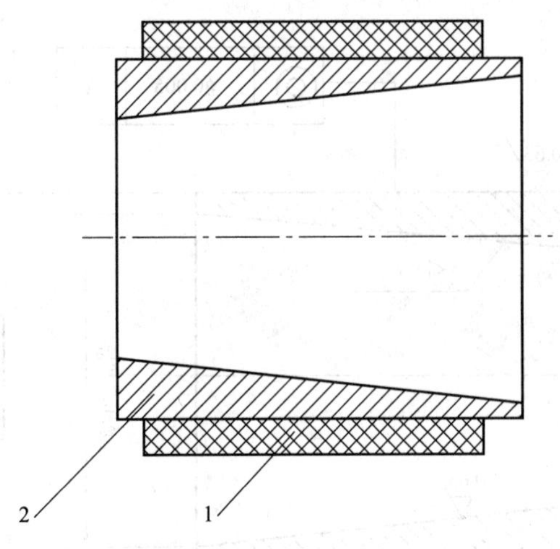

图 1　塑料轴承和钢轴套

1—塑料轴承；2—钢轴套

2.2　塑料轴承采用注塑或模压等方法成型，必要时可以机加工，要求被试表面光滑，粗糙度 $Ra=2.5\mu m$，同时要求材质无气泡、裂纹、分层、明显杂质和加工损伤等缺陷。塑料轴承内径的测量须装入轴承座后进行。

2.3　钢轴套材料为 45 钢，经淬火、回火，使表面硬度达 HRC43-47。钢轴套外径 $\phi 35mm$ 的公差不同塑料要求的不同配合间隙确定，配合间隙参照表 1。

表 1　　mm

材料 / 轴径	尼龙 66	聚甲醛	聚四氟乙烯	塑料-青铜-钢背三层复合自润滑材料
35	0.15～0.20	0.25～0.41	0.25～0.45	0.06～0.12

2.4　每组试样不少于 5 对。

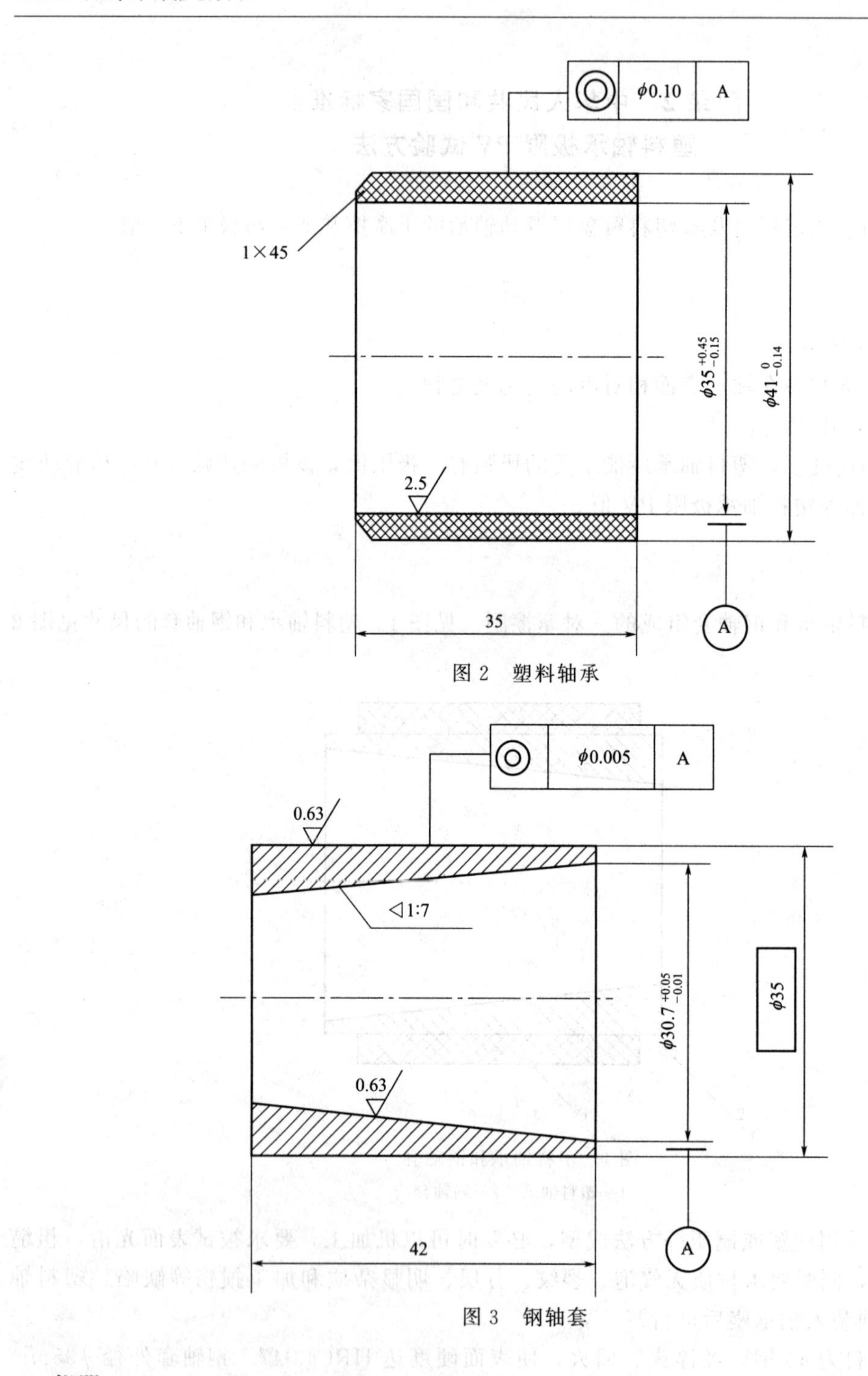

图 2　塑料轴承

图 3　钢轴套

3　仪器

使用具有下列结构和性能的滑动轴承试验机。

3.1　传动系统，能保证钢轴套以给定的转速旋转，转速精确到5%以内，并要求钢轴套安装部位轴的径向跳动小于0.01mm。

3.2　加载系统，能对试样施加稳定的径向载荷，精确到2%以内。

3.3　测定和记录系统。

3.3.1 测定和记录磨损，其随机均方根差小于3%。
3.3.2 测定和记录摩擦力矩，其随机均方根差小于2.5%。
3.3.3 测定和记录温升，用直径ϕ0.5mm的铜-康铜热电偶装入塑料轴承内，并距轴承内表面0.5～1mm处测温，误差小于5℃。

4 状态调节和试验环境

按GB 2918-82《塑料试样状态调节和试验的标准环境》进行状态调节，试样放置时间不少于24h。

5 试验步骤

5.1 采取定速变载的试验方法。
5.2 根据使用要求轴和轴承表面相对滑动线速度可从下列范围内选择（见表2），误差小于5%。

表2 m/s

0.25	0.50	0.75	1.00	1.25	1.50
1.75	2.00	2.25	2.50	2.75	3.00

5.3 将按4章完成状态调节后的塑料轴承安装到试验机的轴承座（1）（如图4所示），拧动螺母压紧，用精度不低于0.01mm的量具测量并记录内径尺寸。
5.4 将钢轴套安装到试验机的主轴上，拧动螺母压紧，用精度不低于0.01mm的量具测量并记录钢轴套的外径尺寸，并用千分表测量钢轴套径向跳动，应小于0.02mm。
5.5 用于塑料轴承不发生化学作用的溶剂（例如乙醇、丙酮等）清除试样表面油污。
5.6 装有塑料轴承的轴承座（1）、（2）套到钢轴套上，见图4，用手转动试验机主轴，在旋转无障碍后启动电动机。

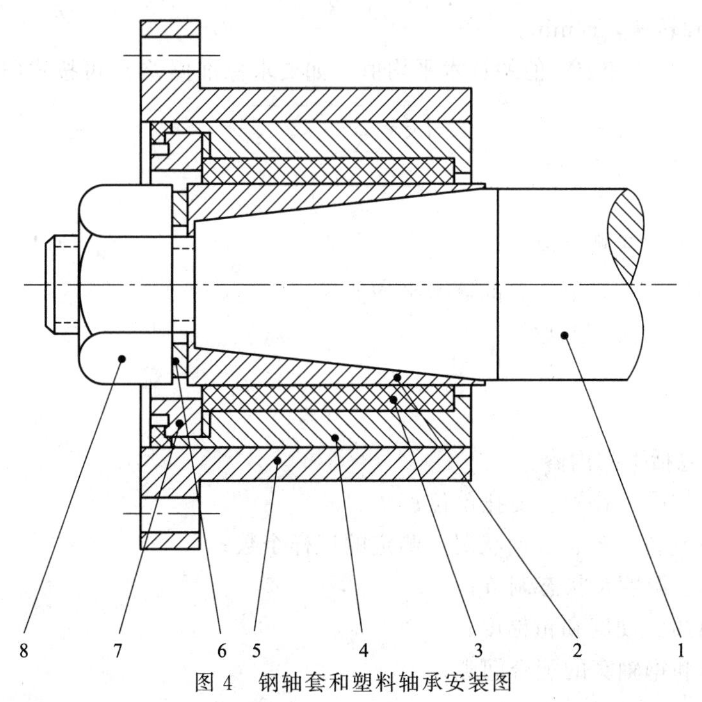

图4 钢轴套和塑料轴承安装图

1—主轴；2—钢轴套；3—塑料轴承；4—轴承座（1）；5—轴承座（2）；6—垫圈；7—压紧螺母；8—螺母

5.7 调整到5.2条件选定的滑动线速度，施加估计极限负荷[②]的20%～30%径向负荷，跑和30min，然后每隔10min增加极限负荷的20%，直至出现下列情况之一，试验终止。

① 本标准推荐采用MPV-1500型滑动轴承试验机。

② 估计极限负荷可凭经验确定，若无法确定时，应做1～2个试样的摸索试验。

a. 摩擦力或温升剧增；

b. 磨损量达到被检材料的极限值；

c. 温升达到被检材料的限定值。

6 结果计算

6.1 极限压强按式(1) 计算：

$$P=\frac{W}{Ld} \tag{1}$$

式中 P——极限压强，N/mm^2；

L——塑料轴承长度，mm；

d——塑料轴承内径，mm；

W——极限负荷，N。

极限负荷的取法，符合5.7a. 时，前一级负荷增加10%为极限负荷，符合5.7b. 和5.7c. 时，此级负荷即为极限负荷。

6.2 极限压强（P）乘以钢轴套在塑料轴承表面相对滑动线速度（v，m/s）即得极限PV值，滑动线速度可按式(2) 计算。

$$v=\frac{\pi Dn}{60\times 1000} \tag{2}$$

式中 D——钢轴套外径，mm；

n——主轴转速，r/min。

6.3 计算极限压强P和PV值的算术平均值。如要求标准偏差S可按式(3) 计算：

$$\sqrt{\frac{\sum_{i=1}^{a}(X_i-\overline{X})^2}{a-1}} \tag{3}$$

式中 X_i——每个试样测定值；

$\overline{X}$——一组试样测定结果的算术平均值；

a——测定的试样个数。

7 试验报告

试验报告应包括下列内容：

a. 塑料轴承材质、牌号、委托单位；

b. 塑料轴承制备工艺、表面状况、测定的试样个数；

c. 环境温度、湿度及状态调节；

d. 钢轴套材质、硬度和粗糙度；

e. 塑料轴承和钢轴套的配合间隙；

f. 润滑方式；

g. 塑料轴承和钢轴套表面相对滑动线速度；

h. 试验结果：极限压强（P）和极限 PV 值（符合 5.7b. 或 5.7c. 时，须注明磨损量或温升值）；

i. 试验单位、人员、日期。

附加说明：

本标准由中华人民共和国国家机械委员会提出，由上海材料研究所归口；

本标准由上海材料研究所、合肥工业大学负责起草；

本标准主要起草人宋振玲、桂长林。

附录 3 中华人民共和国国家标准

塑料滚动磨损试验方法

GB/T 5478—2008/ISO 9352:1995（代替 GB/T 5478—1985）

前　言

本标准等同采用国际标准 ISO 9352:1995《塑料——磨轮法耐磨损的测定》。

本标准等同翻译与 ISO 9352:1995。

为便于使用，本标准做了下列编辑性修改：

——把“本国际标准”一词改为“本标准”；

——用小数点“.”代替作为小数点的逗号“,”；

——删除了 ISO 的前言，增加了国家标准前言；

——对于 ISO 6980-1：2006 引用的国际标准中，有被等同采用为我国标准的用我国标准代替，其余未有等同采用为我国标准的，在标准中均被直接应用。

本标准代替 GB/T 5478—1985《塑料滚动磨损试验方法》；本标准与 GB/T 5478—1985 相比主要变化如下：

——增加了“原理”一章；

——修改了磨轮的定义；

——增加了使用范围“不适用于泡沫材料或涂料”；

——增加了磨轮选择表 1；

——将转动圆盘上端面跳动由“0.1mm 以下”改为“不超过 0.05mm”；

——转动圆盘中心线与磨轮中心线之间的距离由“20.0mm±0.2mm”改为“19.1mm±0.1mm”；

——将转动圆盘轴中心线与磨轮外侧之间的距离由“39.5mm±0.2mm”改为“38.9mm±0.2mm”；

——删除了磨轮安装轴的直径和磨轮安装臂长的规定；

——增加了“转盘直径应为 100mm”；

——简化了“加荷砝码”负荷值的具体规定；

——修改了转动圆盘与磨轮安装位置图；

——将橡胶磨轮外径由“49.5mm－51mm”改为“51.6mm±0.02mm”；

——将橡胶磨轮厚度由“13.0mm±0.2mm”改为“12.7mm±0.1mm”；

——增加了磨轮橡胶层的规定应为“6mm 厚的硬度在 50IRHD 到 55IRHD 的硫化橡胶层”；

——删除了磨轮质量指标的具体规定；

——将试样的厚度规定由“0.5mm 到 5mm”改为“0.5mm 到 10mm”；

——将试样数规定由“每组试样不少于 5 个”改为“每组试样不少于 3 个”；

——将状态调节时间由“24h”改为“48h”；

——删除了试验步骤中关于修磨步骤的内容；

——将试验步骤中“用感量为 0.1mg 的分析天平称取其质量”改为“测量原始数据”；

——将试验步骤中吸入孔与试样之间的距离“约为 3mm”改成“1.5mm±0.5mm”；

——将试验步骤中“每组试样连续试验1000r”改为由不同情况规定试验转数；

——增加了结果表示中试样性能变化和表面损伤时的结果表述；

——试验报告中增加了磨损评定方法；

——增加了附录A。

本标准的附录A为规范性附录。

本标准由中国石油和化学工业协会提出。

本标准由全国塑料标准化技术委员会塑料树脂通用方法和产品分会（SAC/TC 15）归口。

本标准起草单位：中石化北化院国家化学建筑材料测试中心（材料测试部）。

本标准参加起草单位：国家合成树脂质量监督检验中心，国家塑料制品质检中心（北京），广州金发科技有限公司。

本标准主要起草人：游欢、刘玉春、张振、黄正安、王秀娴、李建军。

本标准所代替标准的历次版本发布情况为：

——GB/T 5478—1985。

塑料滚动磨损试验方法

1 范围

本标准规定了塑料滚动磨损试验的方法。

本标准适用于测定塑料板、片材试样滚动磨损性能。

本标准不适用于泡沫材料或涂料。

2 规范性引用文件

下列文件中的条款通过本标准的引用而成为本标准的条款。凡是注日期的引用文件，其随后所有的修改单（不包括勘误的内容）或修订版均不适用于本标准，然而，鼓励根据本标准达成协议的各方研究是否可使用这些文件的最新版本。凡是不注日期的引用文件，其最新版本适用于本标准。

GB/T 2918—1998 塑料试样状态调节和试验的标准环境（idt ISO 291:1997）

GB/T 6031—1998 硫化橡胶或热塑性橡胶硬度的测定（idt ISO 48:1994）

GB/T 17037.1—1997 热塑性塑料材料注塑试样的制备 第1部分：一般原理及多用途试样和长条试样的制备（idt ISO 294-1:1996）

ISO 293:1986 塑料——热塑性压塑试样的制备

ISO 295:1974 塑料——热固性模塑料压塑试样的制备方法

ISO 2818:1994 塑料——试样的机加工制备

ISO 6508:1981 金属布氏硬度试验

ISO 6507-1:1982 金属维氏硬度试验

3 术语和定义

下列术语和定义适用于本标准。

3.1 磨轮

使塑料产生磨损所用的较小砂轮或带有砂纸的轮。

3.2 磨损

由于磨轮的刮擦作用导致塑料材料接触面的材料损失。

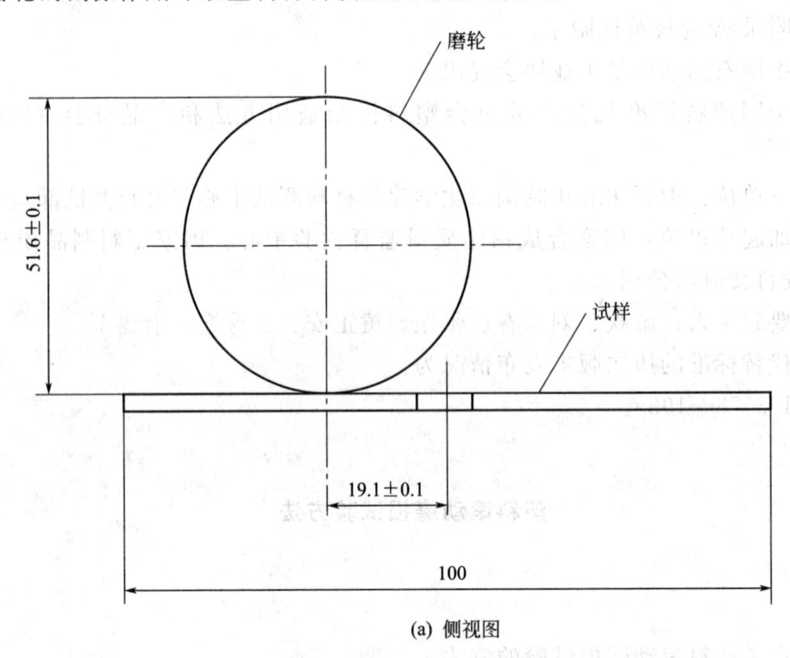

(a) 侧视图

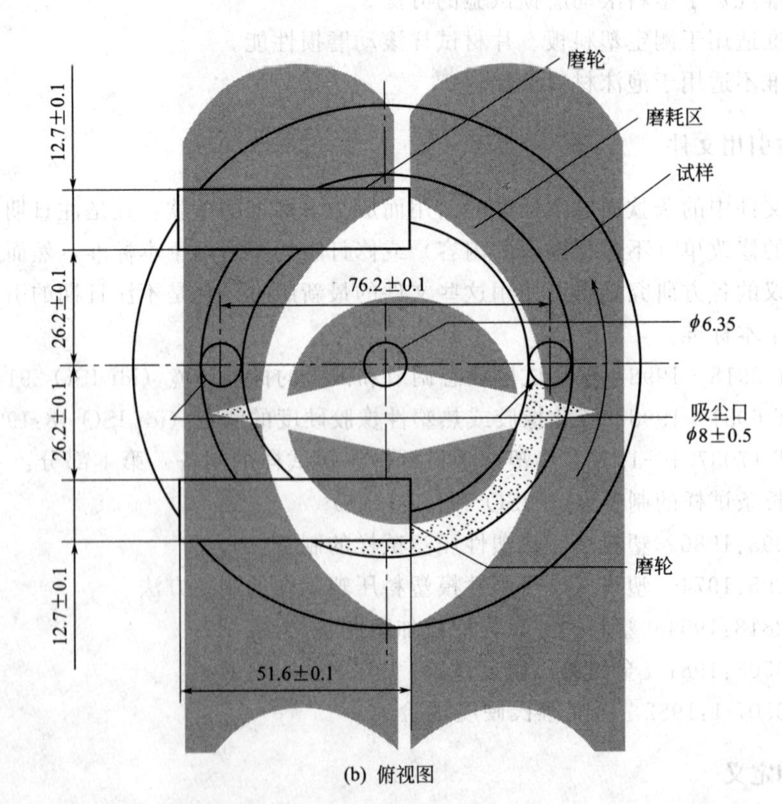

(b) 俯视图

图1 转动圆盘与磨轮安装位置

4　原理

在两个磨轮上施加定量的负荷并使其与试样接触，试样经过规定次数的摩擦后，产生磨损，再以适宜的方法进行评价（例如：质量磨损、体积磨损、光学性能的变化等）。

5　试验设备

5.1　滚动磨损试验仪

试样放在电动转台上。两个磨轮都可以在轴向自由旋转并在一定的位置以一定的负荷与试样接触。图 1 说明了不同组成部分的相对位置，设备应满足下列要求。

5.1.1　转动圆盘应平坦且定轴旋转，在 45mm 半径圆内，任何一点在垂直方向上的跳动不超过 0.05mm，转盘直径应为 100mm，60Hz 时转速是 72r/min，50Hz 时转速是 60r/min。

5.1.2　磨轮固定在安装臂上，安装的磨轮应能自由旋动，如滚轴轴承。安装臂长的磨轮应是同轴的，投影到转动圆盘的水平面上的投影线与圆盘轴线距离为 19.1mm±0.1mm。

两磨轮内侧的距离为 52.4mm±0.2mm。

每个安装臂都可以安放砝码。磨轮外形为圆柱体。磨轮中有一轴向的孔，以使磨轮固定在安装臂上。

5.1.3　磨轮应满足下列条件之一

a）由摩擦材料制成，轮的厚度为 12.7mm±0.1mm，新的磨轮外径为 51.6mm±0.1mm，修磨后使用的磨轮最小外径不得小于 44.4mm。

b）带有 6mm 厚的硬度在 50IRHD 到 55IRHD 的硫化橡胶层的金属轮（见 GB/T 6031—1998），表面粘贴砂纸并没有孔隙或重叠。磨轮厚度为 12.7mm±0.2mm，直径为 51.6mm±0.2mm。砂纸宽度应在相关材料或产品标准中有所规定。

应按照相关材料或产品标准来选择磨轮，参考表 1 选择合适的磨轮，如果需要表征磨轮的磨耗性，则应按附录 A 的内容进行测试。

表 1　磨轮列表

名称列表	轮的类型	组成成分	推荐负载范围/N	磨损作用	磨粒大致尺寸（磨粒的数量/cm^2）
CS10	有弹性	橡胶和抛光粉	4.9～9.8	轻微	1420
CS10F	有弹性	橡胶和抛光粉	2.5～4.9	很轻微	1420
CS17	有弹性	橡胶和抛光粉	4.9～9.8	力度大	645
H10	没有弹性	陶瓷	4.9～9.8	粗糙	1160
H18	没有弹性	陶瓷	4.9～9.8	中度粗糙	1160
H22	没有弹性	陶瓷	4.9～9.8	非常粗糙	515
H38	没有弹性	陶瓷	2.5;4.9;9.8	非常粗糙	5785

注：1. 一般情况下，“CS”系列的轮应使用在测试柔性样品上，“H”系列的轮应使用在钢性样品上。

2. CS10F 轮会因橡胶的老化而失效，特别是在富氧环境下，因此应该在磨轮的产品有效期内使用。

3. 当重新修磨时，对 CS10、CS10F 和 CS17 轮的优选转数是 25～50。

4. 两个不同的磨轮，甚至是相同类型的磨轮，其结果也可能不具可比性。

5.1.4 吸尘装置用来清理磨耗碎屑，吸尘装置有两个吸气管，管口位于试样的磨耗区上，其中一个管口固定在磨轮之间，另一个应固定在磨耗区上的对称处（见图 1）。每个管口内径为 8mm±0.5mm。试样到管口的距离应为 1.5mm±0.5mm。
当吸尘管口在工作位置时，吸尘装置吸力应是 1.5～1.6kPa。

5.1.5 仪器配备一个在达到预定转动次数时能停止试验的装置。

5.1.6 为了测试薄片试样或柔软塑料，应配备环形夹具，以确保试样能固定在转盘上。

5.2 试验环境调节设备

按照 GB/T 2918—1998 能使试验环境保持在温度为 23℃±2℃。相对湿度为 50%±10%。

5.3 标准锌板

用以校准磨轮的磨耗性（见附录 A）。

5.4 加荷砝码

用对每个磨轮施加负荷。

5.5 修磨仪

整修磨轮外圈的装置。

5.6 评定磨耗的仪器

根据相关材料或产品要求选择。

6 试样

6.1 形状及尺寸

6.1.1 试样应该

——表面光滑、平整、无气泡、无机械损伤及杂质等；

——直径应为 100mm 的圆形，当不使用环形夹具时，可用边长 100mm 的正方形制成八边形试样。

6.1.2 每组试样不少于三个，试样厚度应均匀且在 0.5～10mm 之间。

6.2 试样制备

试样可以按照 ISO 293，GB/T 17037.1，ISO 295 以模塑方式制得，也可以按照 ISO 2818 以机加工形式制得。

6.3 试样清洁

测试样品的表面可用适宜的中性挥发溶剂或中性洗涤液来清洗，可按相关材料或产品标准或相关各方约定来选用。

警告：在按 8.1 和 8.3 规定的操作过程中，注意不要污染试样表面，如：在于手指接触时带上油。

6.4 试样数量应由相关材料或产品标准规定。在没有规定的情况下，不少于 3 个。

7 状态调节

状态调节按相关材料或产品标准要求或 GB/T 2918—1998 进行，温度为 23℃±2℃。相对湿度为 50%±10%，调节时间不少于 48h。

注：一些标准里也规定了砂轮和砂纸的状态调节。

8　试验步骤

8.1　试样在温度23℃±2℃。相对湿度为50%±10%的环境下进行。
8.2　每个试样都要按照相关材料或产品标准（见8.3警告）测量原始数据，例如试验前试样的厚度、质量、光泽度等。
8.3　把试样安放在转动圆盘上。
警告：在按8.2和8.3规定的操作过程中，注意不要污染试样表面，如：在于手指接触时带上油。
8.4　将磨轮安装到仪器上，避免接触磨耗区。放下安装臂，并轻轻将磨轮放置在试样上。磨轮（砂轮或砂纸）的磨耗性可按附录A中的步骤进行校验。使用砂轮时，应使修磨仪修磨完表面后再进行校验。
8.5　加荷砝码调节磨轮负荷到指定值，指定值是由相关材料或产品标准规定的。
8.6　调节吸尘装置位置。
8.7　设定转数值

按材料或产品标准或各方协商约定的值来设定转数值，所使用的仪器可见5.1.5（也可见8.9的注）。

8.8　打开转台开关，使试样转动，同时打开吸尘装置。
8.9　当达到规定转数时，停止设备，取出试样并按相关材料或产品标准测量。

注：有的标准不会规定转数值，但应周期性检查表面磨损情况，当达到特定的磨损极限时停止试验。

8.10　当使用砂轮时，试验前都应用修磨机修磨砂轮，确保磨面是圆柱形且磨面和侧面的边界是锐利的，并没有任何曲率半径。

当使用砂纸时，每运转500r后、填塞或摩擦能力损失，砂纸都应被替换。砂纸填塞是由于试样材料依附在砂纸上造成的。当试样为软质材料、蜡状材料时，每25r观察一次砂纸，在其他情况下，每50r或100r观察一次砂纸。

砂轮很少会因填塞而受到影响，应每50～100r检查一次（需要时可用金属刷清理）。

9　结果表示

试验结果应用下列方式中的一种表示：

a）当达到规定转数后，以试样一种性能的变化来表示，例如厚度的改变、质量的改变、光泽度的变化，在这种情况下，应计算试样平均值。

b）达到特定表面损坏的转数，试验旋转量以25r最接近的倍数来表示。

c）在特定的条件下，测定密度相近的材料时，以质量损失表示，单位为kg/1000r表示。

d）当比较不同密度的材料时，可以用体积损失表示，单位为mm^3/1000r表示。

10　精密度

因未得到实验室间试验数据，因此还不知道试验方法的精密度。此方法的精密度将按照评定磨耗的方式来确定。当评定质量磨耗、体积磨耗，光学性能改变时，会得到不同的结果，在得到实验室间数据前，此方法不适合在特定的或结果有争议的情况下使用。

11 试验报告

试验报告应包括下列内容：

a）说明采用本标准或相关材料标准；

b）材料或产品的详细说明；

c）所使用磨轮类型（小砂轮或砂纸）的详细说明，如需要测定磨耗性，应按附录A中所描述的要求来测量；

d）试样表面的清洁方法；

e）试样负荷及转速；

f）当试验结果不是以转数表示时，注明设定的旋转量；

g）测定的单个值，平均值和损耗评定方法；

h）所有其他试验说明（砂纸变化、清洁情况、状态调节）。

附录A
（规范性附录）
磨轮磨耗性的测定

磨轮的磨耗性应按相关材料或产品标准来测定，是以一定的旋转次数以后标准锌板损失的量来表征的。

A.1 标准试样

标准试样是一块锌板（纯度至少99%），厚度为0.7～0.8mm，并在200℃下预处理60min。

根据GB/T 4340.1—1999测量，样品表面的维氏硬度应是42HV100±2HV100或者对应的依据GB/T 231.1—2002测量得到的布氏硬度值。

A.2 试验步骤

用丙酮清洁标准试样，称量标样，精确到1mg，按上述标准的试验步骤进行。试验负荷和旋转量应在相关材料或产品标准中规定。在此类说明的情况下，使用负荷4.9N和1000r进行试验。

测试以后，再次称量试样，精确到1mg。

A.3 结果表述

磨轮的磨耗性（砂轮或砂纸）应以磨损量来表征，磨损量是以旋转1000r时所损失的质量或体积来表示或按相关材料或产品标准来规定的。

A.4 校准频率

A.4.1 对砂轮而言，建议在首次试验时进行磨轮的校准，并每隔三个月进行一次校准。每次校准后，砂轮都应用修磨仪修磨表面。

A.4.2　对砂纸而言，校准应用有代表性的试样来完成，首次试验应用砂纸未使用的部分。建议在首次试验时进行磨轮的校准，并每隔三个月进行一次校准，或按相关材料或产品标准进行校准。

附录4 中华人民共和国石油化工行业标准
液体润滑剂摩擦系数测定法
(MM-200法)
SH/T 0190-92 代替 ZB E34 008-87

1 主要内容与适用范围

本标准规定了用MM-200磨损试验机测定轧制油、拉延油、乳化油及其相似的液体润滑剂摩擦系数的具体方法。

本标准适用于测定轧制油、拉延油、乳化油及其相似的液体润滑剂的摩擦系数。

2 引用标准

GB 443 L-AN 全损耗系统用油

GB 1922 溶剂油

3 方法概要

利用安装在试验机上一对直径不同、转速不同的球面钢制试辊，在接触面间加入试样，两个试辊处于滚动滑动复合摩擦的条件下，通过对试辊施加负荷而得到摩擦力矩，进而计算出试样的磨损系数。

4 仪器与材料

4.1 MM-200磨损试验机

本试验机由转速分别为2870r/min±20r/min和1440r/min±10r/min的双速电动机带动，试验机压力负荷范围为0～1960N（0～200kgf)。上试辊转速：高速时为360r/min，低速时为180r/min；下试辊转速：高速时为400r/min，低速时为200r/min。试验机上备有压力负荷值指示标尺和摩擦力矩值指示标尺（见图1)。

4.2 试辊

上、下试辊为圆环状，接触面为曲率半径与圆环最大半径相等的球面，上辊直径为39.95～40mm，下辊直径为50.75～50.8mm，辊厚为10mm±0.2mm。内孔径为16～16.015mm（见图2)。

试辊材质为40CrMnMo，硬度HRC48-54，粗糙度要求：摩擦面0.4、内孔0.6、侧面1.6。

4.3 恒温水浴

最高使用温度为：95℃。进出口循环水管用$\phi 7\times 2$的乳胶管与$\phi 6\times 1$的紫铜管制成的加热盘管相连接，盘管大小以能方便进出油盒为准。

4.4 油盒及油盒罩（见图3、图4)。

4.5 搅拌桨（见图5)。

4.6 电吹风机：220V、450W。

4.7 金相砂纸：W10号。

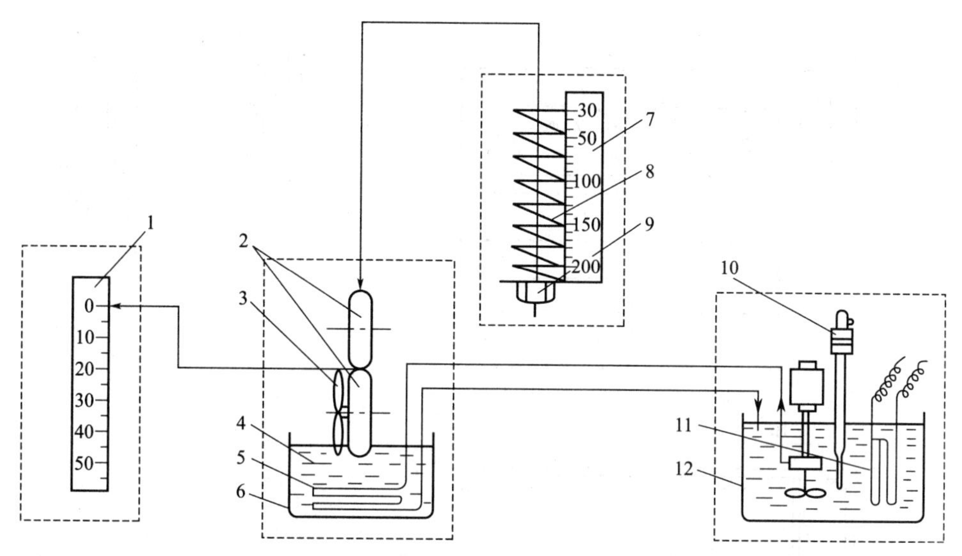

图 1　MM-200 磨损试验机测定摩擦系数示意图

1—摩擦力矩标尺；2—上下试辊；3—搅拌桨；4—试样；5—加热盘管；6—油盒；
7—负荷指示标尺；8—加载弹簧；9—加载螺母；10—接点温度计；11—电加热盘管；12—恒温水浴

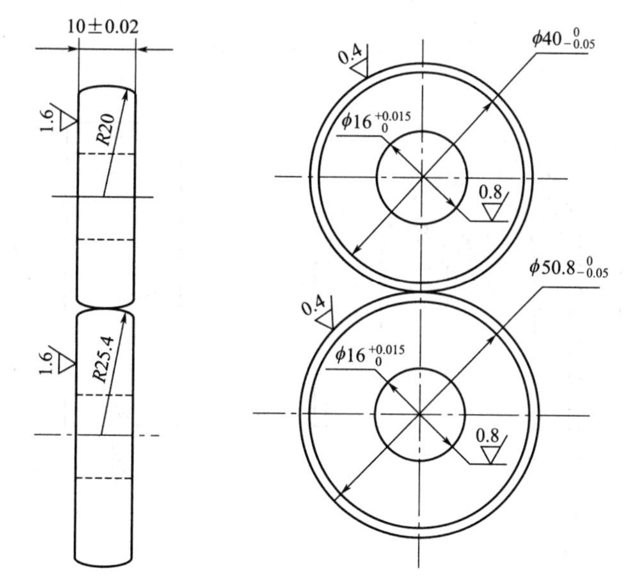

图 2　上、下试辊

材质：40CrMnMo，硬度：HRC48-54

4.8　机械油：符合 GB 443 中的 N32。

5　试剂

5.1　溶剂油：符合 GB 1922 中 190 号。

5.2　石油醚：60～90℃，分析纯。

6　准备工作

6.1　用 190 号溶剂油清洗上下试辊、油盒、油盒罩、搅拌桨以及加热盘管等与试样相接触

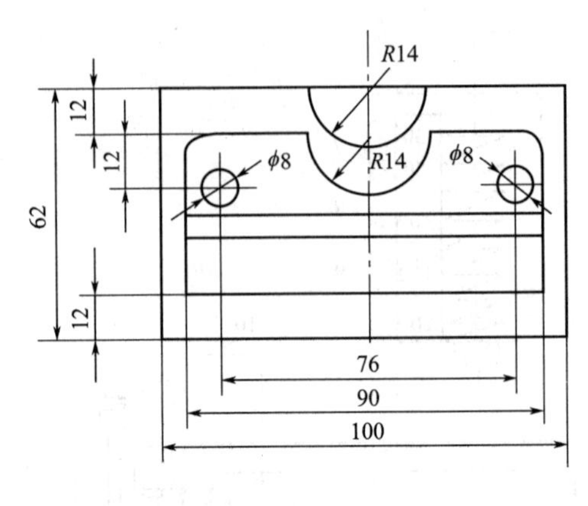

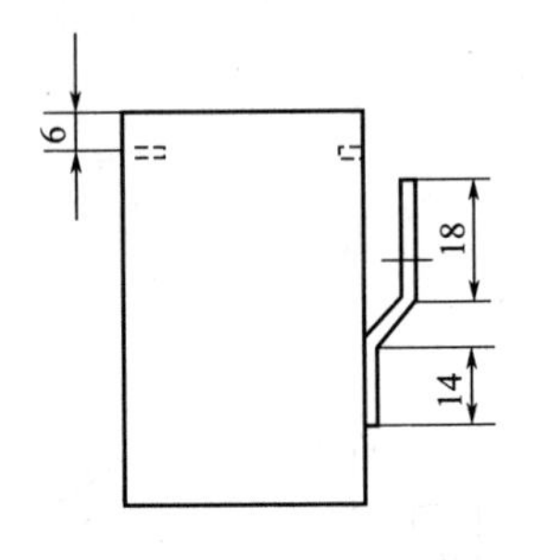

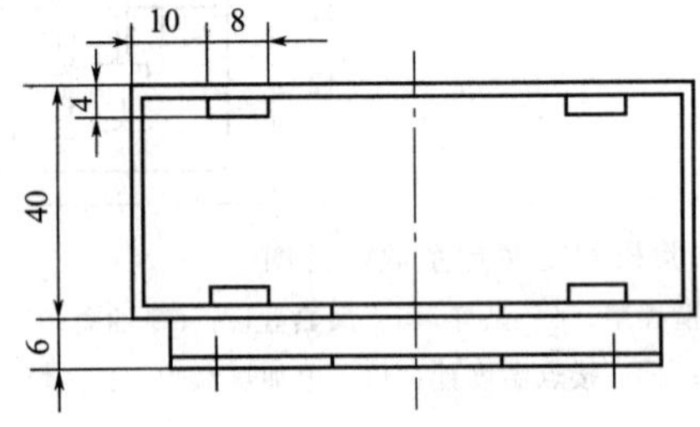

图 3　油盒

材质：镀锌铁皮，厚度：0.75mm

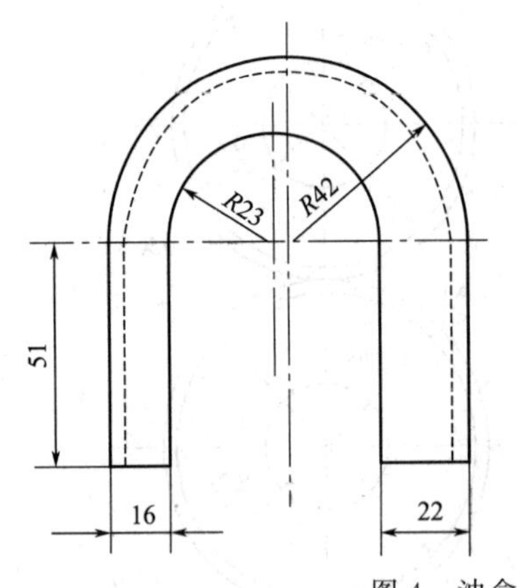

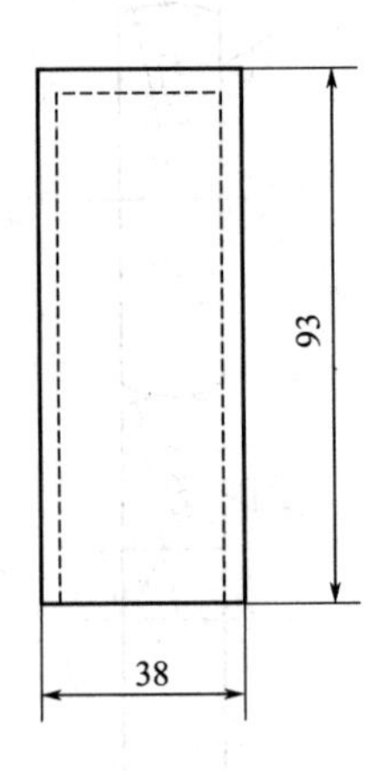

图 4　油盒罩

材质：有机玻璃，厚度：3mm

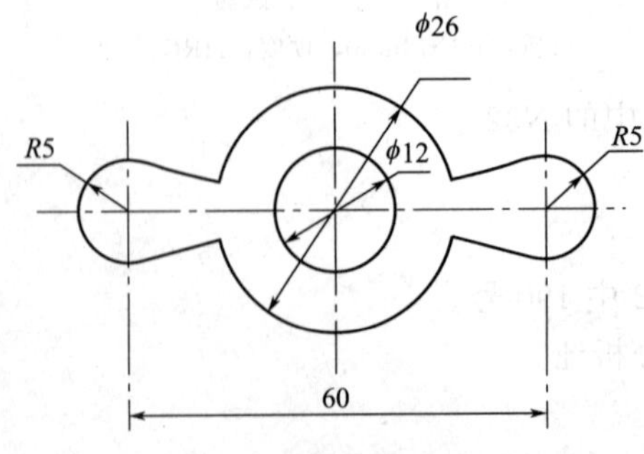

图 5　搅拌桨

材质：镀锌铁皮，厚度：0.75mm　两叶片按顺时针旋转 30 度

的部件，再用石油醚清洗一次，然后用电吹风机吹干。

6.2 更换使用新试辊时，需用W10号金相砂纸在试验机低速条件下对上下试辊的球面研磨5min，再在1960N（200kgf）负荷下，用N32号机械油为润滑剂磨合30min，用参考油标定后，方可正式做试验。

6.3 检查恒温水浴水面高度，连接好加热盘管，调整接点温度计至规定温度，接通电源加热开关，并启动电动泵开关，使水循环。

7 试验步骤

7.1 将加热盘管放进油盒中，把油盒安装在试验机上，将约180mL摇动均匀的试样倒入油盒中，使下试辊浸入试样3mm深左右。

注：测定油类润滑剂摩擦系数时，如果试样量少于180mL，也可以采用涂油的方法，即用干净的滤纸把试样涂在上下试辊上，所测得的摩擦系数值同样可靠，但室温应在规定试验温度范围内。

7.2 连接加载机构，用手调节上部加载螺丝，使上下试辊相距约2mm，安装好油盒罩。

7.3 当试样温度升到规定温度后，启动电动机，并按下列要求选择试验条件：

测油类润滑剂的摩擦系数：转速选用低速挡，上辊转速为180r/min，下辊转速为200r/min，试验温度为25℃±10℃。

测乳化液的摩擦系数：转速选用高速挡，上辊转速为360r/min，下辊转速为400r/min，试验温度为40℃±2℃。

7.4 用加载扳手连续不停地施加负荷，要求在3min内加到1960N（200kgf），分别记录490N（50kgf）、980N（100kgf）、1470N（150kgf）和1960N（200kgf）负载下的摩擦力矩值。1960N负荷下保持1min后再记录一次摩擦力矩值，观察摩擦力矩变化情况（试验记录表格见表1）。

表1 MM-200磨损试验机试验记录表

试样编号：		试验日期：
试样名称：		室温，℃：
委托单位：		试验人员：
负荷/N	摩擦力矩/（N·cm）	摩擦系数 μ
490		
980		
1470		
1960		
1960（1min后）		
试验温度，℃		
转速，r/min		
备注		

7.5 摩擦力矩值记录后，用加载扳手卸下负荷，关机，停电。

7.6 取下油盒，倒出试样，油盒、试辊和加热盘管按规定程序先用溶剂油，然后用石油醚清洗干净，再用电吹风机吹干，以备下次试验用。

8 结果计算

8.1 按刚加至1960N（200kgf）负荷下记录的摩擦力矩值计算试样的摩擦系数。

8.2 试验的摩擦系数值μ，按下式计算：

$$\mu=\frac{M}{PR}$$

式中 M——摩擦力矩，N·cm；

P——负荷，N；

R——下试辊半径，cm。

由于试验负荷P为1960N，下试辊半径为2.54cm，故计算摩擦系数的公式可简化为下式：

$$\mu=0.000201M$$

9 精密度

按下述规定判断试验结果的可靠性（95%置信水平）。

9.1 重复性

同一操作者，按规定的试验条件，在同台试验机上连续时间内测定同试样的两次结果之差，不大于平均值的3%。

9.2 再现性

不同操作者，按规定的试验条件，在两台试验室测定同一个试样的两次结果之差，不大于平均值的11%。

10 报告

10.1 报告被测试样的摩擦系数值，精确到0.001。

附录A
参考油样
（补充件）

使用新试辊或试辊做100次试验后，需用参考油样进行标定。参考油样有两种：A油、B油。

A油：大连石油化工公司生产，符合GB 443中N22要求。

B油：上海延安油脂厂生产的油酸，符合沪Q/HG-102-65《油酸》。

两种参考油的摩擦系数范围如下：

A油：低速为0.083±0.003；高速为0.075±0.003；

B油：低速为0.058±0.003；高速为0.049±0.003；

附加说明：

本标准由石油化工科学研究院技术归口。

本标准由洛阳石油化工工程公司炼制研究所负责起草。

本标准主要起草人范垂凡。

附录5 中华人民共和国石油化工行业标准
铁路柴油机油高温摩擦磨损性能测定法
（青铜-钢法） SH/T 0577-93

1 主题内容与适用范围

本标准规定了铁路柴油机油高温摩擦磨损性能测定法。

本标准适用于铁路柴油机油高温摩擦磨损性能的测定。

2 引用标准

GB 1787 洗涤汽油

GB 1922 溶剂油

3 方法概要

本方法包括A法和B法，试验者根据油品性能选用A法或B法。

3.1 A法

一个钢球紧压着三个固定在油杯内的青铜圆盘，在196N±2N负荷和600r/min±20r/min转速下旋转。钢球与青铜圆盘接触的几何形状与四球接触形式一样；在各级试验中接触点始终浸泡在润滑油中。试验从93℃±3℃开始，每增加28℃试验5min，共七级试验，最后一级试验温度为260℃±3℃。每级试验测量并记录摩擦系数，七级试验终了测量青铜圆盘磨斑直径并计算平均值。以最大摩擦系数与平均磨斑直径的乘积和出现最大摩擦系数时的温度评价试验油的高温摩擦磨损性能。

3.2 B法

本方法试验时，第一级试验温度为93℃±3℃，每增加28℃试验5min，共四级试验，最后一级试验温度为177℃±3℃。试验结果不含出现最大摩擦系数时的温度。其他均与A法同。

4 设备与材料

4.1 设备

4.1.1 试验机：使用A法时，试验油温度能加热到260℃±3℃；使用B法时，试验油温度能加热到177℃±3℃，有摩擦力测绘系统的磨损四球机。

4.1.2 显微镜：放大倍数25X，刻度分值为0.01mm。

4.2 材料

4.2.1 洗涤汽油：符合GB 1787要求。

4.2.2 石油醚：沸程60～90℃，分析纯；或溶剂油（符合GB 1922 90号要求）。

4.2.3 金相砂纸：型号02（M20）。

4.3 试件

4.3.1 试验钢球：四球机专用钢球，直径12.7mm。洛氏硬度HRC64-66。材质GCr15。

4.3.2 青铜圆盘：材质为高铅锡青铜（80/10/10连续浇铸青铜，铜78%～81%，锡9.3%～10.7%，铅8.3%～10.7%），直径6.35～6.4mm，厚度1.565～1.615mm，布氏硬

度在 HB90～100 之间，表面粗糙度 R_a 为 0.63～2.50μm，R_z 为 3.2～10μm，精密车床加工而成。

5 试验准备

5.1 试件准备

5.1.1 挑选三个青铜圆盘和一个钢球，依次用洗涤汽油和石油醚清洗，干燥空气吹干。与试样接触的夹具也要做同样的清洗帮助干燥。

5.1.2 安装青铜圆盘进入油杯孔中。允许沿圆周方向用金相砂纸打磨青铜圆盘，使其密切配合进入油杯孔中。

5.1.3 用清洁绸子拿取钢球装入上卡头内，并将上卡头装到主轴上。

5.1.4 将油杯装入加热室。

5.1.5 把试验油加入油杯中，使试验油覆盖到钢球与青铜圆盘接触点以上。

5.2 试验机准备

5.2.1 调整主轴传动系统，使转速能达到 600r/min±20r/min。

5.2.2 接通电源使试验机预热 15min。

5.2.3 校正摩擦力表（校正方法参照试验机说明书）。

5.2.4 调整记录仪（调整方法参照记录仪说明书）。

6 试验步骤

6.1 固定油杯，给试验件施加预压负荷 588N，用手驱动主轴旋转一周。

6.2 将负荷降到 196N±2N 的试验负荷。

6.3 调整定时器为 5min。

6.4 在温度控制器上按 6.9 条规定的试验温度顺序设置试验温度。

6.5 连接摩擦力测试系统。

6.6 当温度到达试验温度时，先启动摩擦力记录仪，再启动主轴电动机。当 5min 结束时试验机停止运转，记录最大摩擦力。

6.7 依次关闭记录仪、加热器和定时器。

6.8 重复 6.3～6.7 条步骤，进行下一级试验。

6.9 试验温度误差为±3℃，其顺序是：

A 法：93，121，149，177，204，232，260℃。

B 法：93，121，149，177℃。

6.10 完成最后一级试验后，卸去负荷，脱开温度和摩擦力测试系统，取下油杯，在油杯冷却后倒掉试验油。

6.11 从主轴上取下卡头，卸下钢球。

6.12 用洗涤汽油清洗油杯和青铜圆盘，用竹夹或木制夹清除磨斑周围铜屑，在显微镜下，沿磨斑条纹方向和垂直方向测量三个青铜圆盘的磨斑直径，记录六次测量结果。

6.13 用洗涤汽油和石油醚依次清洗上卡头、油杯和试验夹具，干燥空气吹干。

7 结果计算

7.1 将三个青铜圆盘磨斑直径的六次测量值做算术平均，以算术平均值作为平均磨斑直径。

7.2 用6.6条中记录的每级试验下的最大摩擦力乘以常数值并除以试验负荷得到摩擦系数。

注：常数值可以从试验机说明书中查找。

7.3 取7.2条计算的最大值作为最大摩擦系数。

7.4 用最大摩擦系数乘以平均磨斑直径得到摩擦评价级。

7.5 把最大摩擦系数所对应的该级试验温度，规定为出现最大摩擦系数时的温度。

8 报告

8.1 A法

8.1.1 青铜圆盘的平均磨斑直径，精确到0.01mm。

8.1.2 出现最大摩擦系数时的温度，精确到1℃。

8.1.3 摩擦评价级，精确到0.01mm。

8.2 B法

B法报告8.1.1和8.1.3两项。

9 精密度

用下列数值来判断结果的可靠性（95%置信水平）。

9.1 A法

9.1.1 重复性

同一操作者，在同一实验室使用同一试验机，对同一试验油连续测定两次结果之差，不应超过表1中的数值。

9.1.2 再现性

不同操作者，在不同实验室使用同类型试验机，对同一试验油测得两次结果之差，不应大于表1中的数值。

表1 精密度规定（A法）

试验结果	重复性	再现性	试验结果	重复性	再现性
平均磨斑直径/mm	0.22	0.35	摩擦评价级/mm	0.05	0.09
出现最大摩擦系数时温度/℃	28	84			

9.2 B法

9.2.1 重复性

同一操作者，在同一实验室使用同一试验机，对同一试验油连续测定两次结果之差，不应超过表2中的数值。

9.2.2 再现性

不同操作者，在不同实验室使用同类型试验机，对同一试验油测得两次结果之差，不应大于表2中的数值。

表2 精密度规定（B法）

试验结果	重复性	再现性
平均磨斑直径/mm	0.15	0.27
摩擦评价级/mm	0.05	0.09

附加说明：

本标准由兰州炼油化工总厂提出。

本标准由石油化工科学研究院技术归口。

本标准由兰州炼油化工总厂负责起草。

本标准主要起草人蔡继元。

编者注：本标准中引用标准的标准号和标准名称变动如下：

原标准号	现标准号	现标准名称
GB 1787	GB 1922	航空汽油

附录6　中华人民共和国石油化工行业标准
润滑脂摩擦磨损性能测定法
(高频线性振动试验机法)　SH/T 0721—2002

前　　言

本标准等效采用美国材料与试验协会标准 ASTM D 5707—98《润滑脂摩擦磨损性能测定法（高频线性振动试验机（SRV）法)》。

本标准的附录 A 是提示的附录。

本标准由中国石油化工股份有限公司提出。

本标准由中国石油化工股份有限公司石油化工科学研究院归口。

本标准起草单位：中国石油化工股份有限公司重庆一坪润滑油分公司。

本标准主要起草人：陈大鹏、田中利、颜自力。

1　范围

1.1　本标准规定了在高频线性振动下用高频线性振动试验机（SRV）测定润滑脂摩擦系数和磨损性能的方法。

1.2　本标准适用于在给定温度和负载条件下测定润滑脂摩擦系数和磨损性能。

本标准方法的试验条件为：室温－280℃温度范围，负荷 200N，频率 50Hz，冲程振幅 1.00mm，持续时间为 2h。如有特殊要求也可采用其他条件：负荷 10～1400N，频率 5～500Hz，冲程振幅 0.1～3.3mm。本试验方法的精密度是以规定参数和 50℃、80℃的试验温度为基础建立的。试验测定并报告试验球上的平均磨痕直径和摩擦系数。

注：平均磨痕直径是指按 9.11 条两次测量的平均值。

1.3　本标准也适用于测定其他液体润滑剂在上述条件下的摩擦系数和磨损性能。

1.4　本标准涉及某些有危险性的材料、操作、设备，但并不对与此有关的所有安全问题都提出建议。因此，用户在使用本标准前，应建立适当的安全防护措施，并确定措施的适用范围。

2　引用标准

下列标准包括的条文，通过引用而构成本标准的一部分。除非标准中另有明确规定，下述引用标准都应是现行有效标准。

DIN 17230　滚动轴承钢

DIN 51834　润滑剂试验：在振动摩擦试验机上的机械——动力试验。

3　术语

3.1　磨合

在新建立的摩擦副中出现的一种初始转变过程，常常伴有摩擦系数或磨损率的瞬变，或两者同时发生变化。这不代表摩擦系数的长期行为特征。

3.2　摩擦系数

两个物体间的摩擦力与压在这两个物体上的正压力之间的无因次比。

3.3　赫兹接触面积

两个不一致的固体互相挤压产生的表观接触面积，可用赫兹弹性变形方程式计算。

3.4　赫兹接触压力

在赫兹接触面积中任何指定位置的压力大小，可用赫兹弹性变形方程式计算。

3.5　润滑剂

加到两相对运动表面间能减小摩擦或降低磨损的物质。

3.6　润滑脂

将稠化剂分散在液体润滑剂中所形成的一种稳定的半液体到固体的产物。

注：稠化剂分散时形成一个两相系统，并通过表面张力和其他的物理力使液体润滑剂不流动，通常包含提供特殊性能的其他组成部分。

3.7　稠化剂

在润滑脂中，微小分散的颗粒组成的物质分散在液体润滑剂中能形成骨架结构。

注：不溶解或者最多只有少量溶解在液体润滑剂中的稠化剂可以是纤维状（如各种金属皂）或片状或球状（如一些非皂稠化剂）。对稠化剂的一般要求是固体颗粒要极小，均匀分散在能够与液体润滑剂形成相对稳定的凝胶状结构。

3.8　磨损

固体表面的一种损伤，由于表面与一个或多个接触物体之间的相对运动，使得材料逐渐损失。

3.9　R_a

用于测定表面粗糙度，在规定距离内从平均线到所有侧面点绝对距离的算术平均值。

3.10　R_z

用于测定表面粗糙度，在评定的长度中所有的 R_y 值（峰顶到峰谷高度）的平均值。

3.11　R_y

用于测定表面粗糙度，在粗糙剖面的一个取样长度内，最高峰顶部与最深谷底部之间的垂直距离。

3.12　SRV

振动、摩擦、磨损的德文首字符的组合。

3.13　卡咬

试件摩擦表面之间金属的局部熔化。

注：摩擦系数和磨损的增加或出现异常噪声和振动往往表明有卡咬发生。本方法中，摩擦系数的增加是通过记录器描绘的曲线从稳态升高来显示。

4　方法概要

4.1　本标准是在高频线性振动试验机（SRV）上用一个试验球，在恒定负荷下对着试验盘进行往复振动。

注：振动频率、振幅、试验温度、试验负荷及试验球盒试验盘材料等可以与本标准的规定不同。试验球通常产生赫兹点接触几何形状。若要得到线或面接触，可以用不同形状的试件代替试验球。

4.2　测定试验球的磨痕和摩擦系数。如果采用表面形貌测定仪，可通过测定试验盘上的磨痕获得附加的磨损信息。

5　意义和用途

本标准适用于测定在给定温度和负载条件下润滑脂的磨损性能和摩擦系数。特别适用于初始高赫兹点接触压力下并长期处于高速振动或停-开运动的润滑脂磨损性能和摩擦系数的测定。本标准适用于检验使用在汽车前轮驱动的恒速球节润滑脂和用于滚柱轴承的润滑脂。本标准使用者应确定试验结果与实际使用性能或其他应用之间是否有相关性。

6 仪器

6.1 高频线性振动试验机（SRV）如图1和图2所示。

6.2 显微镜：配备有刻线的目镜，刻度为0.01mm，或配备可读至0.01mm的测微计，应有足够的放大倍数以便测量，一般为1～10倍的放大倍数。

图1 SRV试验机

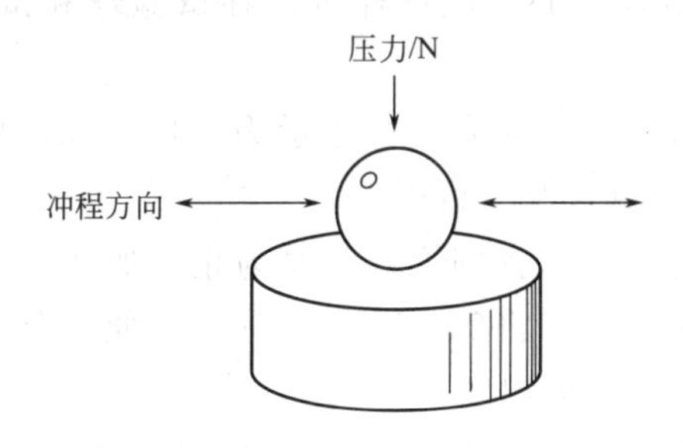

图2 试验件说明

7 试剂与材料

7.1 试验球：52100钢，硬度R_C为60±2，表面粗糙度R_a为0.02～0.03，直径为10mm。

7.2 试验盘：52100钢，硬度R_C为60±2，研磨表面粗糙度R_a为0.46～0.66，直径为24mm，厚度为7.85mm。

注：允许采用以100号Crb钢（DIN 17230）制造的试验件。

7.3 正庚烷，分析纯

警告：易燃，对身体有害。

7.4 异丙醇，分析纯

警告：易燃，对身体有害。

7.5 甲苯，分析纯

警告：易燃，对身体有害。

7.6 清洗溶剂，正庚烷、异丙醇和甲苯的等体积混合物。

警告：易燃，对身体有害。

8 仪器的准备

8.1 接通试验机和记录仪，试验开始前预热5min。

8.2 根据制造商的说明书调节仪器使摩擦数据出现在试验机最大峰值位置。

注：在大多数情况下，通常可采用将电子卡No291.35.20E上的滑动开关（面板后面电路板的前侧）和位于控制单元背板上的滑动开关锁定来完成。

8.3 旋转振幅旋钮至“零”。

8.4 将冲程开关调节至自动位置。

8.5 按照制造商的说明书设定频率为50Hz，时间为2小时0分30秒。

8.6 按照制造商的说明书设定所需量程并校正记录仪，设定记录器走纸速度。

9 试验步骤

9.1 用带有清洗溶剂的绸布擦拭试验球盒试验盘表面，反复擦拭直至绸布上没有黑色残留物。将试验球和试验盘浸入含清洗溶剂的烧杯中用超声波振动10min，用干净的绸布擦干试验球盒试验盘，确保表面上没有条纹出现。

9.2 将少量（0.1～0.2g）润滑脂试样放在干净的试验盘没有磨痕的区域内，以避免与原来产生的磨斑重叠。

9.3 将干净的试验球置于试样中心，使试样可以在试验球和试验盘之间形成圆形的均匀薄层。

9.4 在确认试验机器没有负荷（负荷表读数指示为－13N或－14N）情况下，小心地将装有试样和试验球的试验盘放置到试验平台面上。

9.5 上紧试验球盒试验盘的夹具，直到恰好上紧为止。加载到100N后，拧紧试验球和试验盘的夹具至扭矩达2.5N·m时，将负荷减少到50N以便磨合。

9.6 打开加热控制器，设定所需的温度。

9.7 当温度稳定后，打开记录器走纸开关并放下记录笔，压下拨动式开关直到计时器开始计数，然后调节冲程振幅旋钮至1.00mm。

9.8 当数字计时器达到30s时，在慢速挡将负荷调至200N，在此负荷下运转2h±15s，试验机将自动停止。

9.9 试验结束时，关闭加热控制器，重新接通电源，将负荷减至－13N或－14N以便拆卸。

9.10 拆下试验球和试验盘，按9.1条进行清洗。

9.11 把试验球放到一个合适的架子上，并用显微镜测量，最小磨痕宽度读至0.01mm，后与首次测量成90度角的方位再测量一次。从记录器曲线图上读取最小摩擦系数值（参见附录A）。

9.12 当要求进行附加的磨损分析时，可以按表面形貌仪制造商的说明书对试验盘上的磨痕进行表面形貌测量。

10 报告

10.1 报告下列试验参数：
10.1.1 试验温度，℃；
10.1.2 磨合负荷，N；
10.1.3 试验负荷，N；
10.1.4 试验冲程，mm；
10.1.5 试验频率，Hz；
10.1.6 试验球材料；
10.1.7 试验盘材料；
10.1.8 试样名称。
10.2 报告试验球磨痕的两个测量值和平均磨痕直径。
10.3 报告最小摩擦系数。当规格要求时，报告应包括摩擦系数试验记录的复印件。
10.4 如果进行了表面形貌的测定，应报告试验盘上磨痕的深度。

11 精密度和偏差

十八位操作者在SRV试验机上对八种润滑脂进行了试验，平均最小摩擦系数范围为：0.056～0.122，试验球平均磨痕直径范围为：0.50～0.90mm。本试验方法的精密度是通过试验室之间在负荷200N、频率50Hz、冲程1mm、温度50℃和80℃下的试验结果统计检验确定的。

11.1 精密度

按下述规定判断试验结果的可靠性（95%置信水平）。

11.1.1 球的平均磨痕直径

11.1.1.1 重复性：同一操作者，在规定的操作条件下用同一仪器对同一试样进行测定，所得的两次试验结果之差不应超过0.07mm。

11.1.1.2 再现性：不同操作者，在不同试验室，用不同的仪器对同一试样进行测定，所得单个的或独立的试验结果之差不应超过下列数值：

50℃以下的试验：0.29mm。

80℃以下的试验：0.24mm。

11.1.2 最小摩擦系数

11.1.2.1 重复性：同一操作者，在规定的操作条件下用同一仪器对同一试样进行测定，所得的两次试验结果之差不应超过下列数值：

50℃以下的试验：0.012。

80℃以下的试验：0.008。

11.1.2.2 再现性：不同操作者，在不同试验室，用不同的仪器对同一试样进行测定，所得单个的或独立的试验结果之差不应超过下列数值：

50℃以下的试验：0.031。

80℃以下的试验：0.032。

附录 A
(提示的附录)
摩擦系数的测量

A1　除最小值外的其他摩擦系数值可以从摩擦记录图表上读取，摩擦系数记录和计算的例子发表在德国标准 DIN 51834 SRV 方法中，见图 A1。在这个方法中报告试验的最小和最大摩擦系数及在 15min、30min 和 90min 时的平均摩擦系数和试验球的磨痕直径 W_k。

A1.1　根据 DIN 51834，摩擦和磨损测量的精密度是：

	重复性	再现性
摩擦系数 μ	0.02	0.04
试验球的磨痕直径 W_k	0.1mm	0.2mm

A1.2　这些精密度数据是由三种润滑油：一种抗磨液压油、一种发动机油、一种极压齿轮油，在 22 个实验室之间的统计试验结果中得到的。

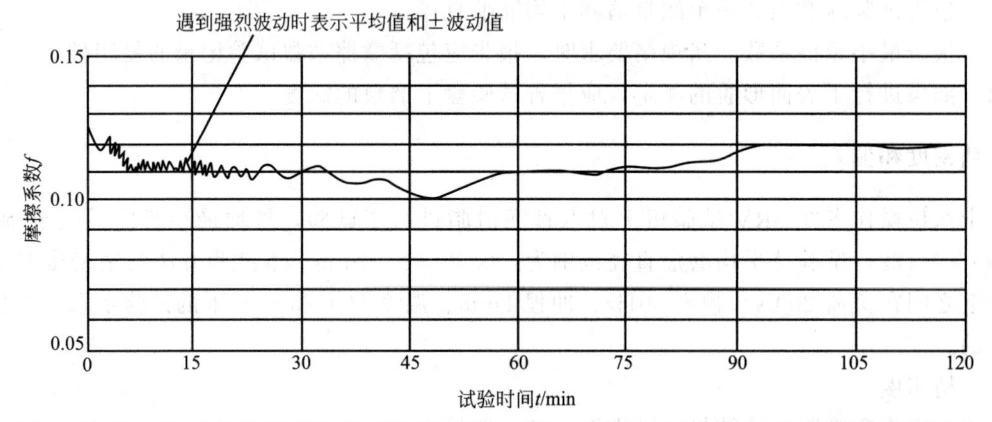

μ_{min}	μ_{max}	μ_{15}	μ_{30}	μ_{90}	W_k/mm
0.10	0.13	0.11	0.11	0.12	0.5

图 A1　摩擦系数的记录与计算

附录 7　中华人民共和国石油化工行业标准
润滑油摩擦系数测定法
（四球法）　SH/T 0762—2005

前　言

本标准修改采用美国试验与材料协会标准 ASTM D5183-95（1999）《用四球磨损试验机测定润滑油摩擦系数的试验方法》。

本标准根据 ASTM D5183-95（1999）重新起草。

为了方便比较，在资料性附录 B 中列出了本标准章条编号与 ASTM D5183-95（1999）章条编号的对照一览表。

为了更适合我国国情，在采用 ASTM D5183-95（1999）时，本标准做了一些修改。有关技术性差异编入正文中并在它们涉及的条款的页边空白处用垂直单线标识。

本标准与 ASTM D5183-95（1999）的主要差异如下：

——删除了 ASTM D5183-95（1999）引用标准中没有被本标准直接引用的标准，引用了的标准采用我国相应的现行标准；

——在第 7 章中增加了对氮气的纯度要求；

——在第 7 章中删除了吡啶试剂；

——在 4.2 条和第 10 章中磨合磨斑直径合格范围由 0.67mm±0.03mm 改为 0.65 mm±0.05mm。

本标准的附录 A、附录 B 为资料性附录。

本标准由中国石油化工集团公司提出。

本标准由中国石油化工集团公司石油化工科学研究院归口。

本标准主要起草单位：中国石油天然气股份有限公司兰州润滑油研究开发中心。

本标准主要起草人：蔡继元、代立霞、张宽德、丁芳玲。

本标准首次发布。

润滑油摩擦系数测定法（四球法）

1　范围

1.1　本标准规定了使用四球磨损试验机测定润滑油摩擦系数的试验方法。

1.2　本标准适用于润滑油摩擦系数的测定。

1.3　本标准中的数值采用国际单位制（SI）单位，但符合本标准的设备有的采用 cm-kgf，因此，保留了 cm-kgf 单位。

1.4　本标准涉及某些有危险的材料、操作和设备，但是无意对与此有关的安全问题都提出建议。因此，用户在使用本标准之前应建立适当的安全和防护措施，并确定有适用性的管理制度。

2　规范性引用文件

下列文件中的条款通过本标准的引用而成为本标准的条款。凡是注日期的引用文件，其随后所有的修改单（不包括勘误的内容）或修订版均不适用于本标准，然而，鼓励根据本标准达成协议的各方研究是否可使用这些文件的最新版本。凡是不注日期的引用文件，其最新版本适用于本标准。

GB 308 钢球

GB 686 丙酮

SH/T 0006 工业白油

SH/T 0189 润滑油抗磨损性能测定法（四球机法）

3 术语和定义

下列术语和定义适用于本标准。

摩擦系数（μ）

启动或使接触表面保持相对运动所需的切向力与施加于接触表面上垂直力的比值。

4 方法概述

4.1 三个直径 12.7mm（0.5in）钢球被夹紧在一起，加入 10mL 磨合油。另一个直径 12.7mm（0.5in）钢球作为上钢球，与三个夹紧钢球成三点接触，施加负荷 392N（40kgf）。润滑油试验温度为 75℃（165℉），上钢球以 600r/min 的转速运行 60min。

4.2 倒掉磨合油并清洗钢球。测量三个下钢球中每一个的磨斑直径。如果磨斑平均值为 0.65mm±0.05mm（0.026in±0.002in），则采用经过磨合的试验球并在油杯中加入 10mL 试油。试油温度 75℃（167℉），上钢球在负荷为 98.1N（10kgf）条件下，以 600r/min 的转速运转 10min。

4.3 每 10min 增加负荷 98.1N（10kgf），每 10min 记录一次摩擦系数，直到摩擦力记录仪开始出现跳动。

5 意义和用途

本试验方法可用于测定在规定试验条件下润滑油的摩擦系数。本试验方法的使用者可通过考察试验方法所取得的结果是否与实际应用性能或其他台架试验具有相关性。

6 设备

6.1 四球试验机

采用四球磨损试验机，见图 1、图 2、图 3，其中图 1 为四球接触示意图，图 2 为四球磨损试验机，图 3 为多功能摩擦磨损试验机。

注：首先必须区分四球极压试验机和四球磨损试验机（见试验方法 SH/T 0189）。四球极压试验机被设计用于重负荷下的试验，对磨损试验缺乏必要的灵敏度。

6.2 显微镜

不需从油杯中取出即可测量三个钢球表面形成的磨斑直径，精确要求 0.01mm。

6.3 试验钢球

符合 GB 308 要求的四球机专用钢球，材料 GCr15，直径 12.7mm（0.5in），硬度在 HRC64～66 之间。

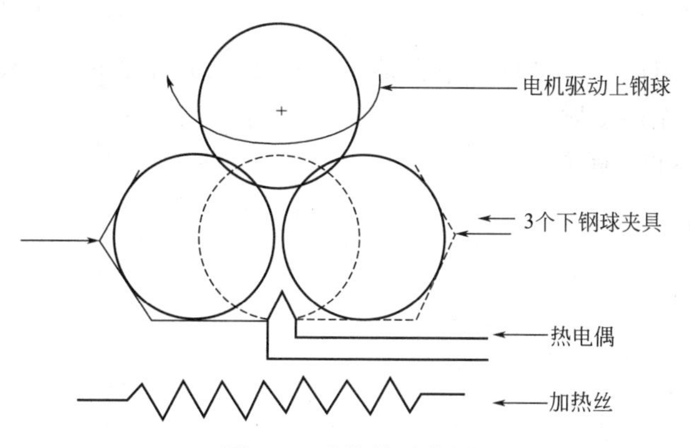

图1　四球接触示意图

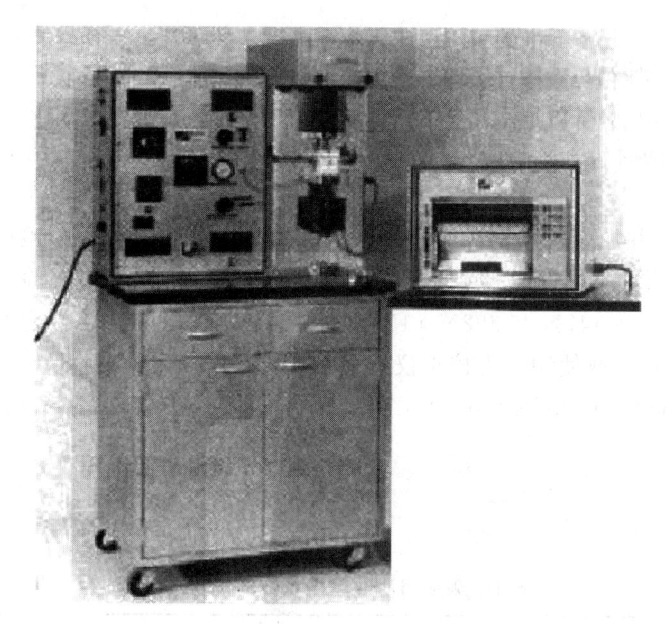

图2　四球磨损试验机

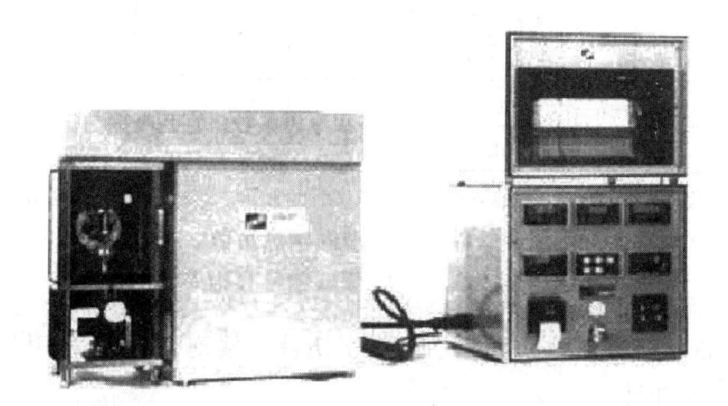

图3　多功能摩擦磨损试验机

7　试剂与材料

7.1　试剂纯度：在所有试验中均应使用分析纯级试剂，确保试剂有足够高的纯度，以免降低试验的精度。

7.2 磨合油：符合 SH/T 0006 的工业白油，40℃黏度为 24.3～26.1mm²/s。应使其通过活性氧化铝过滤掉残余的杂质。

7.3 丙酮：符合 GB 686 标准。

注：易燃，有害健康。

7.4 正庚烷

注：易燃，有害健康。

7.5 丁酮

注：易燃，有害健康。

7.6 氮气：纯度不低于 99.9%。

8 试验机准备

8.1 设定试验机转速为 600r/min±30r/min。

8.2 在温度控制器上设定试油温度为 75℃±2℃（167℉±4℉）。

8.3 如果选用自动时钟控制器来终止试验，则需检验其精度，60min 误差不超过 1min，10min 误差不超过 10s。

8.4 当装配好试件并加入试油后，加载机械系统应平衡为零值。为检验试验机是否有适宜的精度，可在平衡状态下增加或减少 2.0N（0.2kgf）的负荷来进行校验，此时应明显发生不平衡现象。当负荷在 147N 和 392N（15kgf 和 40kgf）时往往难以测定其精度，要求仔细测量力臂比率和重量，或使用压力校正仪结合活塞直径来确定其精度。

注：由于试验设备在结构上可能存在差异，因此在试验机调整及操作方面应考虑制造商的建议。

9 试验条件

9.1 试验条件见表 1。

表 1 测定润滑油摩擦系数的试验条件

项目	磨合	试验
温度	75℃±2℃(167℉±4℉)	75℃±2℃(167℉±4℉)
转速	600r/min	600r/min
周期	60min	10min
负荷	392N(40kgf)/60min	98.1N(10kgf)/10min

注：每 10min 增加负荷 98.1N（10kgf），直到摩擦力记录仪上出现异常（摩擦力超出稳定值而突然增大）。

10 试验步骤

10.1 把四个试验钢球、上下球夹具和油杯在正庚烷中浸泡 1min，再用超声波清洗器清洗 10s。换用新的正庚烷冲洗。

10.1.1 用丙酮重复 10.1 步骤，并用氮气吹干。

10.2 在试验机主轴上安装一个洁净的试验钢球。

10.3 在油杯中安装三个洁净的试验钢球，用夹具夹紧。

10.4 把 10mL 磨合油倒入油杯中，使磨合油充满油杯空隙，并浸没过钢球顶部至少 3mm。

当磨合油填满油杯中空隙后，观察油面是否仍维持原水平。

10.5 在试验机上安装油杯（此时加载系统应平衡为零值）。缓慢施加试验负荷至392N，避免冲击。

10.6 打开加热器开关，加热试验油。

10.7 达到试验温度后，启动电机驱动上钢球以600r/min±30r/min旋转。有自动启动功能的试验机采用温度控制器，它会在低于设定温度的情况下启动，设定相应值使试验机在低于设定温度2℃（4℉）时启动。

10.8 当试验运行60min±1min后，关掉加热器和主轴电机，取下油杯。

10.9 倒掉油杯中的磨合油并用丝绸擦拭磨斑附近区域。

10.10 倒掉油杯中的试油并用丝绸擦拭磨斑附近区域，把夹有三钢球的油杯放在根据要求设计的显微镜基座上。每一个磨斑测量两次，一次是沿夹具中心径向线方向，另一次与前一次成90度角测量。如果磨斑成椭圆形，则一次测量沿磨痕方向，另一次测量沿磨痕垂直方向。测量时应使视线与被测表面保持垂直。报出六次测量的平均磨斑直径。如果平均磨斑直径为0.65mm±0.05mm则按以下步骤进行试验；否则更换试验球重复10.1～10.10磨合程序（对于不同试验机，磨合磨斑可能超出这一范围，但重复结果偏差应为±0.05mm，使用者应首先确定该试验机的平均磨合磨斑直径）。

10.11 向油杯中加入正庚烷浸泡1min并不断摇匀，倒掉正庚烷。再用洗耳球吸取正庚烷冲洗油杯内部残存润滑油。重复该步骤两次。最后用洗耳球吸取丙酮清洗油杯两次，氮气吹干。

10.12 分别用沾有正庚烷和丙酮的干净丝绸擦拭上钢球和上钢球夹具表面，氮气吹干。

10.13 用沾有丁酮的干净丝绸擦拭三个钢球的磨斑和上钢球磨痕。

10.14 向油杯中加入试验油，当试验油充满油杯空隙后，要求至少没过钢球顶部3mm。观察当试验油充满油杯空隙后，液面是否仍维持原水平。

10.15 把油杯安装到试验机上，缓慢施加98.1N试验负荷，避免负荷冲击。

10.16 打开加热器开关，温度设置为75℃±2℃，加热试验油。

10.17 当油温达到试验温度后，启动电机驱动主轴以600r/min±30r/min转速运转10min，记录10min时的扭矩值。试验共分十级，从98.1N开始，每10min增加负荷98.1N，最大负荷为981N。在全过程试验中不允许停机，当摩擦力矩出现突然增大时，停止试验。

10.18 依次关闭加热器和电源开关。按10.10中所述测量下三球磨斑直径，精确至0.01mm。并观察磨斑形貌。

11 计算

11.1 用下式确定摩擦系数：

$$\mu=0.00223\frac{fL}{P}$$

式中 μ——摩擦系数；

f——摩擦力，g；

L——摩擦力臂长度，cm；

P——试验负荷，kg。

注：对于力臂长7.62cm（3in）的试验机，当摩擦力以克力为单位显示时，选用$\mu=0.0170f/P$

$$\mu=0.00227\frac{fL}{P}$$

式中 μ——摩擦系数；

f——摩擦力，g；

L——摩擦力臂长度，cm；

P——试验负荷，kg。

注1：对于力臂长7.62cm（3in）的试验机，当摩擦力以牛顿为单位显示时，选用$\mu=1.73f/P$。

2：对于直接读取摩擦力的试验机，用户可参阅其试验机操作手册来确定计算公式。

12 报告

12.1 报出以下内容：

12.1.1 平均磨合磨斑直径，mm。

12.1.2 每增加98.1N负荷的摩擦系数。

12.1.3 失效负荷，N。

12.1.4 最终平均磨斑直径，mm。

13 精密度及偏差

该试验方法的精密度由多个实验室的试验数据经统计计算而得出（95%置信水平）。

13.1 重复性

在恒定的操作条件下使用同一种试验材料，按试验方法要求进行正确操作，由同一试验员在同一台试验机上进行连续试验，所得的两个结果间差值不应超过下式的计算值。

$$r=0.20\times\overline{X}$$

式中 $\overline{X}$——重复试验两个结果的平均值。

13.2 再现性

使用同一种试验材料，由两个操作员在不同实验室独立得出的两次试验结果，其差值不应超过下式计算值。

$$R=0.49\times\overline{X}$$

式中 $\overline{X}$——两个试验结果的平均值。

注：在40kgf负荷下，任意选取试验钢球，按照该试验方法所得的摩擦系数列为精密度计算依据。

13.3 偏差

本标准偏差尚未确定。

附录A
（资料性附录）
摩擦系数计算

公制单位：

$$f=\mu N$$

$$T=fL=\mu NL=\mu\ (1.224745P)\ 0.36662=0.44902\mu P$$

$$\mu=2.22707\frac{T}{P}=0.0008164965\frac{f}{P}$$

英制单位：

$$f=\mu N$$

$$T=fr=\mu Nr=\mu\ (1.224745P)\ 0.14434=0.1767797\mu f$$

$$\mu=6.656\ \frac{T}{P}$$

以上两式中，μ——摩擦系数；

T——摩擦力矩；

L——试验力臂长度；

P——试验载荷；

N——在三个钢球上的总的接触负荷；

f——总的接触摩擦力。

图 A.1 所有的标注尺寸为公制；上面的数据不能用于滚动四球试验。

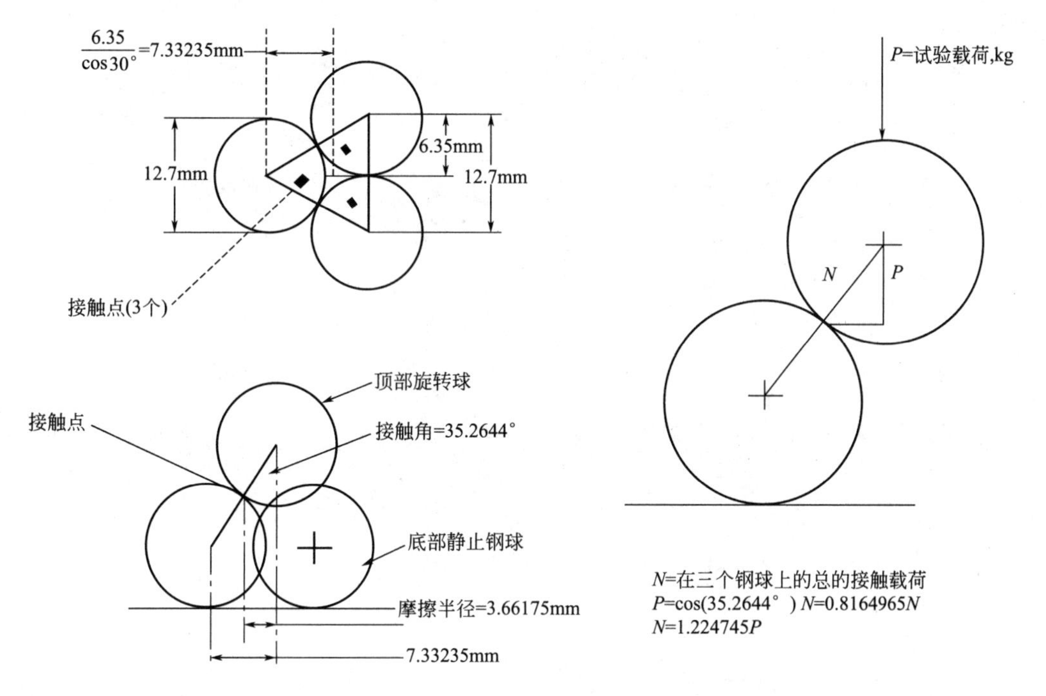

图 A.1 摩擦系数计算示意图

附录 B
(资料性附录)

本标准章条编号与 ASTM D5183-95 (1999) 章条编号对照表

表 B.1 给出了本标准章条与 ASTM D5183-95 (1999) 章条编号对照一览表。

表 B.1 本标准章条与 ASTM D5183-95 (1999) 章条编号对照

本标准章条编号	对应的 ASTM D5183-95(1999)章条编号
1.2	—

续表

本标准章条编号	对应的 ASTM D5183-95(1999)章条编号
1.3	1.2
1.4	1.3
—	7.6
7.6	—
附录 A	附录 X
附录 B	—

注：表中的章条以外的本标准其他章条编号与 ASTM D5183-95（1999）其他章条编号均相同且内容相对应。

附录 8　中华人民共和国国家标准
塑料薄膜和薄片摩擦系数测定方法
Plastics-Film and sheeting-Determination of the coefficients of friction

本标准等同采用国际标准 ISO 8295—1986《塑料-薄膜和薄片-摩擦系数的测定》。

1　主题内容与适用范围

本标准规定了塑料薄膜和薄片在自身或其他材料表面滑动时静摩擦系数和动摩擦系数的测定方法。

本标准适用于厚度在 0.2mm 以下的非黏性塑料薄膜和薄片。

2　引用标准

GB 2918 塑料试样状态调节和试验的标准环境

GB 3360 数据的统计处理和解释均值的估计和置信区间

3　术语和符号

3.1　静摩擦力

两接触表面在相对移动开始时的最大阻力，以 F_s 表示。

3.2　动摩擦力

两接触表面以一定速度相对移动时的阻力，以 F_d 表示。

3.3　法向力

垂直施加于两个接触表面的力，以 F_p 表示。

3.4　静摩擦系数

静摩擦力与法向力之比，以 μ_s 表示。

3.5　动摩擦系数

动摩擦力与法向力之比，以 μ_d 表示。

4　原理概要

两试验表面平放在一起，在一定的接触压力下，使两表面相对移动，记录所需的力。

5　试验装置

5.1　概况

试验装置由水平试验台、滑块、测力系统和使水平试验台上两试验表面相对移动的驱动机构等组成。

试验装置可由不同方式组成。图 1 为试验台水平运动的装置示例；图 2 为利用拉伸试验机的装置示例。在这种情况下，力通过滑轮转为垂直方向。

力由图形记录仪或等效的电子数据处理装置记录。

5.2　水平试验台

水平试验台的表面应平滑，由非磁性材料制成。

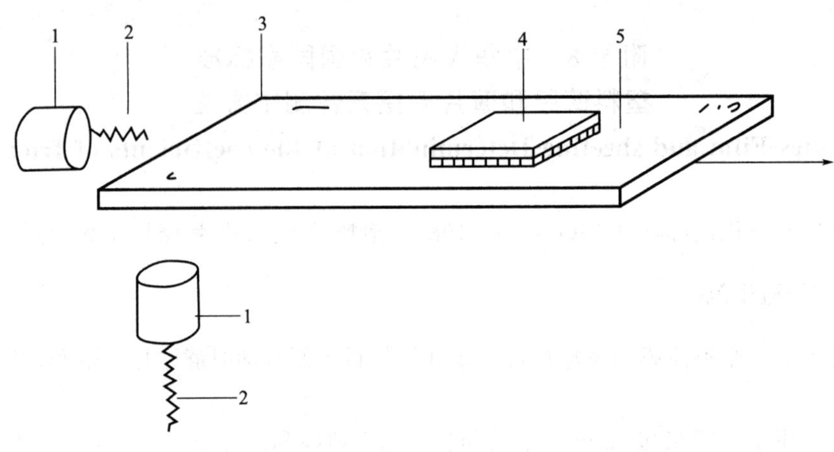

图 1

1—测力系统的负荷传感器；2—调节弹性系数的弹簧；
3—水平试验台；4—滑块；5—水平试验台上的试样

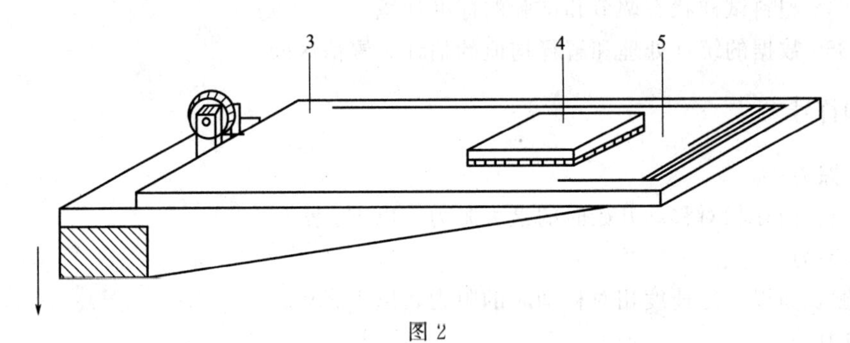

图 2

1—测力系统的负荷传感器；2—调节弹性系数的弹簧；
3—水平试验台；4—滑块；5—水平试验台上的试样

5.3 滑块

滑块应具有 40cm^2 面积的正方形底面（边长 63mm）。

滑块的底面应覆盖弹性材料（如毡、泡沫橡胶等），弹性材料不得使试样产生压纹。

包括试样在内的滑块总质量应为（200±2）g，以保证法向力为（1.96±0.02）N。

5.4 驱动机构

驱动机构应无振动，使两试验表面以（100±10）mm/min 的速度相对移动。

5.5 测力系统

整个测力系统的总误差应小于±2%，其变换时间 $T_{99\%}$，应不超过 0.5s。牵引方向应与摩擦滑动方向平行。

5.6 调节弹性系数的弹簧

对于测量静摩擦力，测力系统的弹性系数应通过适当的弹簧调节到（2±1）N/cm。

在滑粘情况下测量动摩擦力时，则应取消这个弹簧，直接连接滑块和负荷传感器。

6 惯性的影响

对于第 5 章所述的装置，由于滑块质量的惯性，在滑块相对移动开始时有一个附加力，测得的摩擦系数比真实值大 $\Delta\mu$。

$$\Delta\mu=\frac{V}{g}\sqrt{\frac{D}{m}}$$

式中　V——滑块的相对速度，mm/s；

m——滑块总质量，g；

g——重力加速度，mm/s^2；

D——测力系统的弹性系数，g/s^2。

7　试样及其制备

7.1　试样尺寸

7.1.1　每次测量一般需要二个 8cm×20cm 的试样。

7.1.2　如果样品较厚或刚性较大，固定到滑块上必须用双面胶带时，一个试样的尺寸应与滑块底面尺寸（63mm×63mm）一样。

7.2　试样的裁取

试样应在样品整个宽度或圆周（管膜时）均匀裁取。

7.3　试样的面和方向

如样品的正反面或不同方向的摩擦性质不同，应分别进行试验。通常，试样的长度方向（即试验方向）应平行于样品的纵向（机械加工方向）。

7.4　对试样和试验表面的要求

7.4.1　试样应平整、无皱纹和可能改变摩擦性质的伤痕。试样边缘应圆滑。

7.4.2　试样试验表面应无灰尘、指纹和任何可能改变表面性质的外来物质。

7.5　试样的数量

每次试验至少测量三对试样。

如需要更高的试验精度，应根据 GB 3360 增加试样数量。

8　试样的状态调节和试验的标准环境

在 GB 2918 规定的标准环境下进行试样状态调节至少 16h。然后在同样环境下进行试验。

9　试验步骤

9.1　薄膜（片）对薄膜（片）时的测定

9.1.1　将一个试样的试验表面向上，平整地固定在水平试验台上。试样与试验台的长度方向应平行。

9.1.2　将另一试样的试验表面向下，包住滑块，用胶带在滑块前沿和上表面固定试样。

9.1.3　如试样较厚或刚性较大，有可能产生弯曲力矩使压力分布不匀时，应使用 7.1.2 所规定的 63mm×63mm 试样。在滑块底面和试样非试验表面间用双面胶带固定试样。

9.1.4　固定好的两试样均应满足 7.4 条的要求。

9.1.5　将固定有试样的滑块无冲击地放在第一个试样中央，并使两试样的试验方向与滑动方向平行且测力系统恰好不受力。

9.1.6　两试样接触后保持 15s。启动仪器使两试样相对移动。

9.1.7 力的第一个峰值为静摩擦力 F_s。

9.1.8 两试样相对移动6cm内的力的平均值（不包括静摩擦力）为动摩擦力 F_d。

9.1.9 如在静摩擦力之后出现力值振荡（5.6条中滑粘情况），则不能测量动摩擦力。此时应取消滑块和负荷传感器间的弹簧，单独测量动摩擦力。由于惯性误差，这种测量不适用于静摩擦力。

9.2 薄膜（片）对其他材料时的测定

测定塑料薄膜（片）对其他材料表面的摩擦性能时，应将塑料薄膜（片）固定在滑块上，其他材料的试样固定在水平试验台上。

其他试验步骤同9.1条。

注：本试验步骤是对图1、图2所示例的试验装置而言，如使用其他等效设备，应采用相应的试验步骤。

10 试验结果表示

10.1 静摩擦系数

静摩擦系数下式计算：

$$\mu_s=\frac{F_s}{F_p}$$

式中 μ_s——静摩擦系数；

F_s——静摩擦力，N；

F_p——法向力，N。

10.2 动摩擦系数

动摩擦系数由下式计算

$$\mu_d=\frac{F_d}{F_p}$$

式中 μ_d——动摩擦系数；

F_d——动摩擦力，N；

F_p——法向力，N。

10.3 按GB 3360中1.1条计算静摩擦系数和动摩擦系数的算术平均值，取三位有效数字。按GB 3360中2.1.1条计算标准差，取二位有效数字。

11 试验报告

试验报告应包括下列部分：

a）本国家标准号；

b）试验样品的类型、生产日期等说明；

c）试验表面和方向；

d）如使用其他材料试样，其表面的详细说明；

e）静摩擦系数和动摩擦系数各自的平均值。如果需要，注明各次测量的值、标准偏差和试验次数；

f）试验日期；

g）试样和试验中所有与本标准不一致或本标准未规定的情况。

附加说明：

本标准由轻工业部塑料加工应用科学研究所归口。

本标准由轻工业部塑料加工应用科学研究所负责起草。

本标准主要起草人陈家琪。

附录9　中华人民共和国国家标准
硬质泡沫塑料滚动磨损试验方法
Test method for tumbling friability of rigid cellular plastics

1　主题内容与适用范围

本标准规定了测定硬质泡沫塑料滚动磨损的试验方法。

本标准适用于测定硬质泡沫塑料的滚动磨损特性。

2　引用标准

GB 6342 泡沫塑料和橡胶线性尺寸的测定。

3　原理

采用滚动机械装置测定硬质泡沫塑料因磨损和碰撞而造成的质量损耗。

4　设备

4.1　滚动机械装置

a. 滚动试验箱由栎木制成，内部尺寸为190mm×197mm×197mm，在边长197mm×197mm面板的中心安装水平旋转轴，其侧面装有防尘密封圈的铰链活动门。

b. 滚动试验箱由电动机与传动机构组成，以(60±2)r/min恒速带动箱了作滚动运动。

4.2　转数控制仪：精度为±1转。

4.3　网筛：2.5目。

4.4　天平：称量精度为0.01g。

4.5　标准块

材质为栎木，密度约0.65g/m^2，尺寸为(19±0.8)mm的立方块，数量为24块。用常规的半径量规检查标准块角，当角磨损后的曲率半径大于1.6mm或变形时，则更换之。

5　试样

5.1　试样尺寸和数量

(25±1)mm的立方块，每组为12块。

5.2　试样尺寸的测定

按GB 6342中的3.6条规定进行。

5.3　试样制备

在同一块泡沫中，用机械切割制得12块试样。试样表面应平整，清除粉尘。若泡沫表面经过处理或模塑，则每块试样应保留该特殊表面作为一面，但泡沫的边角不使用。

6　试样的状态调节及试验环境

试样的状态调节为：温度(23±2)℃，相对湿度45%～55%，处理40h以上。

试验环境为：温度(23±2)℃，相对湿度45%～55%。

7 试验步骤

7.1 用天平称量十二块试样，记录总质量 M_1，精确到0.01g。

7.2 将十二块试样与二十四块标准块一同放入试验箱内，压紧箱盖，以 (60±2)r/min 的速度旋转试验箱，转动 (600±3)r，即停止转动。

7.3 仔细地将箱内试样倒在2.5目的网筛上，以去掉浮尘和小颗粒，取出十二块最大的试样，立即称量，记录总质量 M_2，精确到0.01g。

8 计算

按下式计算质量损耗率：

$$M_f=\frac{M_1-M_2}{M_1}\times 100$$

式中 M_f——质量损耗率，%；

M_1——原试样总质量，g；

M_2——试验后试样总质量，g。

计算结果保留两位有效数字。

9 试验报告

试验报告应包括下列内容：

a. 试样的来源、类型、密度以及试样所具有的特殊表面；

b. 试样状态调节和试验环境；

c. 评定试样外观的磨损、破碎等破坏方式及程度。

附加说明：

本标准由中华人民共和国轻工业部提出。

本标准由轻工业部塑料加工应用科学研究所归口。

本标准由江苏省化工研究所负责起草。

本标准主要起草人陈青、史守明。

本标准等效采用 ASTM C421—1983《预制块状绝热体的滚动磨损标准试验法》。

附录 10　中华人民共和国国家标准 GB/T 1768—2006/ISO 7784-2:1997 代替 GB/1768—1979（1989）

色漆和清漆 耐磨性的测定　旋转橡胶砂轮法

Paints and varnishes-Determination of resistance to abrasion-Rotating abrasive rubber wheel method

（ISO 7784-2:1997，Paints and varnishes-Determination of resistance to abrasion-Part 2：Rotating abrasive rubber wheel method，IDT）

前　言

本标准等同采用国际标准 ISO 7784-2:1997《色漆和清漆　耐磨性的测定第 2 部分：旋转橡胶砂轮法》（英文版）。

为便于使用，对于 ISO 7784-2:1997，本标准做了下列编辑性修改：

a）删除了国际标准的前言和引言；

b）ISO 7784-2:1997 的规范性引用文件中引用的 ISO 6507-1:1982 在标准文本中没有引用，故本标准第 2 章不再引用该标准；

c）ISO 7784-2:1997 中所引用的 ISO 2808 目前已有最新版本 ISO 2808:1997（原来未发布），故本标准直接引用 ISO 2808:1997；

d）7.2 的注中增加了目前国内常用的圆形试板尺寸 ϕ100mm；

e）将国际标准附录 B 中校准用砂纸［符合欧洲磨耗品生产商联合会（FEPA）出版的磨粒大小标准 43-GB-1984P 系列中的 P180 号］改为符合 GB/T 9258.2—2000 中相应规格的砂纸；

f）增加了参考文献，将资料性附录中引用的文件 GB/T 9258.2—2000 列出；

g）ISO 7784-2:1997 中所引用的 ISO 48:1994 在标准文本中没有引用而仅在资料性附录中引用，故本标准第 2 章不再引用该标准，而在参考文献中列出等同采用该标准的 GB/T 6031—1998；

h）去掉了磨耗试验仪的脚注，因为符合标准要求的仪器目前在国内已能很方便地购得；

i）根据试验时的实际情况，对国际标准中未表述清楚的内容稍作补充：对橡胶砂轮的脚注作了修改，增加了 5.3 的注，8.3.2.1 的注。

本标准代替 GB/T 1768—1979（1989）《漆膜耐磨性测定法》。

本标准与前版 GB/T 1768—1979（1989）的主要技术差异为：

——结果表示的方法不同。本标准第 3 章规定耐磨性可以是以经过规定次数的摩擦循环后漆膜的质量损耗来表示，也可以是以磨去该道涂层至下道涂层或底材所需要的循环次数来表示，而前版仅规定耐磨性是以在一定的负载下经规定的摩擦次数后漆膜的质量损耗来表示；

——在 5.1.1 中增加了磨耗试验仪转台的转速为 (60±2)r/min 的规定；

——在 5.1.2 中改变了橡胶砂轮厚度、新橡胶砂轮外径以及使用中橡胶砂轮的最小外径的尺寸规定；增加了对安装后的两个橡胶砂轮内表面之间的距离、通过两个橡胶砂轮转轴的轴线与转台的中心轴线之间的距离等内容的规定；

——在 5.1.2 中增加了对橡胶砂轮使用期的规定；

——在 5.1.4 及图 1 中增加了对两个吸尘嘴的口径、相对位置及距离以及吸尘嘴安装后吸尘装置中的气压等内容的规定；

——在 5.1.3 及 5.2 中增加了对磨耗试验仪的计数器、砝码等内容的规定；

——本标准 5.3 规定采用整新介质来整新砂轮，而整新介质的选择应根据所选的橡胶砂轮而定，前版规定新砂轮用砂轮修整机整新，旧砂轮用 0 号金刚砂布整新；

——在 8.3.2.4 中增加了每运转 500 转后都要采用整新介质来整新橡胶砂轮的规定；

——本标准 7.1 规定底材可以选用 ISO 1514:1993 中规定的底材，如有可能，尽可能使用与实际使用时相同类型的材料，但应平整无变形，而前版规定底材为玻璃板；

——在附录 B 中增加了对磨耗试验仪进行校准的方法的规定；

——在 5.5 中天平精度由 1mg 改为 0.1mg；

——本标准 8.4.2 规定仅在涂层表面因橘皮、刷痕等原因而不规则时，才需在测定前先预磨 50 转，而如果进行了这一操作，需在报告中注明，前版规定每块样板试验前都要先预磨 50 转，且没有要求在报告中注明；

——本标准 8.4.6 及附录 B 中 B.3.3 规定试板及标准锌板经过摩擦后在称重前应用不起毛的纸把表面擦净，前版规定用毛笔轻轻抹去浮屑；

——本标准 9.1 规定当结果以质量损耗来表示时应平行试验三次，且取三次测定值的平均值，前版规定平行试验两次，每次测定值与平均值之差不大于平均值的 7%。

本标准的附录 A 为规范性附录，附录 B 和附录 C 为资料性附录。

本标准由中国石油和化学工业协会提出。

本标准由全国涂料和颜料标准化技术委员会归口。

本标准起草单位：中国化工建设总公司常州涂料化工研究院、上海现代环境工程技术有限公司。

本标准主要起草人：彭菊芳。

本标准于 1979 年首次发布，1989 年确认，本次为第一次修订。

中华人民共和国国家质量监督检验检疫总局　　发布
中国国家标准化管理委员会

色漆和清漆

耐磨性的测定 旋转橡胶砂轮法

1　范围

本标准是有关色漆、清漆及相关产品取样和试验的系列标准之一。

本标准规定了采用橡胶砂轮并通过橡胶砂轮的旋转运动进行摩擦来测定色漆、清漆或相关产品的干膜的耐磨性的试验方法。

2　规范性引用文件

下列文件中的条款通过本标准的引用而成为本标准的条款。凡是注日期的引用文件，其随后所有的修改单（不包括勘误的内容）或修订版均不适用于本标准，然而，鼓励根据本标准达成协议的各方研究是否可使用这些文件的最新版本。凡是不注日期的引用文件，其最新版本适用于本标准。

GB/T 3186 色漆、清漆和色漆与清漆用原材料　取样（GB/T 3186—2006，ISO 15528：2000，IDT）

GB/T 9271 色漆和清漆　标准试板（GB/T 9271—1988，eqv ISO 1514:1984）

GB/T 13452.2 色漆和清漆　漆膜厚度的测定（GB/T 13452.2—1992，eqv ISO 2808:1974）

GB/T 20777 色漆和清漆试样的检查和制备（GB/T 20777—2006，ISO 1513:1992，IDT）

3　原理

在规定条件下，用固定在磨耗试验仪上的橡胶砂轮摩擦色漆或清漆的干漆膜，试验时要在橡胶砂轮上加上规定重量的砝码。耐磨性是以经过规定次数的摩擦循环后漆膜的质量损耗来表示，或者以磨去该道涂层至下道涂层或底材所需要的循环次数来表示。

4　需要的补充资料

对于任何特定的应用而言，本标准规定的试验方法需要用补充资料来完善。补充资料的条款在附录 A 中列出。

5　仪器

5.1　磨耗试验仪，由 5.1.1 至 5.1.4 所述部件组成（见图 1）。

5.1.1　转台，能以（60±2）r/min 的转速旋转，并且能将试板的中心安装在转台上且牢固地固定住。

5.1.2　两个橡胶砂轮❶，每个橡胶砂轮厚（12.7±0.1）mm。将这两个橡胶砂轮分别安装在

---

❶　根据涂料产品使用时的磨耗情况，分别选择美国 Taber® Industries 公司的三种型号的橡胶砂轮 CS-10F、CS-10、CS-17 或约定的磨耗作用分别与其相当的橡胶砂轮。

水平转轴上并且能绕转轴自由转动。两个橡胶砂轮内表面之间的距离为（53.0±0.5）mm，假设通过这两个转轴的轴线与转台的中心轴线之间的距离为（19.1±0.1）mm。新的橡胶砂轮外径为（51.6±0.1）mm，在任何情况下橡胶砂轮的外径都不得低于44.4mm。

橡胶砂轮型号的选择应经有关方商定。

由于橡胶砂轮的橡胶黏结材料会逐渐变硬，因而应检查其硬度是否符合生产商规定的技术要求。如果已超过了橡胶砂轮上生产商标注的截止日期，或者对于没有给出截止日期的自购买之日起已超过一年的，橡胶砂轮不能再使用。

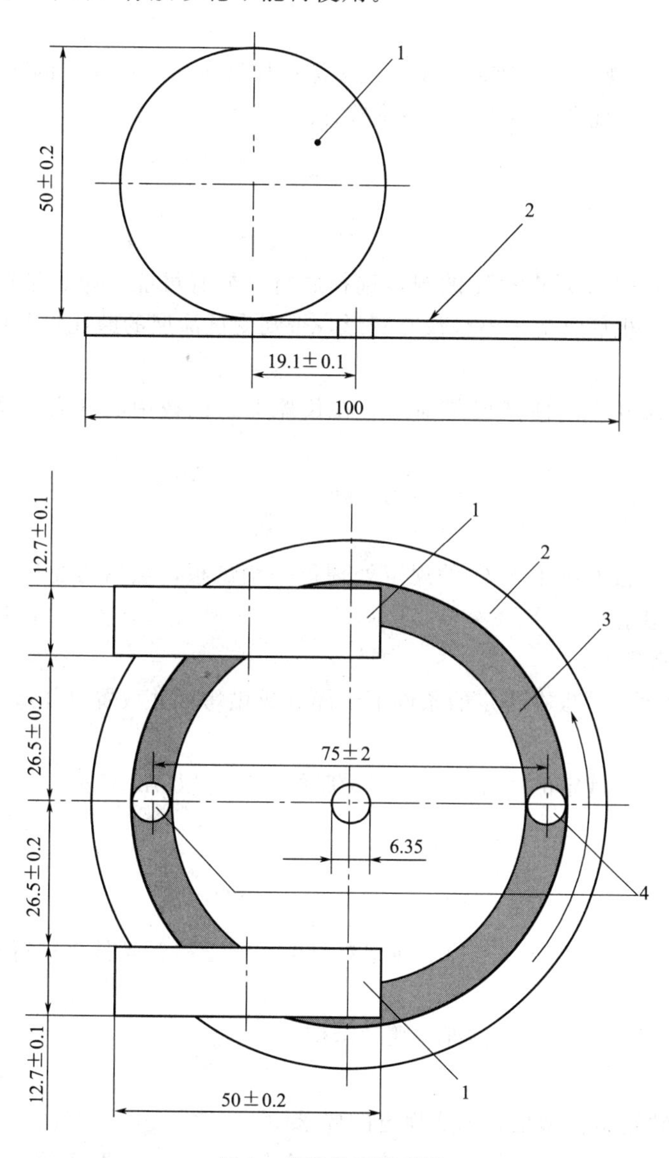

图1　仪器装配示意图

1—橡胶砂轮；2—试板；3—磨耗区；4—吸尘嘴，ϕ8±0.5（内径）

5.1.3　计数器，记录转台的循环（运转）次数。

5.1.4　吸尘装置，有两个吸尘嘴。一个吸尘嘴位于两个砂轮之间，另一个则位于沿直径方向与第一个吸尘嘴呈相反的位置。两个吸尘嘴轴线之间的距离为（75±2）mm，吸尘嘴与试板之间的距离为（1～2）mm。

吸尘嘴定位后，吸尘装置中的气压应比大气压低1.5～1.6kPa。

5.2 砝码，能使每个橡胶砂轮上的负载逐渐增加，最大为1kg。

5.3 整新介质，以摩擦圆片的形式存在，用于整新橡胶砂轮。

注：应根据不同的橡胶砂轮选择不同的整新介质。

5.4 校准板，厚度为（0.8～1）mm，用于仪器的校准（参见附录B）。

5.5 天平，精确到0.1mg。

6 取样

按GB/T 3186的规定，取受试产品（或多涂层体系中每个产品）的代表性样品。

按GB/T 20777的规定，检查和制备试验样品。

7 试板

7.1 底材

除非另外商定，按GB/T 9271的规定选择底材，如有可能，应尽量选择与实际使用时相同类型的材料。试板底材应平整且没有变形，否则受试涂层的磨耗将不均匀。

7.2 形状和尺寸

试板的形状和尺寸应能使试板正确固定在仪器上，试板中心开有一个直径为6.35mm的孔。

注：常用的试板尺寸为100mm×100mm或ϕ100mm。

7.3 处理和涂装

除非另外商定，按GB/T 9271的规定处理每一块试板，然后将受试产品或产品体系按规定的方法进行涂装。

7.4 干燥和状态调节

将每一块已涂漆的试板在规定的条件下干燥（或烘烤）并放置（如适用）规定的时间。

7.5 涂层的厚度

按GB/T 13452.2规定的一种方法测定干膜的厚度，以μm表示。

8 步骤

8.1 试验条件

除非另外商定，在温度（23±2)℃和相对湿度（50±5)%条件下进行试验。

8.2 仪器的校准

校准仪器（附录B中给出了校准步骤的示例)。

8.3 橡胶砂轮的准备

8.3.1 检查橡胶砂轮是否满足5.1.2规定的要求。

8.3.2 为确保橡胶砂轮的磨耗作用维持在一恒定的水平，按照生产商的规定并按8.3.2.1至8.3.2.4准备橡胶砂轮。

8.3.2.1 将所选择的橡胶砂轮安装到各自的凸缘架上，注意不要用手直接接触摩擦面。调节橡胶砂轮上的负载至有关方商定的值。

注：橡胶砂轮上的负载用砝码的标示质量（加压臂质量与砝码自身质量之和）来表示。

8.3.2.2 将整新介质圆片安装到转台上。小心放下摩擦头使橡胶砂轮放在圆片上。放置好吸尘嘴，调节吸尘嘴的位置使之距离圆片表面约1mm。

8.3.2.3　将计数器设定为零。

8.3.2.4　打开吸尘装置然后启动转台。将橡胶砂轮在整新介质圆片上运转规定的转数来整新橡胶砂轮。

注：常用的转数是50转。

在测试每个试样前以及每运转500转后都要以这种方式整新橡胶砂轮，使摩擦面刚好呈圆柱形，并且摩擦面与侧面之间的边是锐利的，没有任何弯曲半径。首次使用前要整新新的橡胶砂轮。

8.4　测定

8.4.1　除非另外商定，将涂漆试板在温度（23±2)℃和相对湿度（50±5)%条件下状态调节至少16h。

8.4.2　如果涂层表面因橘皮、刷痕等原因而不规则时，在测试前要先预磨50转，再用不起毛的纸擦净。如果进行了这一操作，则应在试验报告中注明。

8.4.3　称重状态调节后的试板或已预磨并用不起毛的纸擦净的试板，精确到0.1mg，记录这一质量。

8.4.4　将试板固定在转台上，把摩擦头放在试板上，放好吸尘嘴。

8.4.5　将计数器设定为零，打开吸尘装置，然后启动转台。

8.4.6　经过规定的转数后，用不起毛的纸将残留在试板上的任何疏松的磨屑除去，再次称量试板并记录这一质量。检查试板看涂层是否被磨穿。

8.4.7　通过以一定的间隔中断试验来更精确地测量磨穿点并计算经过规定转数的摩擦循环后的平均质量损耗。

8.4.8　在另外两块试板上重复8.4.2至8.4.6的步骤并记录结果。

9　结果表示

9.1　对每一块试板，用减量法计算经商定的转数后的质量损耗。

计算所有三块试板的平均质量损耗并报告结果，精确到1mg。

注：也可计算中断试验的每个间隔的质量损耗。

9.2　计算涂层或多涂层体系中的面涂层被磨穿所需的平均转数。

注：涂层磨穿后，质量损耗受底材磨损的影响。

10　精密度

参见附录C。

11　试验报告

试验报告至少应包括下列内容：

a）识别受试产品所必要的全部细节；

b）注明参照本标准；

c）补充资料的条款见附录A；

d）注明为补充上述c）项资料所参照的国际标准或国家标准、产品规格或其他文件；

e）橡胶砂轮的负载及所用橡胶砂轮的类型；

f）第 9 章所指出的试验结果；

g）表面是否因为不规则而进行预磨；

h）与规定的试验方法的任何不同之处；

i）试验日期。

附录 A
（规范性附录）
需要的补充资料

为使本方法能正常进行，应适当提供本附录中所列的补充资料的条款。

所需要的资料最好应由有关方商定，可以全部或部分地取自与受试产品有关的国际标准、国家标准或其他文件。

a）底材的材料、厚度和表面处理；

b）受试涂料施涂于底材的方法，如果是多涂层体系还应包括涂层间干燥的时间和条件；

c）试验前，涂层干燥（或烘烤）并放置（如适用）的时间和条件；

d）干涂层的厚度（以 μm 计），按 GB/T 13452.2 进行测量的测量方法以及是单一涂层还是多涂层体系；

e）与 8.1 规定不同的试验温度和湿度。

附录 B
（资料性附录）
仪器的校准

B.1 总则

校准所需的辅助设施如校准板和砂纸最好从磨耗仪生产厂获得。通常生产厂把锌板作为校准板。

B.2 仪器

仪器除符合第 5 章规定外，还应包括下列设施。

B.2.1 两个橡胶轮

每个橡胶轮厚（12.7±0.1）mm，总直径为（50.0±0.2）mm（包括外面包覆的橡胶条），轮子外周包覆一条厚 6mm、硬度为（50±5）IRHD（按 GB/T 6031—1998 规定进行测定）的橡胶条。将橡胶轮安装在水平转轴上并能绕转轴自由旋转。

两个橡胶轮内表面之间的距离为（53.0±0.5）mm，假设通过这两个转轴的轴线与转台的中心轴线的距离为（19.1±0.1）mm。装置的质量分布应使每个橡胶轮施加在试板上的力为（1±0.02）N。

B.2.2 砂纸条

宽（12±0.2）mm，长约 175mm。砂纸的等级应符合 GB/I 9258.2—2000 的磨粒大小标准 P 系列中的 P180 号。

注：也可从某些生产商处购得自粘砂纸。

B. 2. 3　双面胶带

如果买不到自粘砂纸可使用宽为（12±0.2）mm，长约175mm的双面胶带条。

B. 3　校准步骤

B. 3. 1　除非另外商定，将砂纸、胶带（如使用）及试板在温度（23±2）℃和相对湿度（50±5）%条件下状态调节至少16h。

B. 3. 2　将状态调节后的砂纸条用状态调节后的胶带（如必须）粘到橡胶轮的圆周上。调整每一个条带的长度使其能盖住橡胶轮的圆周表面而没有任何重叠或间隙。

注：建议将条带切成约45°角，这样接头与橡胶轮的运行方向不成直角（见图B.1）。

B. 3. 3　如果使用新的锌板，使用前按B. 3. 5、B. 3. 6规定的步骤在转台上磨200转，然后用不起毛的纸擦净。

B. 3. 4　称重状态调节后的锌板，精确到1mg并记录这一质量。

B. 3. 5　在磨耗试验仪的每个臂上施加500g负载，将锌板固定在转台上，并将摩擦头放下置于锌板上，放好吸尘嘴。

B. 3. 6　将计数器设定为零，打开吸尘装置，然后启动转台。

B. 3. 7　运转500转后用不起毛的纸清洁锌板，重新称量锌板并记录这一质量。

B. 3. 8　再进行B. 3. 2至B. 3. 7步骤两次，每次都使用新的砂纸条。

B. 3. 9　第3次试验后，计算这三次校准试验的平均质量损耗。

B. 3. 10　锌板的平均质量损耗应为（110±30）mg。如果平均质量损耗超出这一范围，检查仪器并进行纠正。

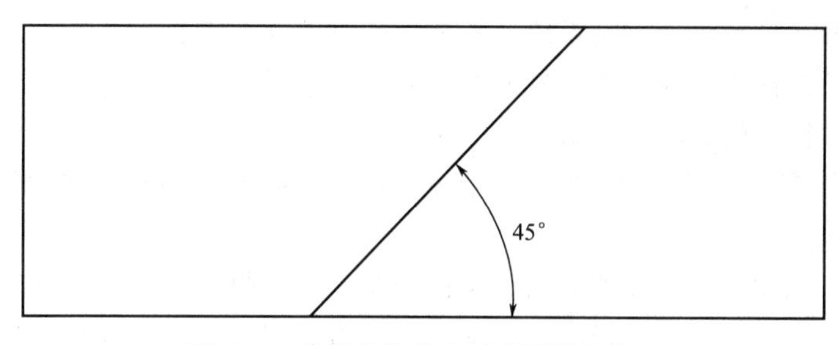

图B.1　建议的连接砂纸条两端的方法

附录C
（资料性附录）
精密度

目前还没有相关的精密度数据。

如果要测定这些数据，本方法应仅在同一实验室内进行。如果在实验室间进行，最好使用涂层的等级评定。

附录 11 中华人民共和国国家标准 GB/T 2611—2007 代替 GB/T 2611—1992

试验机 通用技术要求

General requirements for testing machines

前 言

本标准代替 GB/T 2611—1992《试验机 通用技术要求》。

本标准与 GB/T 2611—1992 的主要差异如下：

——标准的结构和格式按 GB/T 1.1—2000《标准化工作导则 第 1 部分：标准的结构和编写规则》的要求进行编写；

——增加了前言；

——修改了规范性引用文件一览表（1992 年版的第 2 章，本版的第 2 章）；

——删除了对试验机型号的要求（1992 年版的 3.2.1）；

——删除了质量保证期要求（1992 年版的 3.2.4）；

增加了符合人类工效学原理的要求（本版的 3.3.1）；

——增加了低能耗、高效率、环境保护的要求（本版的 3.3.2）；

——增加了电测量和自动控制系统及其软件的要求（本版的 3.3.3）；

——增加了对机械零部件有关机械安全的要求（本版的 4.2.4）；

——增加了焊接件的要求（本版的 6.2）；

——修改了装有电气器件的外壳上警告标志的要求（1992 年版的 6.1.2，本版的 7.1.2）；

——增加了电气设备保护接地电路连续性的要求（本版的 7.2.1）；

——修改了绝缘电阻和绝缘强度的要求（1992 年版的 6.2，本版的 7.2.2 和 7.2.3）；

——增加了插头和插座组合配套标志、唯一对应性的要求（本版的 7.4.2）；

——增加了电气设备离地高度的要求（本版的 7.4.3）；

——增加了电磁兼容性的要求（本版的 7.5）；

——增加了液压系统防水防尘要求（本版的 8.5）；

——增加了对气动设备的要求（本版的第 9 章）；

修改了随行技术文件的内容（1992 年版的 9.1，本版的 11.1）。

请注意本标准的某些内容有可能涉及专利。本标准的发布机构不应承担识别这些专利的责任。

本标准由中国机械工业联合会提出。

本标准由全国试验机标准化技术委员会（SAC/TC 122）归口。

本标准起草单位：长春试验机研究所、济南试金集团有限公司、上海华龙测试仪器有限公司、长春中联试验仪器有限公司。

本标准主要起草人：郭永祥、耿秀英、夏仁华、邵春平。

本标准所代替标准的历次版本发布情况为：

——GB 2611—1981；

——GB/T 2611—1992。

试验机 通用技术要求

1 范围

本标准规定了试验机的基本要求，并规定了装配及机械安全、机械加工件、铸件和焊接件、电气设备、液压设备、外观质量、随机技术文件等要求。

本标准适用于金属材料试验机、非金属材料试验机、平衡机、振动台、冲击台与碰撞试验台、力与变形检测仪器、工艺试验机、包装试验机及无损检测仪器（以下统称试验机）。

2 规范性引用文件

下列文件中的条款通过本标准的引用而成为本标准的条款。凡是注日期的引用文件，其随后所有的修改单（不包括勘误的内容）或修订版均不适用于本标准，然而，鼓励根据本标准达成协议的各方研究是否可使用这些文件的最新版本。凡是不注日期的引用文件，其最新版本适用于本标准。

GB 5226.1—2002 机械安全 机械电气设备 第1部分：通用技术条件（IEC 60204-1：2000，IDT）

GB/T 5465.2 电气设备用图形符号（GB/T 5465.2—1996，idt IEC 417：1994）

GB/T 6444 机械振动 平衡术语（GB/T 6444—1995，eqv ISO 1925：1990）

JB/T 7406（所有部分）试验机术语

3 基本要求

3.1 术语、计量单位

3.1.1 试验机所使用的术语应符合 GB/T 6444 和 JB/T 7406 的规定。

3.1.2 试验机所使用的计量单位应采用中华人民共和国法定计量单位。

3.2 标识和检验分类

3.2.1 试验机上应有铭牌和必要的润滑、操纵、安全等指示标牌或标志，并能长期保持清晰。

3.2.2 试验机上的各种标牌应固定在合适的明显位置，并且平整牢固、不歪斜。可以采用艺术形式的专用标志或在试验机上铸出清晰的汉字识别标志。

3.2.3 试验机的检验可分为出厂检验（或交收检验）和型式检验。

有下列情况之一时，一般应进行型式检验：

a）新产品试制或老产品转厂生产的定型鉴定；

b）产品正式生产后，其结构设计、材料、包装、工艺以及关键配套元器件有较大改变能够影响产品性能时；

c）正常生产的产品，定期或积累一定产量时；

d）产品长期停产后，恢复生产时；

e）国家质量监督机构提出进行型式检验的要求时。

3.3 设计、安装

3.3.1 试验机的设计除了应结构合理、性能良好、符合人类工效学原理以外，还应操作简单，便于维修、组装和分解。

3.3.2 试验机的设计应考虑低能耗、高效率和环境保护。

3.3.3 试验机的电测量和自动控制系统及其软件应保证整机正常工作，保证试验数据的准确性和一致性。

3.3.4 试验机及其辅助装置（携带式除外）安装或安放的环境既不应妨碍操作又不应影响其性能。

3.3.5 安装的试验机应保证检验人员能够用方便的、常规的方法进行操作，且安装场地应留有足够的操作所需的活动空间和通道。

3.3.6 各种类型的试验机应在其产品标准中规定的工作环境条件下正常工作。

3.4 随机提供附件和工具

3.4.1 保证试验机使用性能的附件和工具应随机提供。附件和工具一般应标有相应的标记和规格，如夹头所能夹持试样的直径范围等。附件和工具应装在附件箱（袋）内。

3.4.2 扩大试验机使用性能的附件和工具，应根据用户要求按协议提供。

4 装配及机械安全

4.1 装配

4.1.1 试验机及其部件应按装配工艺规程进行装配，不应放入图样及工艺规程未规定的垫片和套等。

4.1.2 外购件应有合格证或工厂检验合格后方可使用。

4.1.3 传动机构应运行平稳、动作灵活，并能正确定位。

4.1.4 所有紧固零件（如螺钉、销、键等）应紧固，不应有松动脱落现象。

4.2 机械安全防护

4.2.1 质量较大的试验机或零部件应便于吊运和安装，并应设有起吊孔、起吊环或采用其他便于搬运的措施。

4.2.2 试验机在运输和运行中有可能松脱的零件、部件，应有防松措施。

4.2.3 试验机外露的皮带轮、轴等传动件应有防护装置。

4.2.4 设计和加工试验机的各零部件时，在考虑不影响使用功能的情况下，不应留有可能导致对人产生伤害的锐边、尖角、毛刺、凸出部分、粗糙的表面和可能造成刮伤危险的各种开口等。

5 机械加工件

5.1 加工件应符合有关图样要求。

5.2 钢制零件经常扭动和易磨损的部位应进行热处理，热处理后的零件不应有裂纹和其他缺陷。

5.3 热处理后的零件不应有退火和过烧的现象。

5.4 用磁性工作台等进行磨削加工的零件不应留有明显的剩磁。

5.5 加工件的配合面、摩擦表面不应打印记。

5.6 试验机分度部分的标度标记（刻线、文字、数字等）应准确、均匀、清晰、耐久，数字要对应于相应的刻线。

5.7　手轮轮缘和操纵手柄应光滑。
5.8　主要加工件应进行去应力处理。

6　铸件和焊接件

6.1　铸件
6.1.1　试验机上各种铸件的材料和力学性能应符合相应材料标准的规定。
6.1.2　铸件表面应平整，非机械加工表面应符合相应图样的要求。
6.1.3　铸件上的型砂和黏结物应仔细清除，飞边、毛刺、浇口、冒口等应铲平。
6.1.4　铸件不应有裂纹，铸件的重要结合面和外露的加工面不应有超过有关规定的砂眼、气孔、缩孔等缺陷。对不影响产品使用性能的铸件缺陷，允许进行修补。
6.1.5　泵体、阀体、缸筒等铸件不应有气孔、缩孔、砂眼等降低耐压强度的铸件缺陷。在规定压力下，不应有渗液（油、水）现象。
6.1.6　试验机的重要铸件均应进行时效处理。
6.2　焊接件
6.2.1　试验机上焊接件的力学性能、焊缝的尺寸和形状应符合有关图样和工艺文件的要求。
6.2.2　焊接件的焊缝不允许出现裂纹，连续焊缝不允许出现间断。
6.2.3　焊接件的外观表面不应有锤痕、焊瘤、熔渣、金属飞溅物及引弧痕迹。边棱尖角处应光滑，外观焊缝应呈光滑的或均匀的鳞片状波纹表面并打磨平整。
6.2.4　重要的焊接件应进行消除应力处理。

7　电气设备

7.1　电气设备标志及项目代号
7.1.1　电气设备所使用的各种标志应置在容易观察的位置，并应清晰醒目。
7.1.2　装有电气器件的外壳应有警告标志，并应符合 GB 5226.1—2002 中 17.2 的规定。
7.1.3　电气设备控制装置应在其门或适当位置标有铭牌，其内容一般包括：
　　a）制造者名称或标志、产品编号（用于分体控制装置）；
　　b）电源额定电压、相数和频率；
　　c）整机耗电总容量或满载电流总和；
　　d）总电源短路保护器件的断流能力或熔断器的额定电流。
7.1.4　电气设备的手控操作件如按钮、选择开关等均应有清楚、耐久的功能标志。该标志可以是形象化的符号，也可以是文字说明。若为形象化符号，则应符合 GB/T 5465.2 的规定。
7.1.5　电气设备使用熔断器时，其电流数值应在熔断器架上或近旁予以标注，如果限于位置无法标出时，应在产品说明书中说明。
7.1.6　电气设备的按钮、指示灯、光标按钮的颜色应分别符合 GB 5226.1—2002 中 10.2.1、10.3.2、10.4 的规定。
7.1.7　电气设备中每一个元器件，应有与技术文件相一致的项目代号。其代号应使用耐久的方法在元器件附近或其上面标出。所有的接线端子、电缆和导线均应有耐久的、与技术文件上相应接点一致的线路标记（线号）。
7.2　保护接地电路的连续性、绝缘电阻和耐压

7.2.1 电气设备保护接地电路的连续性检验应符合 GB 5226.1—2002 中 19.2 的规定。
7.2.2 电气设备的绝缘电阻检验应符合 GB 5226.1—2002 中 19.3 的规定。
7.2.3 电气设备的耐压试验应符合 GB 5226.1—2002 中 19.4 的规定。
7.3 电击的防护
7.3.1 电气设备应具备保护人身安全、防止电击的能力。
7.3.2 在正常工作情况下电击的防护，应采用 7.3.3 和 7.3.4 规定的两种防护措施之一。
7.3.3 用电柜作防护应符合下列要求之一。

a）打开电柜应使用钥匙或工具，且打开门后，电柜内所有高于 50V 的带电部分应加以保护，预防意外触电。

b）打开电柜前，应先断开电源。此项要求应由门与电源开关的联锁机构来实现，使切断开关时才能打开门，关闭门后才能接通开关。

c）如果不需使用钥匙或工具开门，或者不用断开带电部分就能进行工作（如换灯泡或换熔断丝）时，应在电柜内设置挡板，预防接触带电部分。当采用 50V 以下电压时，可不设挡板。

7.3.4 通过隔绝带电部分进行防护，应采用不能拆除的绝缘物包覆带电部分的方法。此种绝缘应能经受住工作时出现的机械、电气或热的应力作用。油漆、清漆、漆膜不得单独用作正常工作条件下的电击防护。
7.3.5 在漏电情况下电击的防护，应采用如下两种防护措施之一：

a）把裸露导电零件接到保护电路上；

b）采用漏电保护开关自动切断电源。

7.3.6 试验机及其电气设备的所有裸露导电零件（包括机座）应连接到保护接地专用接地端子上。
7.3.7 金属软管不得用作接地导线。金属软管和所有电缆的金属护套（钢管、铝套等）应与保护接地电路良好接触。
7.3.8 在取出电气设备进行带电调整和维修的情况下，则应使用保护导线将裸露的导电零件连接到保护接地电路上。
7.3.9 保护接地电路中禁止使用开关或断路器。
7.3.10 由连接器或插销中断时，保护接地电路应在送电导线断开后才断开；重新连接时，保护接地电路应在送电导线接通前先接通。
7.4 元件、导线及端子基本要求
7.4.1 电气设备中设有几个电源开关时，必须有一个总开关，并应有足够的切断能力，但不应切断安全接地。电源开关不应使用金属柄开关。
7.4.2 为防止相互插错，电气设备上使用几个插头和插座组合时，应对它们做出清楚配套标记，建议插头和插座具有唯一对应性。
7.4.3 为了方便维修、调整和安全防水，电气设备中的元器件、导线及接线端子等应距地面 0.2～2m。
7.4.4 在试验中突然停电后，再恢复供电时，应能防止电力驱动等装置自动接通。
7.4.5 电气设备电路的外接端和插头，应尽可能加罩或采用凹槽形式。
7.4.6 单方向旋转的电动机，应在适当的部位标出电动机的旋转方向。
7.4.7 所有导线的连接，特别是保护接地电路的连接，应牢靠，不得松动。

7.4.8　导线的接头除必须采用焊接情况外，所有导线应采用冷压接线头。如果电气设备在正常运行期间承受很大振动，则不应使用焊接的接头。

7.4.9　电气设备的保护导线和中线必须分色，其他不同电路的导线应尽可能分色，导线颜色应符合下列要求：

a）保护导线为黄绿双色；

b）动力电路的中线为浅蓝色；

c）交流或直流动力电路导线为黑色；

d）交流控制电路导线为红色；

e）直流控制电路导线为蓝色；

f）用作控制电路联锁的导线，如果是与外置控制电路连接而且当电源开关断开仍带电时，其联锁控制电路导线为橘黄色；

g）与保护导线连接的电路导线为白色；

h）电缆中芯线颜色不受上述规定的约束。

7.4.10　在导线管内或电气箱配电板上以及二个端子之间的连线必须是连续的，中间不应有接头。

7.4.11　保护接地端应有符号“⏚”或字母“PE”标记。

7.5　电磁兼容

电气设备产生的电磁干扰不应超过其预期使用场合允许的水平，应具有足够的抗电磁干扰能力，以保证电气设备在预期使用环境中可以正确运行。

8　液压设备

8.1　液压系统的活塞、油缸、阀门等零件的工作表面不得有裂纹和划伤。

8.2　液压传动部分在工作速度范围内不应发生超过规定范围的振动、冲击和停滞现象。

8.3　液压系统应有排气装置和可靠的密封，且不应有漏油现象。

8.4　油箱结构和形状应满足下列要求：

a）在正常工作情况下，应能容纳从系统中流来的全部液压油；

b）防止溢出或漏出的污染液压油直接回到油箱中去；

c）油箱底部的形状应能将液压油排放干净；

d）油箱应便于清洗，并设有加油和放油口；

e）油箱应有油面指示器。

8.5　液压系统应采取防水防尘措施。为消除液压油中的有害杂质，应装有滤油装置，使液压油达到规定的清洁要求。含有伺服阀、比例阀的系统应在压力油口处设置无旁通的滤油器。

8.6　滤油装置的安装处应留有足够的空间，以便更换。

8.7　所有回油管和泄油管的出口应深入油面以下，以免产生泡沫和进入空气。

8.8　当液压系统回路中工作压力或流量超出规定而可能引起危险或事故时，则应有保护装置。

8.9　液压传动部分必要时应设有工作行程限位开关。

8.10　当液压系统中有一个以上相互联系的自动或人工控制装置时，如出任何一个故障会引起危害人身安全和设备损坏时，应装有联锁保护装置。

8.11 当液压系统处于停车位置，液压油从阀、管路和执行元件泄回油箱会引起设备损坏或造成危险时，应有防止液压油泄回油箱的措施。

8.12 液压系统应有紧急制动或紧急返回控制的人工控制装置，且应符合下列要求：

a）容易识别；

b）设置在操作人员工作位置处，并便于操作；

c）立即动作；

d）只能用一个控制装置去完成全部紧急操纵。

8.13 必要时，液压系统应装有温度控制装置。

9 气动设备

9.1 气动系统的活塞、气缸、阀门等零件的工作表面不得有裂纹和划伤。

9.2 气动传动部分在工作速度范围内不应发生超过规定范围的振动、冲击和停滞现象。

9.3 气动系统应可靠密封，不应有漏气现象。

9.4 气源进口应有气水分离装置，并且压力可控，必要时还应设置气体过滤和（或）干燥装置。

9.5 当气动系统中工作压力超过规定而可能引起危险或事故时，则应有保护装置。

9.6 必要时，气动系统应设有工作行程限位开关。

10 外观质量

10.1 试验机外观表面不应有图样未规定的凸起、凹陷、粗糙不平和其他损伤。

10.2 试验机零部件结合面的边沿应整齐匀称，不应有明显的错位。门、盖装卸应方便，其结合面的缝隙不应超过表1的规定。

10.3 试验机零件的已加工面，不应有锈蚀、毛刺、碰伤、划伤和其他缺陷。

10.4 试验机的外观颜色应色调柔和，套色协调，不同颜色的界限应分明，不得互相污染。

10.5 试验机的油漆和腻子应有足够的强度，能起抗油和耐蚀作用，不应有起皮脱落现象。

10.6 试验机所有喷涂件的表面应平整、均匀和色调一致，不应有斑点、气泡和黏附物等。

10.7 电镀件的表面应无斑点，镀层应均匀，无脱皮现象。

10.8 氧化件的表面色泽应均匀，无斑点、锈蚀等现象。

11 随行技术文件

11.1 应随试验机提供下列技术文件：

a）使用说明书；

b）合格证；

c）装箱单；

d）随行备附件清单。

11.2 使用说明书应能正确指导安装、使用和维修试验机。装箱单应便于清点。

附录12　中华人民共和国国家标准　金属材料　磨损试验方法 试环-试块滑动磨损试验

1　范围

本标准规定了金属试环-试块磨损试验的术语及定义，试验原理、试样、试验设备及仪器、试验方法、实验结果处理及试验报告。

本标准适于金属材料在滑动摩擦条件下磨损量及摩擦系数的测定。

注：本标准也可用于其他材料的试验。

2　术语和定义

下列术语及定义适用于本标准：

2.1　磨损　wear

物体表面相接触并作相对运动时，材料自该表面逐渐损失以致表面损伤的现象。

2.2　体积磨损　sear volume

磨损试验试样失去的体积。

2.3　质量磨损　sear mass

磨损试验后试样失去的质量。

2.4　摩擦系数　coefficient friction

两物体之间摩擦力与正压力之比。

3　试验原理

试块与规定转速的试环相接触，并承受一定试验力，经规定转数后，用磨痕宽度计算试块的体积磨损，称重法测定试环的质量磨损。试验中连续测量试块上的摩擦力和正压力，计算摩擦系数。

4　试样

4.1　试样的制备对原始材料的组织及力学性能影响应减至最小。

4.2　试样不应带有磁性，经磨床加工后要退磁。

4.3　试样应有加工方向标记。

4.4　本标准推荐采用如下形式的磨损试样。

4.4.1　试环的形状和尺寸见图1。

4.4.2　试块的形状和尺寸如图2所示。

注：也可采用其他尺寸试样

5　试验设备及仪器

5.1　试环-试块型磨损试验装置在图3中示出。

5.2　试验力示值相对误差不大于±1%，示值重复性相对误差应不大于1%。

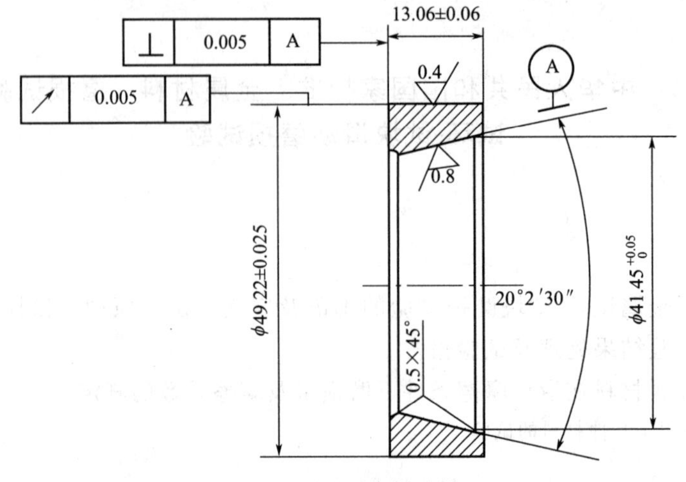

图 1　圆环形磨损试样

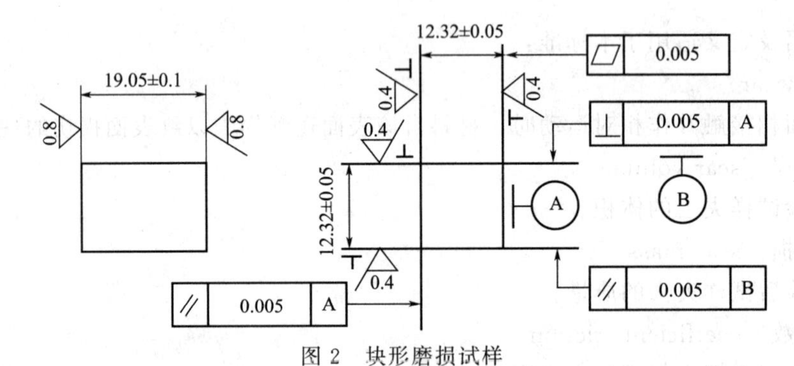

图 2　块形磨损试样

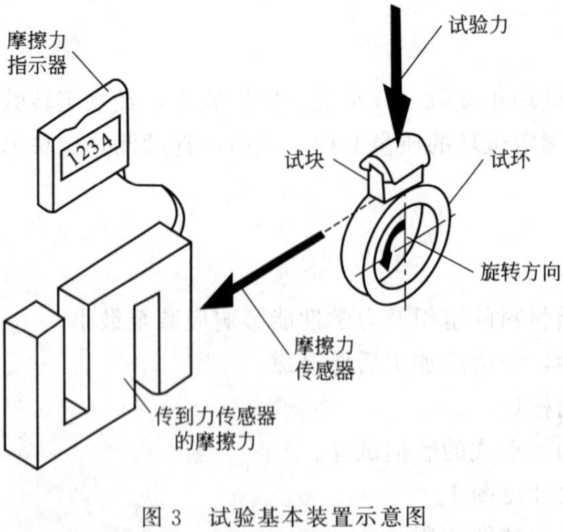

图 3　试验基本装置示意图

5.3　摩擦力示值相对误差应不大于±3%，示值重复性相对误差应不大于 3%。

5.4　主轴径向跳动应不大于 0.01mm。

5.5　主轴轴向位移应不大于 0.01mm。

5.6　主轴轴线与工作台平面平行度应不大于 0.02mm。

5.7　试环的转速应接近实际工作条件，其转速一般在 5r/min～4000r/min 范围内。

5.8 称量试样质量用的分析天平感量应达到0.1mg。
5.9 测量试样尺寸的仪器误差应不大于±0.005mm。
5.10 磨痕尺寸测量仪器的误差应不大于±0.005mm或磨痕宽度的±1%，取较大值。

6 试验方法

6.1 试验应在10～35℃范围内进行，对温度要求较严格的试验，应控制在23℃±5℃之内。
6.2 试验应在无振动、无腐蚀性气体和无粉尘的环境中进行。
6.3 将试环及试块牢固地安装在试验机主轴及夹具上，试块应处于试环中心，并应保证试块边缘与试环边缘平行。
6.4 启动试验机，使试环逐渐达到规定转速，平稳的将试验力施加至规定值。
6.5 可以进行干摩擦，也可以加入适当润滑介质以保证试样在规定状态下正常试验。对于润滑磨损试验，试验前应对所有与润滑剂接触的零件进行清洗。
6.6 根据需要，在试验过程中，记录摩擦力。
6.7 试验累计转数应根据材料及热处理工艺需要确定。
6.8 对于称重的试样，试验前后用适当的清洗液以相同的方法清洗试样，建议先用三氯乙烷，然后再用甲醇清洗。清洗后一般在60℃下进行约2h烘干，冷却至室温后，放入干燥器中，2h后立即进行称量。

7 试验结果处理

7.1 在块形试样磨痕中部及两端（距试样边缘1mm处）测量磨痕宽度，取3次测量平均值作为一个试验数据。
7.2 标准尺寸试样三个位置的磨痕宽度之差大于平均宽度值20%时，试验数据无效。
7.3 用以下公式计算试块的体积磨损，见图4。

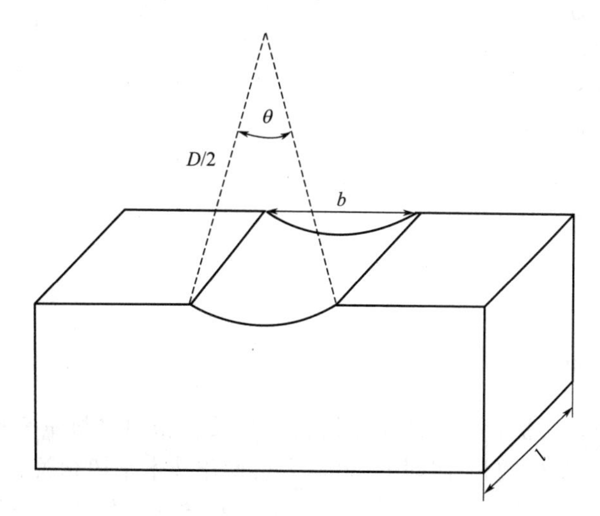

图4 用磨痕宽度计算体积磨损示意图

$$V_k=\frac{D^2}{8}t\left[2\sin^{-1}\frac{b}{D}-\sin\left(2\sin^{-1}\frac{b}{D}\right)\right]$$

式中 V_k——体积磨损；
D——试环直径；

b——磨痕平均宽度；

t——试块宽度。

从附录 A 表 A.1 中可根据磨痕宽度查出磨痕体积。

注：由于试块在磨损中受材料转移、氧化膜形成、润滑剂渗透等影响，试块的磨损量一般不用质量损失计算。

7.4 用以下公式计算试环的体积磨损。

$$V_b = \frac{m}{\rho}$$

式中 V_b——体积磨损，mm^3；

m——试环的质量磨损，mg；

ρ——试环材料的密度，g/cm^3。

注：如果实验后试环的质量增加，则不能用称重法计算体积磨损。

7.5 用以下公式计算摩擦系数。

$$\mu = \frac{F_m}{F}$$

式中 μ——摩擦系数；

F_m——摩擦力，N；

F——标称正压力，N。

8 试验报告

试验报告中至少应包括如下内容：

a）试验机型号；

b）试验形式、材料种类、热处理工艺；

c）试验力（正压力）；

d）试验转速及转数；

e）润滑方式及种类；

f）试块的磨痕宽度和体积磨损；

g）磨损失去的质量；

h）摩擦系数（如有要求）；

i）环境温度；

j）试块加工方向。

9 试验结果准确度说明

9.1 本试验方法的偏差与执行标准的严格性密切相关。相同材料重复性试验的一致性与材料的均匀性、材料在摩擦中的相互作用、试验人员操作技术密切相关。

9.2 由于本试验结果分散性较大，尤其干磨损试验对试样初始表面条件十分敏感，因此一般要做 3 次以上重复试验。

9.3 磨损量与滑动距离一般不呈线性关系，因此仅能对同样转数的试验结果进行比较。

附录13　中华人民共和国机械行业标准 松散磨粒磨料磨损试验方法（橡胶轮法）JB/T 7705—1995

前　言

本标准是参照美国材料与试验协会标准 ASTM G65—1991《用干砂/橡胶轮装置测定磨料磨损的标准试验方法》和 ASTM G105—1989《湿砂/橡胶轮磨料磨损试验标准方法》，并根据国内外这类测试技术的应用经验和发展趋势以及有关验证试验结果。在技术内容上对它们进行适当删改、完善、合并编写而成。

本标准的附录 A、附录 B、附录 C 都是标准的附录。

本标准由机械工业部武汉材料保护研究所提出并归口。

本标准起草单位：机械工业部武汉材料保护研究所、中国农业机械化科学研究院工艺材料研究所。

本标准主要起草人：胡增文、曹瑞文、李孝全。

中华人民共和国机械行业标准 松散磨粒磨料磨损试验方法（橡胶轮法）JB/T 7705—1995

1　范围

本标准规定了松散磨粒磨料磨损试验方法（橡胶轮法）的试验装置、磨料、试样、试验条件、试验程序及其试验结果的处理和表示方法。

本标准适用于在试验室采用干砂/橡胶轮或湿砂/橡胶轮方法测定材料在松散磨粒磨料磨损条件下的磨损特性，提供被测试材料在规定试验条件下可再现的磨损特性数据。试验结果可用来预测被测试材料在实际工况中遭受松散磨粒或彼此联结强度差的磨粒群低应力、平行或近乎平行地与其表面作用时耐磨性优劣的相对排列次序。

2　引用标准

下列标准所包含的条文，通过在本标准中引用而构成为本标准的条文。本标准出版时，下列标准所示版本均为有效。所有标准都会被修订，使用本标准的各方应探讨使用下列标准最新版本的可能性。

GB 531—76　橡胶邵尔 A 型硬度试验方法

GB 2477—83　磨料粒度及其组成

GB 2481—83　磨料粒度组成测定方法

GB 3358—82　统计学名词及符号

GB 4891—85　为估计批（或过程）平均质量选择样本大小的方法

GB 6004—85　试验筛用金属丝编织方孔网

GB 9442—88　铸造用硅砂

3 定义和符号

本标准采用下列定义。

3.1 磨料磨损：由硬颗粒或硬突起所引起的材料磨损。

3.2 质量磨损（Δm）：磨损试验前后试样的质量差。

3.3 体积磨损（ΔV）：磨损试验前后试样的体积差。

3.4 相对磨损（$1/\varepsilon$）：试验材料的体积磨损与选定的“标准”材料在相同磨损条件下体积磨损之比。

3.5 相对耐磨性（ε）：相对磨损的倒数。

3.6 观测值（X）：一次观测或试验所确定的特性值。

3.7 样本的算术平均值（$\overline{X}$）：几个观测值总和被其个数除，即 $\overline{X=\frac{1}{n}\sum_{i=1}^{n}X_i}$。

3.8 样本的标准差（S）：$S=\sqrt{\frac{1}{n-1}\sum_{i=1}^{n}(X_i-\overline{X})^2}$。

3.9 样本的变异系数（V'）：$V'=S\sqrt{X}$。

3.10 表面覆盖层：为改进和（或）强化材料表面性能，采用覆盖层技术在合适的基体材料上所形成膜层的统称。覆盖层技术，包括比较传统的技术例如涂装、电镀、喷涂、喷焊、堆焊、表面淬火、表面化学热处理和机械处理，以及新兴的技术例如激光表面硬化、物理气相沉积、化学气相沉积、离子注入等。

4 方法概述

本试验方法的工作原理见图 1 和图 2。将试样的试验面以规定的载荷紧压在匀速旋转的橡胶轮轮缘的圆柱面上，同时将粒形、粒度及其组成符合规定的磨料引入到试样/橡胶轮之间，通过橡胶轮的旋转拽带磨料与试样试验面产生相对运动造成试样磨损。经过一定的摩擦行程后，测量试样的质量磨损。橡胶轮的旋转方向应使橡胶轮与试样相接触部位的线速度的方向与磨料的供给方向相同。

干砂/橡胶轮磨料磨损试验与湿砂/橡胶轮磨料磨损试验的主要差别在于磨料及其供给（引入）方式。前者是通过成形砂嘴利用磨料本身的重力，定量供给干砂；后者是利用安装在橡胶轮两侧浸在砂浆中的两个搅拌叶轮，搅动体积和浓度符合规定的砂浆，将砂浆引入试样/橡胶轮之间。

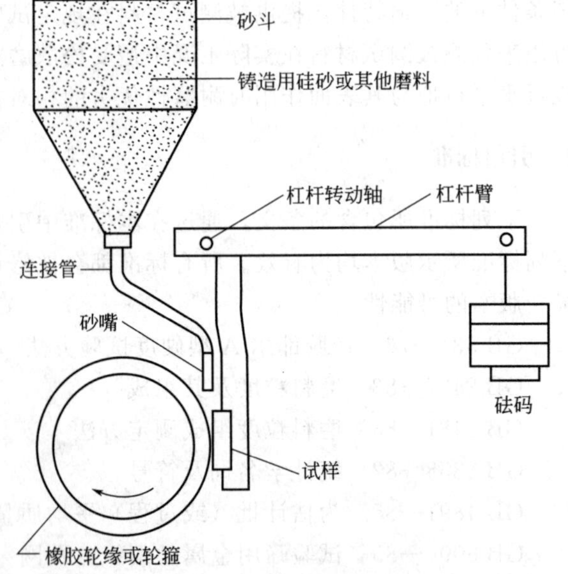

图 1 干砂/橡胶轮试验原理图

5 试验装置及其主要技术要求

试验者可按图 1 和图 2 所示的工作原理图设计制造或选用各自的试验装置，为了保证不同试验室间试验结果的可比性，几个关键零部件应满足下列技术要求。

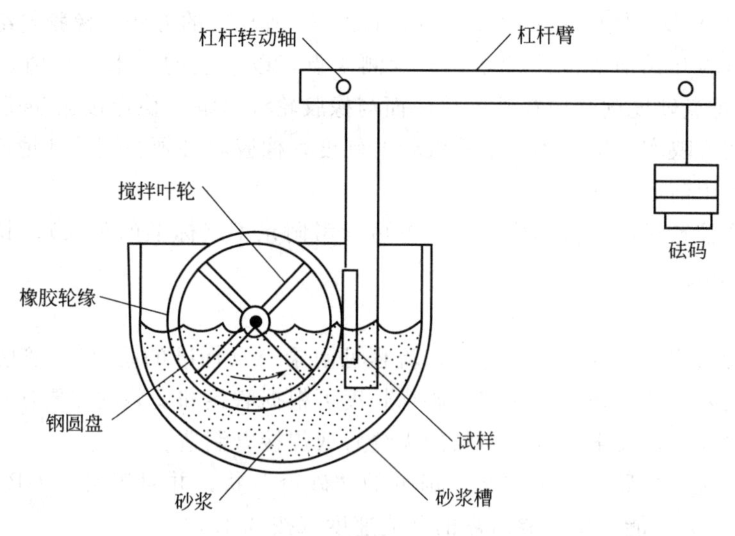

图 2 湿砂/橡胶轮试验原理图

5.1 干砂/橡胶轮磨料磨损试验装置

5.1.1 橡胶轮

由钢制圆盘和模压硫化在它外圆柱面上的氯化丁基橡胶轮缘组成［图 3(a)］；也可以由钢制轮毂、预先模压硫化成形的橡胶圈（轮箍）和钢压紧圆盘三部分组成［图 3(b)］。橡胶轮缘（或轮箍）宽度为（12.7±0.3)mm，对橡胶轮转速一定的试验装置其外径为 229mm，对能无级调速的试验装置则为 240mm。一直可用到橡胶轮外径减小至 215.9mm［对于图 3(a) 所示结构］或 209mm［对于图 3(b) 所示结构］。

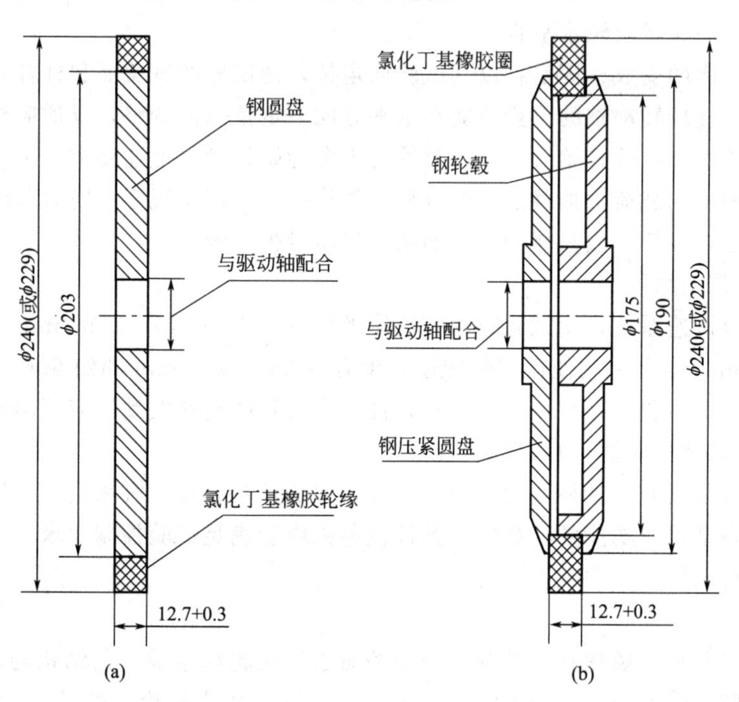

图 3 干砂/橡胶轮试验装置橡胶轮结构示意图

硫化后氯化丁基橡胶轮缘（或轮箍）的最佳硬度为邵尔 A60，容许偏差为±邵尔 A2。

其硬度采用邵尔A型（橡胶）硬度计，参照GB 531所规定的方法在橡胶轮缘（或轮箍）的外圆柱面上于试验开始前等间距测定，至少测4点，以它们的算术平均值表示该橡胶轮缘（箍）的硬度。每点硬度读数应在硬度计底面与橡胶轮缘（箍）稳定接触5s后读取。为使所测定的硬度真实反映实际试验条件下橡胶轮的硬度，橡胶轮必须在试验环境放置24h以后方可使用，并在使用前测定硬度。

氯化丁基橡胶轮缘或轮箍用橡胶的配方可参考附录C（标准的附录），其模压硫化温度16℃，时间20min。

5.1.2 砂嘴

推荐的砂嘴结构、尺寸及其制造工艺流程见附录A（标准的附录）。管嘴（出口）为矩形，其宽度依实际砂流速率要求而定。砂嘴长度可根据联接和安装的需要任选。除不锈钢管外，也可采用尺寸满足要求的其他材料的无缝管或焊接管制造。

从砂嘴出口流出的砂流应呈狭窄、扁平的"砂帘"状，并对于符合GB 2477表2的有关规定的60°粒度磨料能产生试验所需的砂流速度（按9.1.7）。

其他结构的成形砂嘴，只有管嘴（出口）的形状、尺寸和流出砂流的形状及砂流速度满足上述要求才可使用。

砂嘴必须安装在试样和橡胶轮接合处的上方，其出口应尽可能接近该接合处，并出口长度(12.7mm) 方向平行于橡胶轮轴线，使砂流平稳进入橡胶轮和试样接触面，而不明显冲击或部分绕过橡胶轮或试样。砂嘴进口通过塑料管与安装在设备上方的砂斗联接。砂嘴安装位置应能在水平方向一定范围内调整，以适应橡胶轮直径的变化，使砂流始终能满足上述要求。

5.1.3 试样夹具和杠杆系统

试样夹具安装在可增添砝码的杠杆臂上，试样应垂直安放固定在夹具内，以使施加于试样的法向载荷作用在橡胶轮水平直径方向上。

试样在夹具内的安放、固定宜以其试验面定位，使试样的试验面和杠杆系统的转动轴线在同一平面上。杠杆转动轴的位置应能在水平方向一定范围内调整，以适应橡胶轮直径的变化，使试样试验面在试验开始时的取向及受力方向能始终满足上述要求。

试验所需的法向载荷由加载砝码通过杠杆系统提供。产生规定法向载荷所需砝码的质量应通过实测确定，计算一般只能给初选加载砝码质量提供参考。

5.1.4 驱动、传动系统

宜采用无级调速系统，使试验时橡胶轮缘的线速度为(140±5)m/min，修整橡胶轮时为40～45m/min。也可采用使橡胶轮转速至少有(200±5)r/min和约60r/min两挡的其他驱动、减速系统。试验时，在规定的试验条件下橡胶轮的转速波动不应超出容许范围。

5.1.5 橡胶轮转数或摩擦行程计数装置

试验装置应装备有累计橡胶轮转数或摩擦行程的计数装置。宜采用具有达到预定转数或摩擦行程后能自动停机功能的计数器，其计数范围应能满足试验控制要求。

5.2 湿砂/橡胶轮磨料磨损试验装置

5.2.1 橡胶轮

由钢制圆盘和模压硫化在它外圆柱面上的氯丁橡胶轮缘组成，其结构与图3(a) 所示完全一样，且橡胶轮缘宽度仍为(12.7±0.3)mm，只是其橡胶轮缘外径为178mm，钢圆盘外径为152mm。一直可用至橡胶轮缘外径减小至165mm。

硫化后氯丁橡胶轮缘的最佳硬度为邵尔A60，容许偏差为邵尔±A2。橡胶轮的存放及其硬度测定方法按 5.1.1 给出的有关细则进行。

氯丁橡胶轮缘的配方可参考附录 C（标准的附录），其模压硫化温度 153℃，时间 40～60min。

5.2.2　搅拌叶轮

外径 160mm，其上均匀配置（夹角约 90°）有四片径向取向的直叶片，叶片宽（15±1）mm。在橡胶轮　两侧各安装一个，两侧叶片交错排列。叶轮和橡胶轮安装、固定在同一根驱动轴上。

5.2.3　砂浆槽

砂浆槽内腔的主要尺寸见附录 B（标准的附录）。

5.2.4　试样夹具和杠杆系统

与 5.1.3 的要求相同。

5.2.5　驱动、传动系统

应使橡胶轮转速至少有（245±5）r/min 和约 65r/min 两挡，试验时在规定试验条件下橡胶轮转速的波动不应超出容许范围。

5.2.6　橡胶轮转数或摩擦行程计数装置

与 5.1.5 的要求相同。

6　磨料

常规试验用磨料应根据所模拟工况中磨料的典型粒形，选用粒形类似的铸造用硅砂，并应由经质量鉴定合格的砂源供应。可对应选用湖口砂、新会砂或破碎石英岩砂（人造石英砂）等铸造用硅砂（见图 4）。

若试验的目的是为某特定工况选择材料工艺或进行有关机理研究，宜采用从相应购回的铸造用硅砂或从现场取回的磨料先经筛分，选取粒度及其组成符合 GB 2477 表 2 的有关规定的 60″粒度（粒径 212～425μm）的磨料供试验用。

试验用磨料，使用前应经充分干燥，对干砂试验其含水量不应超过 0.5%。磨料不宜重复使用。对湿砂/橡胶轮磨料磨损试验，每次试验都应重新配制砂浆。

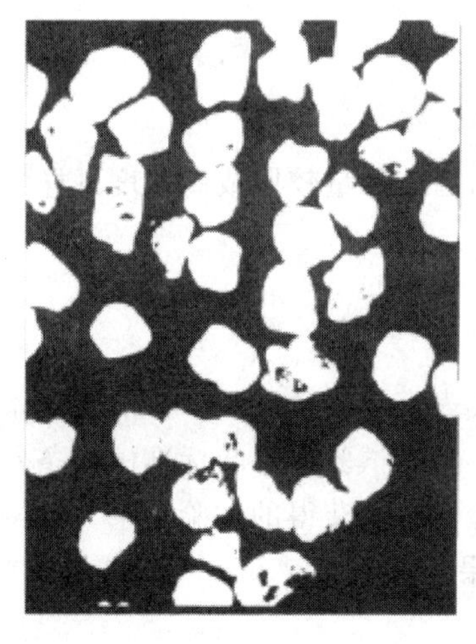

湖口砂

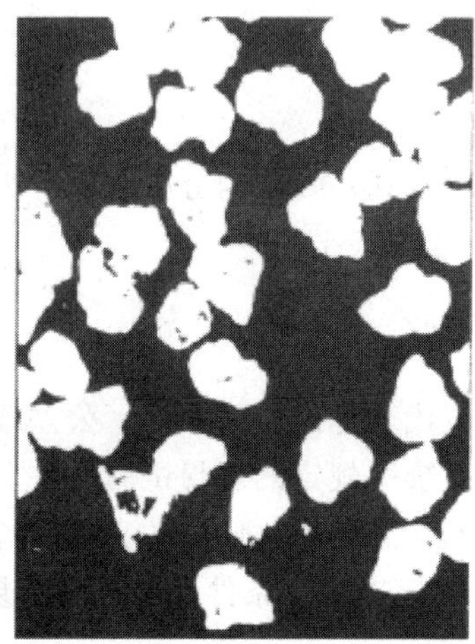

新会砂

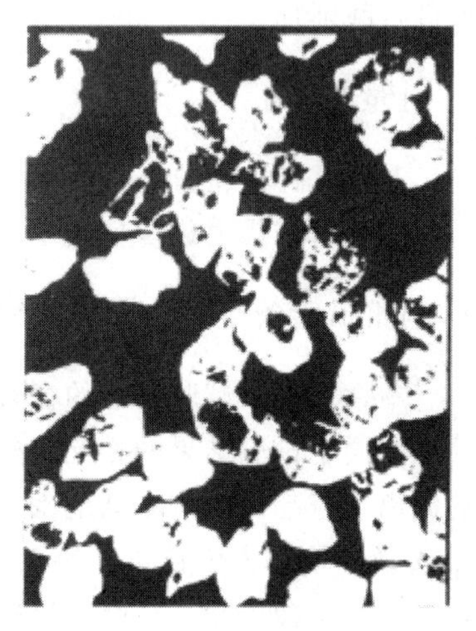

人造石英砂

图 4　试验用湖口砂、新会砂和人造石英砂

7 试样

7.1 除低硬度高弹性的高分子材料外，原则上任何类型的其他材料，不管其成型、制造工艺如何，也不管其是整体材料（包括复合材料）还是表面覆盖层，只要能制备成符合 7.3 有关规定的试样都可进行本标准规定的磨损试验。

但薄而耐磨性差的表面覆盖层，若即使采用 11.8 推荐的措施仍被磨穿显露出基体材料，则不适于进行这类磨损试验。

7.2 标准试样由选定的“标准”材料制成，它主要用于周期监测试验条件的变化，用其试验结果修正或表示试验试样的试验结果，以保证试验数据的再现性、可比性。“标准”材料应选用容易得到，并且质量和性能稳定的材料制造。宜选用优质钢，然后采用合适的热处理工艺处理，使其组织均匀，且硬度波动范围小。

应制备一组彼此间耐磨性有明显差别的标准试样（至少应包括有低、中、高三种不同耐磨性水平的材料）备用。在每批试验中，应按 12.2 中的要求选用合适的标准试样。在与试验试样相同的试验条件下，穿插对它们的试验。对每种“标准”材料重复试验的次数应不少于 3 次，以其算术平均值作为这批试验的“标准”材料的磨损量。

7.3 典型的试样为一长方体，矩形试验面的尺寸为 25mm×75mm（干砂试验）或 25mm×58mm（湿砂试验）。试样的厚度应使其质量不超过称量所用分析天平容许的最大称量值。其尺寸公差根据试样夹具的相应公差选定，试样应能自由地安放在夹具中并正确定位。试样的形状、尺寸也可根据试验的需要适当变化，但应保证不影响完整显露试验所产生的磨痕和试样在夹具中安放、定位。

试样试验面应清洁、无锈，并没有夹渣、气孔、缩松、增碳、脱碳、龟裂等铸造和（或）热处理缺陷。但试验目的就是研究有这样缺陷的表面的情况例外。试样表面平面度允差 125μm。除 7.4 所涉及的情况外，试样的试验面应经过磨削（湿磨）加工至表面粗糙度 R_a 不大于 0.8μm。磨削方向应平行于试验时试样的摩擦方向。

7.4 对厚度小于 300 的表面覆盖层，允许试样试验面（覆盖层）不经磨削加工，但其基体材料的被涂覆表面，在施行覆盖层技术前，若无须“粗化（打毛）”，则应按 7.3 的有关要求进行磨削加工。

8 计量器具

测量试样的质量磨损应采用感量 0.0001g 的分析天平，为适应称量较厚或高密度试样的需要，宜选用最大称量量大于 150g 的天平。

9 标准试验条件及其容许波动范围

本章规定的试验参数的公称值代表标准试验条件，公差代表容许波动范围。标准试验条件是为便于试验结果的相互比较而统一规定的理想试验条件。真实试验条件与标准试验条件的偏离不应超出容许波动范围。对在满足这一要求的真实试验条件下获得的试验结果，可按 12.2 所给出的方法校正（换算）成标准试验条件下的试验结果。

9.1 干砂/橡胶轮磨料磨损试验

9.1.1 橡胶轮氯化丁基橡胶，硬度为邵尔（也叫肖式硬度）A(60±2)，宽度(12.7±0.3)mm。

9.1.2 施加于试样的法向载荷 (130±4)N。

9.1.3 摩擦速度(橡胶轮缘线速度)(140±5)m/min。

9.1.4 预磨摩擦行程 560m。

9.1.5 试验摩擦行程 1400m。

9.1.6 磨料粒度及其组成 60°(符合 GB 2477 表 2 的有关规定)。

9.1.7 砂流速度(磨料供给速率)(300±5)g/min 或 (130±5)g/min。

9.2 湿砂/橡胶轮磨料磨损试验

9.2.1 橡胶轮氯丁橡胶,硬度为邵尔 A(60±2),外径 $178^{-0.25}_{3}$ mm,宽度(12.7±0.3)mm。

9.2.2 施加于试样的法向载荷 (70±3)N。

9.2.3 橡胶轮转速 (245±5)r/min。

9.2.4 预磨摩擦行程 560m (约 1000r)。

9.2.5 试验摩擦行程 1120m (约 2000r)。

9.2.6 磨料粒度及其组成 60^{n}(符合 GB 2477 表 2 的有关规定)。

9.2.7 砂浆组成 1500g 磨料,940~1000mL 去离子水。

10 橡胶轮的修整

10.1 所有新的橡胶轮在使用(试验)前都应对其轮缘(或轮箍)的圆柱面进行修整,保证其与固定它的钢制圆盘(或夹具)内孔的同轴度,其圆跳动允差应不大于 50μm,并使试样上的磨痕呈矩形。

使用过的橡胶轮,若发生下列任何一种现象都应对其再次进行修整:

a) 其圆柱面上产生了沟槽;

b) 试样上的磨痕不呈矩形;

c) 试验过程中杠杆臂严重跳动。

10.2 橡胶轮的修整可直接在试验装置上进行。整程序如下:在试验装置的试样夹具上安装一块表面平整包覆有粒度为 P100 的砂布或砂纸的试样;启动试验装置;缓慢放下加有砝码的杠杆臂,使试样平稳地与旋转的橡胶轮接触,有橡胶屑产生后,先固定杠杆臂位置,修整一段时间至橡胶屑明显减少后再调整杠杆臂位置,使试样径向进给一定距离,继续进行修整;重复上述步骤数次,直至达到 10.1 的有关要求为止。修整时橡胶轮的线速度应为 40~45m/min,否则易使橡胶轮表面过热,以致不产生橡胶屑,而是涂抹橡胶,形成一有严重黏附作用的表面,使修整不能正常进行。修整时应防止粗的松散磨粒进入橡胶轮和砂布(或砂纸)的接触面间。

10.3 修整过的橡胶轮应首先对钢铁试样至少进行一次试验(预磨)或采用 10.4 所规定的方法(需适当延长摩擦行程),彻底去除橡胶轮轮缘表面上修整后可能出现的黏附层,形成一光滑、均匀、无黏附作用的表面后才能用于正式试验。

10.4 湿砂/橡胶轮磨料磨损试验用氯丁橡胶轮在其累计摩擦行程达 5600m (约 10000r)后,即使未出现 10.1 中所指出的现象也应再次修整橡胶轮,否则会对试验结果的再现性产生有害影响。这类修整也可直接在试验装置上进行。修整程序如下:用清水将橡胶轮冲洗干净,把表面平整包覆有粒度为 P240 的水砂纸的试样安装在夹具上,然后将该夹具装在杠杆臂上,在砂浆槽里加 500mL 水,在杠杆臂上加上能给橡胶轮施加 40~50N 法向载荷的适当砝码，放下杠杆使试样上砂纸紧贴橡胶轮，启动试验装置，橡胶轮以约 245r/min 转速旋转 100r 停机。经这样修整的橡胶轮可不必再进行 10.3 要求的预磨步骤。

11 试验程序

11.1 试验前应用溶剂或清洗剂清洗试样，去除它们所带有的所有灰尘、油脂和（或）其他外来物质，并随后立即进行干燥以去掉所有残留在试样上和渗入试样内的溶剂或清洗剂。具有剩磁的钢铁试样还应退磁。

11.2 除厚度小于 300μm 和试验后易磨穿的表面覆盖层，以及其耐磨性随层深而变化的表面覆盖层外，正式试验前试样的试验面都应经过预磨。试样的预磨采用和正式试验同样程序（11.3.2～11.3.7 或 11.4.2～11.4.7、11.4.9），只是此时 11.3.6 和 11.4.7 中的所谓“预定摩擦行程”应为预磨摩擦行程（按 9.1.4 或 9.2.4）。试样上的预磨痕应呈矩形。对经预磨的试样，正式试验应在其预磨磨痕上进行。

11.3 干砂/橡胶轮磨料磨损试验

11.3.1 称量试样，精确到 0.0001g。

11.3.2 托起杠杆臂，加上能使试样以 130N 力压向橡胶轮所需的砝码，将试样可靠地安装在试样夹具中。对经过预磨的试样，试样在试样夹具中的取向和相对位置应与其预磨时相同。

11.3.3 关闭供砂阀，按 5.1.2 给出的细则换上试验所需的砂嘴，在砂斗中装上足够的试验所需的磨料。

11.3.4 将累计摩擦行程（或橡胶轮转数）的计数器“复零”。对于具有自动停机功能的计数器应根据摩擦行程要求预置合适的数。

11.3.5 开阀供砂，启动试验装置，平稳放下杠杆，使试样压在橡胶轮上，并立即接通计数器开始计数。也可先放下杠杆，然后再进行其他步骤。

11.3.6 达到预定的摩擦行程（或橡胶轮转数）后，手动或自动使试样离开橡胶轮、关断砂流并停机。试验前后都应测定砂流速度，除非已确定砂流速度是稳定的。

11.3.7 取下试样，擦拭干净，冷却后再次称量，精确到 0.0001g。

11.4 湿砂/橡胶轮磨料磨损试验

11.4.1 称量试样，精确到 0.0001g。

11.4.2 托起杠杆臂，加上能使试样以 70N 力压向橡胶轮所需的砝码；将试样可靠地安装在试样夹具中，然后将夹具安装在杠杆臂上。对经过预磨的试样，试样在试样夹具中的取向和相对位置应与其预磨时相同。

11.4.3 冲洗砂浆槽和橡胶轮，彻底去除前次试验残留下的砂浆，关闭泄浆孔。

11.4.4 往砂浆槽中加入温度为室温的 1500g 试验用磨料和 940～1000mL 去离子水。在砂浆槽顶部盖上顶盖，以防止试验时砂浆飞溅泄漏。

11.4.5 将累计摩擦行程（或橡胶轮转数）的计数器“复零”。对于具有自动停机功能的计数器，应根据摩擦行程要求预置合适的数。每次试验，摩擦行程不应超过 1120m（约 2000r）。

11.4.6 启动试验装置，平稳放下杠杆使试样压在橡胶轮上，并立即接通计数器开始计数。也可先放下杠杆，然后再进行其他步骤。

11.4.7 达到预定的摩擦行程后，手动或自动使试样离开橡胶轮并停机。然后，开启泄浆孔，放掉已用过的砂浆。

11.4.8 对耐磨性高的试样，可重复 11.4.3～11.4.7 步骤数次，以增加摩擦行程。

11.4.9 从砂浆槽中取出试样夹具，取下试样，清洗、干燥，冷却后再次称量，精确到 0.0001g。

11.5 试样上的磨痕应呈矩形。试样的质量磨损为其正式试验前后的质量差。

11.6 试样的预磨和正式试验应采用同一橡胶轮。

11.7 对于干砂/橡胶轮磨料磨损试验，两次试验间的间隔时间应不少于 30min，以使橡胶轮的温度恢复到室温。

11.8 对表面覆盖层进行本标准规定的试验时，应以不磨穿覆盖层而显露基体材料为前提。对于按 9.1.5 或 9.2.5 规定的试验摩擦行程进行试验可能会被磨穿的覆盖层，可在保证试验精密度的前提下，适当减少摩擦行程进行试验。

12 试验结果的校正和报道

12.1 所得到的试验结果应统一报道为 9.1 或 9.2 所规定的标准试验条件下的体积磨损、相对磨损或相对耐磨性，以便对密度不同材料的试验结果进行比较。质量磨损仅适用于密度相同或相近材料的比较。试验求得的质量磨损可按式(1) 转换为体积磨损。

$$\Delta V=\frac{\Delta M}{\rho}\times 1000 \tag{1}$$

式中 ΔV——试验材料的体积磨损，mm^3；

ΔM——试验材料的质量磨损，g；

ρ——试验材料的密度，g/cm^3。

12.2 对真实试验条件偏离标准条件，但又都在 9.1 或 9.2 所规定的容许波动范围内的试验结果，可按式（2）或式（3）校正（换算）成标准条件下的试验结果。

$$\Delta M_{A}=\Delta M\ \frac{\Delta M_0}{\Delta M_a} \tag{2}$$

或

$$\Delta V_{A}=\Delta V\ \frac{\Delta M_0}{\Delta M_a} \tag{3}$$

式中 Δm_A 和 ΔV_A——经换算求得的试验材料在标准试验条件下的质量磨损和体积磨损，g，mm^3；

Δm 和 ΔV——试验材料的实际质量磨损和体积磨损，g，mm^3；

Δm_a——“标准”材料在与试验材料相同的真实试验条件下的质量磨损，g；

Δm_0——“标准”材料在标准试验条件下的质量磨损，g。

用于此目的的标准试样，宜根据试验试样耐磨性水平从已制备的一组标准试样中选用耐磨性水平与其较接近的。

12.3 只有试验条件完全相同的试验结果才有可比性。其他试验条件相同，仅摩擦行程和（或）橡胶轮宽度不同的试验结果，可根据“试样磨损量与摩擦行程成正比、与橡胶轮宽度成反比”这一规律换算成试验条件完全相同的结果。

12.4 对同一材料重复试验的次数应不少于 3 次。在报道试验结果时，同时还应报道产生它们的标准 试验条件（9.1 或 9.2）和所用磨料。偏离标准试验条件（第 9 章）和规定试验程序（第 11 章）的任何改变都应在注释中特别说明。此外，还应给出按 7.2 的有关要求测得的相应“标准”材料的磨损量及其材质概况。

13 试验结果的精密度和偏差

13.1 用本试验方法所得到的试验结果的精密度和偏差取决于整个试验期间严格遵守本标准有关规定（试验装置和试验条件等）的程度。

13.2 对同样材料重复试验结果的一致程度取决于材料的均匀性以及试验者对试验的周密监视和控制。

13.3 磨料、橡胶轮特性以及试验条件的波动往往会降低试验结果的精密度。然而，若采用同一制造单 位按统一配方、工艺、同一批生产的橡胶轮或轮箍和粒度及其组成相同、同一砂源供给的同类磨料，正确地进行试验，均质材料试验结果的变异系数将不大于5%。

13.4 试验装置的初运转和合格（鉴定）试验

对于初次运转的试验装置，为了确定其精密度和偏差所需的试验次数应不少于5次。此后，定期监测其精密度和偏差的试验次数可减少到3次。鉴定试验所用的试样应取自同样的均质材料，宜选用对试验条件变化比较敏感的耐磨性较低的标准材料。试验后，对所获得的累积的试验结果按3.6～3.9给出的公式进行统计计算，其变异系数应不超过5%。若超过5%，就应考虑试验装置或（和）试验过程可能有所失控，并采取措施消除产生不稳定结果的原因。

对鉴定合格的试验装置，在以后的使用中也应定期或视情况随时采用标准试样对试验装置进行再鉴定，以保证该试验装置产生数据的精密度。

13.5 在鉴定合格的试验装置上进行的任何系列试验，所获得的每一试验数据，包括那些明显离散的数据都应视为有效数据，在按3.6～3.9给出的公式进行统计计算时都应予以考虑。除非已观察到试验装置或（和）试验过程有所失控，或试样明显异常。

附录A
推荐的砂嘴结构、尺寸及其制造工艺流程
（标准的附录）

A1 按需要长度切取一段外径17mm，壁厚2.2mm的不锈钢管。

A2 将其内径加工至12.7mm。

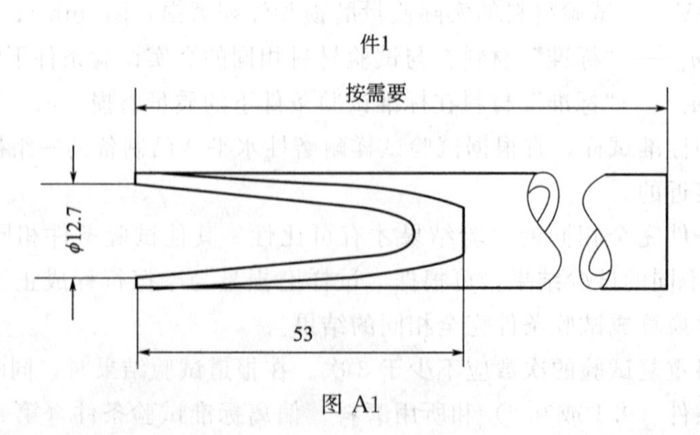

图A1

A3 在管外径上对称铣两个与其轴线夹角为7.5°的斜面，该斜面起于管的端部，止于离端部53mm处。

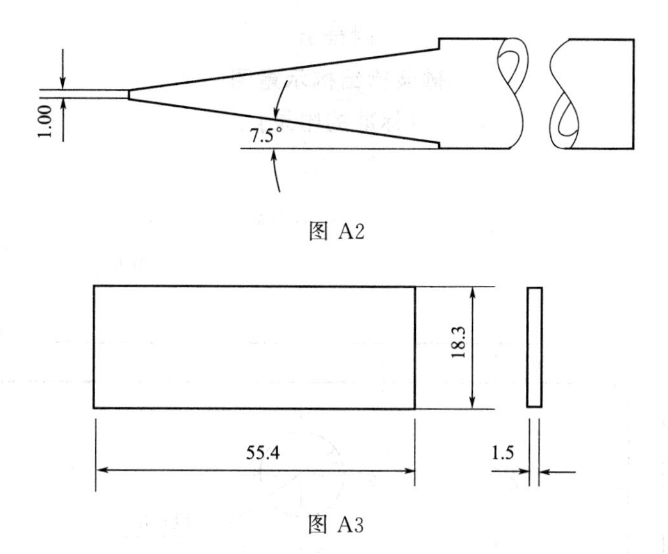

图 A2

图 A3

A4　将厚约 1.65mm 的不锈钢带加工至右图所示尺寸并使其平整。

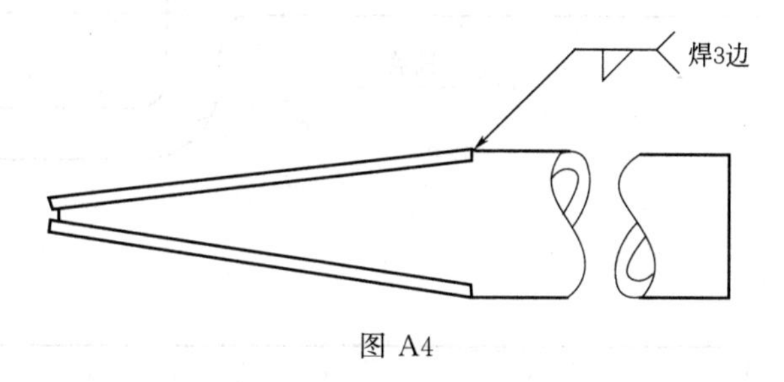

图 A4

A5　将件 2 的平面焊接在件 1 的斜面上。

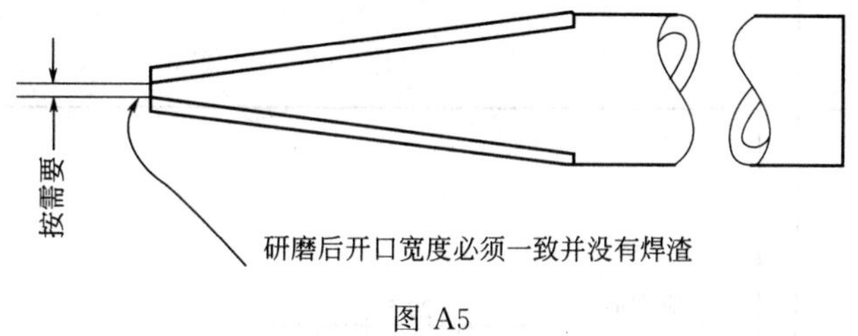

图 A5

A6　研磨砂嘴端部（出口），逐渐调整开口缝隙宽度，以使其对所用的 60°粒度磨料砂流速度为（300±5)g/min 或（130±5)g/min。

附录 B
砂浆槽结构示意图
(标准的附录)

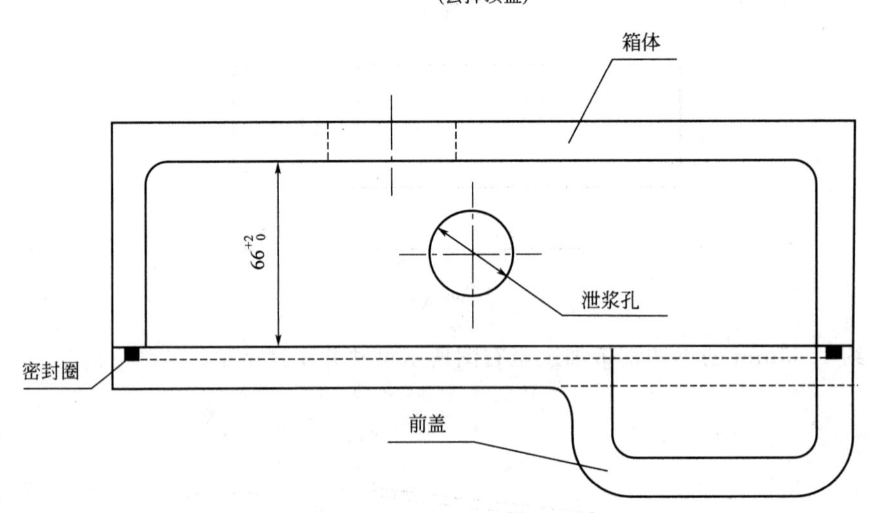

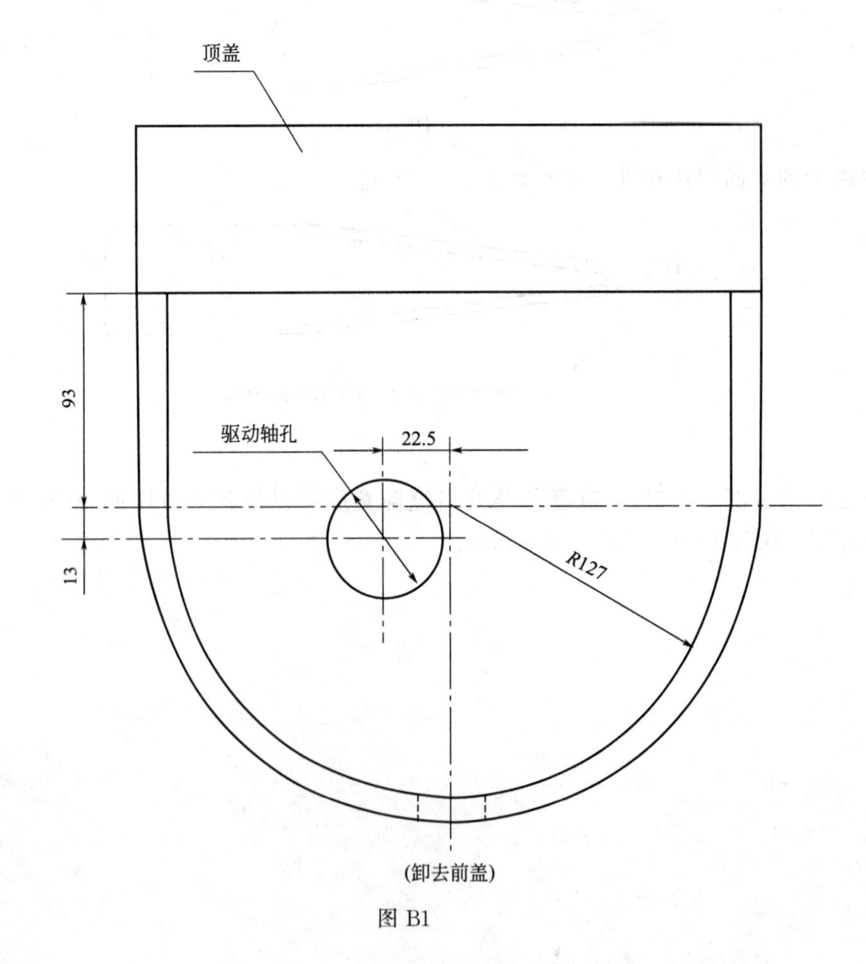

图 B1

附录 C
推荐的橡胶轮缘（或轮箍）的橡胶配方
（标准的附录）

表 C1 氯丁橡胶（ASTM G65—1991 推荐配方）

组　分	重量百分数/%
Chlorobutyl No. HT 10—66 *	100
Agerite Staylite—S *	1
高耐磨炉黑	60
Circolight Oil *	5
硬脂酸	1
氧化锌	5
Ledate *	2

表 C2 氯丁橡胶（ASTM G105—1989 推荐配方）

组　分	重量百分数/%
Neonrene GW *	100
Magnesia *	2
氧化锌	10
Octamine *	2
硬脂酸	0.5
半补强炉黑	37
ASTM # 3 Oil *	10

注：* 商品名，其细节可查阅《橡胶工业手册（修订版）》第一分册（生胶与骨架材料）和第二分册（配合剂）（北京：化学工业出版社，1993）的有关部分。

附录 14　中华人民共和国机械行业标准
摩擦材料术语
JB/T 5071—1991

1　主题内容与适用范围

本标准规定了有关摩擦材料的名词术语及其定义。

本标准适用于摩擦制动器与离合器中的金属基摩擦材料，非金属基的有机系摩擦材料及半金属摩擦材料等制品有关的术语。

本标准不适用于磁粉系列的制动器和离合器。

2　制品及与制品有关的术语

2.1　摩擦材料　friction material

以提高摩擦磨损性能为目的，用于摩擦离合器与摩擦制动器的摩擦部分的材料。

2.2　石棉摩擦材料　asbestos friction material

石棉纤维添加适量填料，以树脂为黏结剂，采用热压工艺制成的摩擦材料。

2.3　烧结金属摩擦材料　sintered metal friction material

以金属粉末为基体添加适量润滑组分和摩擦组分所组成的，采用烧结的方法制成的摩擦材料。

2.4　金属陶瓷摩擦材料　ceramet friction material

添加一定比例具有陶瓷性能的金属氧化物的摩擦材料。

2.5　半金属摩擦材料　semimetal friction material

石棉无机纤维、金属增强纤维、高碳铁粉和填料，以树脂为黏结剂，采用热压工艺制成的摩擦材料。

2.6　无石棉摩擦材料　asbestos-free friction material

不含有石棉纤维的有机摩擦材料。

2.7　纸基摩擦材料　paper friction material

以石棉、纸浆等为基体，添加适量填料，以树脂为黏结剂，采用造纸和热压工艺制成的摩擦材料。

2.8　金属摩擦材料　full metal friction material

用铸铁或钢板制成的摩擦材料。

2.9　碳基摩擦材料　carbon friction material

以碳素粉末或碳纤维为基体，添加适量有机黏结剂及填料，采用热压成型工艺制成的摩擦材料。

2.10　碳/碳复合摩擦材料　carbon-carbon composite material

碳纤维（或碳布）采用反复碳化或气相沉积工艺制成的摩擦材料。

2.11　摩擦衬片　friction facing

用摩擦材料制成的片状零件，主要包括离合器面片和制动器衬片。

2.12 铜基摩擦片 copper base friction plate

以铜粉或铜合金粉为基体，添加适量的摩擦和润滑组元，采用粉末冶金工艺与芯片烧结制成的摩擦片。

2.13 铁基摩擦片 iron base friction plate

以铁粉为基体添加适量的摩擦和润滑组元，采用粉末冶金工艺与芯片烧结制成的摩擦片。

2.14 高弹性摩擦片 elastomer friction plate

以氟橡胶等为基体添加适量填料制成，能承受高比压的摩擦片。

2.15 对偶材料 opposing material

与摩擦材料构成摩擦副的配偶材料。

2.16 摩擦片 friction plate

芯片和摩擦衬片或摩擦材料层组成的部件。通常在制动器、离合器中又叫从动片或从动盘总成。

2.17 对偶件 mating plate

端面同摩擦片构成摩擦副的金属件。

2.18 摩擦盘 friction disc

圆盘状摩擦片与对偶件的总称。

2.19 外片 outer plate

外圆周与外传动件相嵌合，其端面同内片端面组成摩擦副的圆环片。

2.20 内片 inner plate

内圆周与内传动件相嵌合，其端面同外片端面组成摩擦副的圆环片。

2.21 衬板 back plate

摩擦材料粘接或铆合在其表面的金属板，是构成摩擦片组件的零件。

2.22 芯片 core plate

端面与摩擦衬片或摩擦材料层做成一体的金属片或非金属片。

2.23 油槽 oil groove

湿式摩擦衬片表面，为润滑油或冷却油通路而设计和加工的沟槽。

2.24 沟槽型式 groove pattern

沟槽的平面模式。

2.25 沟槽断面形状 sectional pattern of groove

沟槽的横截面形状。

2.26 花键（齿） spline

用于传送摩擦力，在摩擦片的外圆周或内圆周设计的若干个齿。

2.27 编织摩擦材料 woven friction material

用石棉布或其他纤维织成的布浸胶浆或树脂经烘干、热压后所得的摩擦材料。

2.28 特殊编织摩擦材料 special woven friction material

用特殊加工方法制成的编织摩擦材料。

2.29 模压摩擦材料 molded friction material

在封闭的模腔内通过加热、加压而成型的摩擦材料。

2.30 软质模压摩擦材料 flexible molded friction material

弹性好、硬度低、易挠曲，柔软的模压摩擦材料，通常指橡胶基类摩擦材料。

JB/T 5071—1991

2.31 干法生产摩擦材料 dry mixing friction material

采用固体树脂以干法工艺生产的摩擦材料制品。

2.32 湿法生产摩擦材料 wet mixing friction material

采用液体树脂以湿法工艺生产的摩擦材料制品。

2.33 缠绕式离合器片 winding clutch facing

石棉（含有铜丝）线或其他线，经浸胶后采用一定缠绕方式后热模压制成的离合器面片。

2.34 编织离合器片 weaving clutch facing

石棉布等纺织品经浸胶、绕制、热模压制成的离合器面片。

2.35 压盘 pressure plate

对摩擦副施加压力的圆盘。

2.36 制动盘 brake disc

以端平面为摩擦工作面的圆盘形金属件。

2.37 制动衬片 brake liner

在鼓式制动器中，与制动鼓构成摩擦副，用摩擦材料制成的零件。

2.38 制动带 brake band

在带式制动器中为了使其产生制动作用，卷附在制动鼓摩擦表面的带状摩擦材料。通常又叫刹车带。

2.39 石棉编织刹车带 woven asbestos brake band

石棉编织带经浸树脂、胶浆（含有填料）烘干后，通过热压制成的带状摩擦材料。

2.40 石棉布层压刹车带 laminated asbestos brake band

石棉布经浸胶浆（含有填料）烘干后，由多层浸胶带热压制成的带状摩擦材料。

2.41 石棉绒橡胶刹车带 asbestos fiber rubber brake band

以石棉绒、填料、橡胶经辊炼辊压或模压制成的带状摩擦材料。

2.42 树脂刹车带 resin type brake band

以树脂为黏结剂的制动带。

2.43 橡胶刹车带 rubber type brake band

以橡胶为黏结剂的制动带。

2.44 制动鼓 brake drum

在鼓式制动器或带式制动器中，与制动衬片或制动带构成摩擦副的圆筒状金属件。

2.45 制动闸瓦（闸瓦） brake block

机车车辆或石油钻机等机械中，与车轮或制动盘等构成摩擦副的摩擦衬片。

2.46 制动环 O-ring brake

环形摩擦材料制品。

2.47 摩擦块 friction block

离合器或制动器中，用摩擦材料制成的块状零件。

JB/T 5071—1991

3 摩擦、磨损术语

3.1 摩擦面 friction surface (frictional surface)

以摩擦为目的而设定的表面（由于摩擦而产生的表面）。

3.2 覆盖系数 covering coefficient

摩擦副中摩擦片与对偶件表观面积的比值。

3.3 摩擦系数 coefficient of friction

阻碍两物体相对运动的切向力（即摩擦力）对作用到物体表面的法向力之比。摩擦力除以接触表面间的法向力的无量纲量，通常用式 $f=\frac{F}{P}$ 表示。

式中 F——摩擦力；

P——接触面间的法向力。

3.4 静摩擦系数 coefficient of static friction

在静摩擦状态下，摩擦副的接触面上所产生的最大摩擦力与法向作用力（正压力）的比值。

3.5 动摩擦系数 coefficient of dynamic friction

动摩擦力与法向作用力（正压力）的比值。

3.6 平均动摩擦系数 mean coefficient of dynamic friction

滑动摩擦过程中的动摩擦系数平均值。

（1）由时间的平均值表示：

$$\overline{f_1}=\frac{1}{t_2-t_1}\int_{t_1}^{t_2}\left(\frac{F}{P}\right)\mathrm{d}t$$

（2）由距离的平均值表示：

$$\overline{f_2}=\frac{1}{S_2-S_1}\int_{S_1}^{S_2}\left(\frac{F}{P}\right)\mathrm{d}S$$

3.7 瞬间动摩擦系数 instantaneous coefficient of dynamic friction

因时间而发生变化的动摩擦系数的瞬时值。

3.8 干摩擦 dry friction

在完全不存在其他介质的完全清洁的表面间的摩擦。通常指没有油或其他液体存在时摩擦面间的摩擦。

3.9 湿式摩擦 wet application

有油或其他液体存在时所发生的摩擦。湿式离合器等摩擦状态相当于湿式摩擦。

3.10 磨损率 wear rate

摩擦副不产生烧伤，单位摩擦功下的最大磨损量（单面）。

3.11 热影响层 heat affected layer

伴随摩擦磨损引起温升、变形、转移等，导致材料的化学组分、组织、物理和机械性能发生变化的部分。

3.12 热斑 heat spot

由于局部过热，摩擦表面产生斑点状的变质部分。

3.13 烧伤 burning

因摩擦热所致的温升，使固体表面产生热变质的现象。

3.14 龟裂 craze cracking (crazing)

摩擦面上，因摩擦引起的加热冷却反复循环所致的不规则的龟壳状裂纹。

3.15 发汗 sweating

由于高温低熔点物从摩擦材料上如出汗似地渗出的现象。

3.16 凹状变形 dishing

由于摩擦温度太高，摩擦衬片呈凹形变形的现象或状态。

3.17 波状变形 buckling (waveness)

由于摩擦温度太高，摩擦衬片呈波纹状变形的现象或状态。

3.18 剥落 spalling

摩擦材料变成剥离片而脱落的现象。

4 试验方法及性能术语

4.1 摩擦试验机 friction tester (friction testing machine)

① 用于评价摩擦材料或润滑剂的摩擦磨损特性的试验机。典型试验有定速式摩擦试验机、惯性式摩擦试验机等。

② 评价摩擦片产品零件性能的试验机。作为代表性的试验机有惯性测力计，实物试验机。

4.2 定速式摩擦试验机 constant speed friction tester

是将摩擦材料试片压在以一定速度旋转的圆板或圆环上，以测定摩擦力和磨损量等的试验机。为了调节摩擦面的温度，此试验机都具有加热和冷却装置。

4.3 惯性式摩擦试验机 inertia type friction tester

通过摩擦材料和对偶材料的摩擦，吸收具有设定惯性力矩的飞轮的回转动能，以评价有关摩擦磨损性能的试验机。

4.4 惯性测力计（测力计、测功器） inertia type dynamometer

试验离合器和制动器的工作性能的测力计。

4.5 实物性能试验 full size performance test

借助惯性测力计，使用实物离合器或制动器，施加与实车相当的惯性力矩为负荷，以评价实物性能的试验。

4.6 惯量 inertia

惯性式摩擦试验机或测力计的惯性矩的通称。

4.7 施加力 engagement force

使摩擦离合器、制动器的摩擦副产生正压力的外力。

4.8 比压 interface pressure (unit pressure)

接触表面上的垂直力与宏观接触面积的比值。

4.9 许用比压 allowable interface pressure

不发生异常损伤或功能异常降低，而离合器、制动器能正常工作所容许的比压范围。

4.10 试验温度 test temperature

作为摩擦试验条件而设定的温度。

4.11 摩擦面温度 frictional surface temperature

① 摩擦的宏观接触表面的平均温度。

② 摩擦的实际接触表面的瞬时温度。

4.12　许用摩擦面温度　allowable temperature of frictional surface

不发生烧伤等异常损伤或功能异常下降，而离合器、制动器能正常工作所容许的摩擦表面温度范围。

4.13　摩擦面数　number of friction faces

摩擦副传递动力或运动时有效的摩擦接触面的数目。

4.14　实际摩擦面数　number of active friction faces

在单片离合器或制动器中，由摩擦片与对偶件构成的摩擦面的数目。

4.15　磨合（跑合）　running-in

为了使摩擦表面有良好的接触而在较低负荷条件下进行的摩擦运动。也称谓磨平运转。

4.16　摩擦力矩　friction torque

在摩擦离合器和制动器中，由摩擦力产生的力矩以下式表示：

$$M = fpA_1ZR_c$$

式中　M——摩擦力矩；

f——摩擦系数；

p——比压；

A_1——个摩擦面的接触面积；

Z——摩擦面数；

R_c——有效半径。

4.17　静摩擦力矩 static friction torque

离合器、制动器的摩擦副处于静摩擦状态下所产生的力矩。

4.18　动摩擦力矩 dynamic friction torque

离合器、制动器的摩擦副处于滑动摩擦状态下所产生的力矩。

4.19　力矩曲线 torque curve

表示动摩擦力矩相对于速度或时间而变化的曲线。

4.20　力矩容量 torque capacity

离合器或制动器摩擦力矩的许用极限。

4.21　滑动时间 slipping time

摩擦面发生相对滑动的时间。

4.22　平均动摩擦力 mean dynamic friction force

在滑动时间内产生动摩擦力的平均值。

① 以时间为变量的平均值：

$$\overline{F_1} = \frac{1}{t_2 - t_1}\int_{t_1}^{t_2}\left(\frac{F}{P}\right)\mathrm{d}t$$

② 以距离为变量的平均值：

$$\overline{F_2} = \frac{1}{S_2 - S_1}\int_{S_1}^{S_2}\left(\frac{F}{P}\right)\mathrm{d}S$$

式中　F——平均动摩擦力；

t_1——滑动初始时间；

t_2——滑动终了时间；

S——距离。

4.23 平均摩擦半径 mean friction radius

圆盘离合器和盘式制动器，当用 R_0 表示摩擦面最大半径，R_1 表示最小半径时，1/2（R_0+R_1）即平均摩擦半径。

4.24 当量摩擦半径 equivalent friction radius of facing

摩擦副摩擦合力的作用半径。

4.25 摩擦功 friction work

由摩擦力所做的功。

4.26 吸收能量 energy dissipation

离合器、制动器所吸收摩擦功的运动能量。

通常用单位摩擦面积的相当值（功）表示。

4.27 许用吸收能量 allowable energy dissipation

不发生烧伤等异常损伤或功能下降的离合器、制动器能正常工作所吸收能量的范围。

4.28 吸收功率 rate of energy dissipation

单位时间所吸收的能量。

通常多以接合（制动）一次的平均值表示。也有用瞬时值或某一定时间内吸收能量的平均值表示。

常以单位面积的能量值表示。

4.29 许用吸收功率 allowable rate of energy dissipation

不发生异常磨损、烧伤等异常损伤或功能异常降低而离合器、制动器能正常工作所容许的吸收功率的范围。

4.30 PV 值 PV valus（PV factor）

摩擦压力（N/Crri2）和表面线速度（m/s）之乘积。

4.31 极限 PV 值 PV limit

在未发生异常磨损、烧伤等异常损伤或功能异常降低的条件下，离合器、制动器正常工作所容许的最大 PV 值。

4.32 散热能力 heat dissipation capacity

离合器、制动器能够散出由摩擦功产生的摩擦热的能力。

4.33 衰退 degeneration

由于接合过程或外界等因素造成摩擦副的性能变化而引起离合器或制动器工作能力下降的现象。

4.34 恢复 recovery

衰退后，离合器或制动器工作能力复原的现象。

4.35 伤痕 scar

经摩擦后在摩擦面上留下的拉伤、擦伤、犁沟、烧伤等痕迹。

4.36 凹凸不平 unevenness

摩擦材料模压制品表面不规则的高低不平。

4.37 翘曲 warp

摩擦材料制品受温度影响产生的不规则变形。

4.38 膨胀 swelling

摩擦材料试验中或使用过程中几何尺寸增大的现象。

4.39 裂缝 crack

在成型和使用过程中，由于温度、应力、疲劳等在材料中引起的不规则缝隙。

4.40 起泡 blisting

摩擦材料在成型或使用过程中，由于材料内部产生的气体聚集而产生的表面隆起。

4.41 摩擦振动 friction oscillation

由于非定值摩擦力而产生的振动。

4.42 噪音 noise（chatter）

由于摩擦振动而产生的声音。

4.43 颤振 tremor

摩擦副在工作过程中产生振动和噪声的现象。

4.44 过恢复 build up

离合器和制动器的作用初期或工作结束以前所出现的摩擦力矩急剧上升的现象。

4.45 启动摩擦 starting friction

在机械开始启动时，各摩擦部分产生的摩擦阻力的总和。

4.46 早晨效应 morning sickness

摩擦制动器长时间停止工作后重新制动时所出现的摩擦力不稳定的现象。

4.47 正传动（正作用）positive actuation

对离合器或制动器施加输入力时，实现接合或制动的传动。

4.48 负传动（负作用）negative actuation

对离合器或制动器除掉输入力时，实现接合或制动的传动。

4.49 接合时间 engagement time

从离合器开始操纵到接合完成的时间。

4.50 实际接合时间 actual engagement time

离合器从摩擦力矩开始产生到接合完成的时间。

4.51 接合力矩 engagement torque

离合器在设定时间内，使驱动轴与被动轴接合所需的摩擦力矩。

4.52 传递力矩 transmitting torque

离合器依靠摩擦力传递必需的力矩。

4.53 离合器容量 clutch capacity

离合器的摩擦力矩，吸收能量、吸收功率等的许用极限。

4.54 制动 braking

制动器为了刹车或减速而处于工作状态的动作。

4.55 缓冲制动 shockless braking

没有冲击的减速或刹停的制动。

4.56 制动时间 braking time

从制动器动作开始到刹停所经历的时间或者到完成减速所经历的时间。

4.57 实际制动时间 actual braking time

制动器从制动力矩开始产生到完成制动或减速所经历的时间。

4.58 制动距离 braking distance

在制动时间内行驶的距离。

4.59　实际制动距离 actual braking distance

在实际制动时间内行驶的距离。

4.60　效率 efficency

制动力同作用力之比。习惯上称制动器效率。

4.61　制动率 braking ratio

制动减速度与重力加速度之比。

4.62　制动间隔 braking interval

在连续制动作用条件下，从制动开始到下一次制动开始所经历的时间。

4.63　制动容量 brake capacity

制动器的制动力，吸收能量、吸收功率等的许用极限。

4.64　旋转破坏强度 bursting test strength

离合器片在旋转强度试验机上转动直至破裂时的极限旋转速度。

4.65　粘接抗剪强度 shear strength

摩擦材料与衬板粘接的抗剪切强度。

4.66　丙酮萃取率 acetone extractable ratio

摩擦材料中丙酮可溶物的量，以萃取法测定。

附加说明：

本标准由机械电子工业部武汉材料保护研究所提出并归口。

本标准由武汉材料保护研究所负责起草。

本标准主要起草人周顺隆、张成。

附录15　中华人民共和国机械行业标准
湿式烧结金属摩擦材料
摩擦性能试验方法
JB/T 7268-94

1　主题内容与适用范围

本标准规定了湿式烧结金属摩擦材料在特定的摩擦副中，于有油润滑条件下摩擦磨损性能的试验方法。

本标准适用于试验机法湿式烧结金属摩擦材料的动、静摩擦系数及磨耗率的测定。

2　术语

2.1　对偶

同摩擦材料构成摩擦副的金属件。

2.2　试样的表观面积

试样圆环面积扣除油槽、螺钉孔等面积后的摩擦试样单面面积。

2.3　表观比压

按试样表观面积求得的表面单位压力。

2.4　烧伤

在摩擦过程中，由于摩擦界面的粘着而形成的“焊接点”。

2.5　材料转移

在摩擦过程中，摩擦表面所发生的摩擦副表面扩散现象。

2.6　单位摩擦功

摩擦副在接合过程中单位表观面积上所产生的摩擦功。

2.7　单位摩擦功率

摩擦副在接合过程中，单位表观面积、单位时间内产生的摩擦功。

3　试验装置

试验在配有MM-15型多片式试验箱的MM-1000型摩擦磨损试验机上进行。试验机除具有适当量程的力矩记录系统外，还必须配备记录测量压力变化的装置。

3.1　要求

3.1.1　相对速度15m/s至0。

3.1.2　控制每分钟二次循环。

3.1.3　测量装置应能测量相对速度、压力、力矩、接合时间、润滑油温度。

3.1.4　润滑系统提供足够的热交换容量，油箱润滑油温控制在（60±10)℃。

4　润滑油

4.1　10 W-30机油、6号变矩器油或其他指定的油种。

4.2 对比试验时需使用相同的油种。

5 试样的制备

5.1 试样应采用从产品上直接切取或与产品相同工艺条件下制取。

5.2 试样的外形尺寸应符合图1的规定，且可用任何指定的试件。

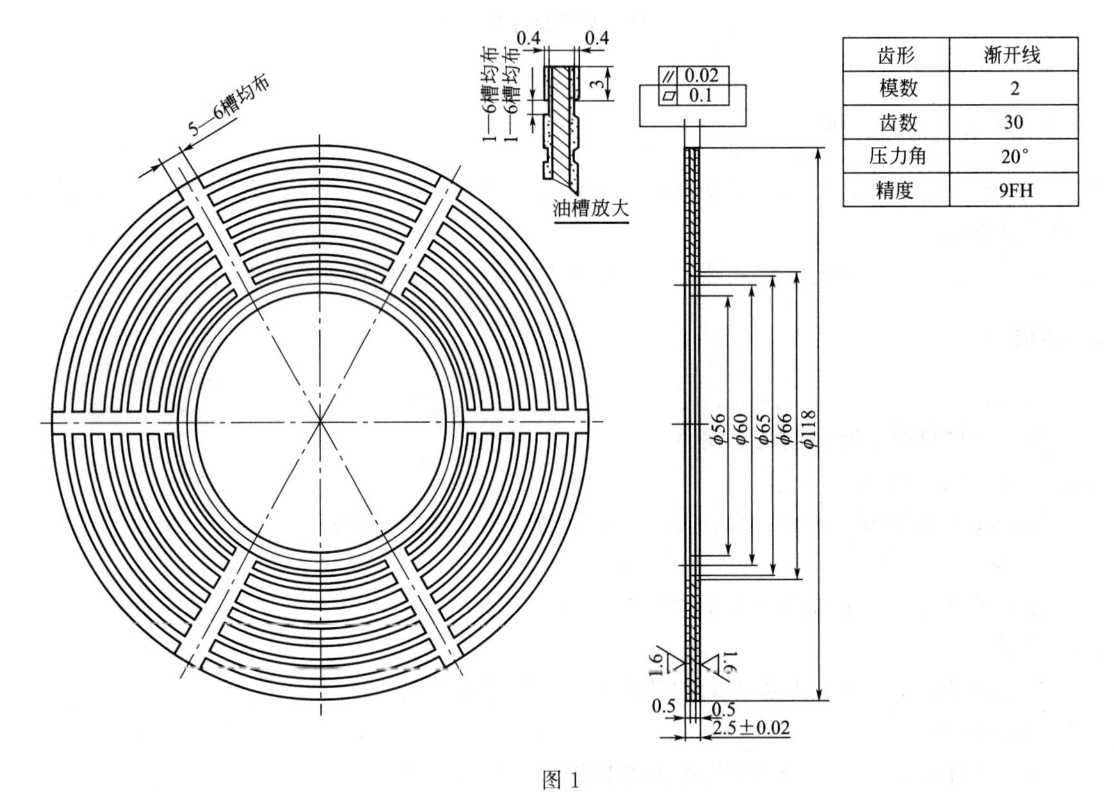

齿形	渐开线
模数	2
齿数	30
压力角	20°
精度	9FH

图1

5.3 对偶片的外形尺寸应符合图2的规定，且可以是任何指定的片子。

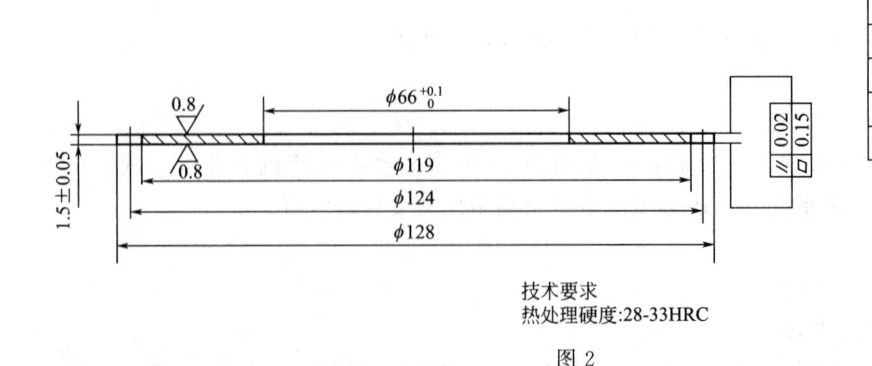

齿形	渐开线
模数	2
齿数	62
压力角	20°
精度	9GJ

图2

5.4 在摩擦片与对偶片平均半径的圆周上间隔120°的三个点测量其厚度。

6 试验条件

试验条件应符合表1规定。

表 1

试验条件		要求
线速度 v	(m/s)	15
表观比压 p	MPa	1.5
转动惯量 I	$1\times10^{-2}kg/m^2$	15
接合频率	次/min	2
润滑油		10W-30、6 号变矩器油
油温	℃	60±10
油流量	$mL/(min\cdot cm^2)$	8
接合次数	次	100

7　试验步骤

7.1　磨合

7.1.1　摩擦片与对偶片装入试验箱中。

7.1.2　按表 2 要求进行磨合。

表 2

项目		要求
转速 n	r/min	2000
表观比压 p	MPa	1
转动惯量 I	$1\times10^{-2}kg/m^2$	15
油流量	$mL/(min\cdot cm^2)$	8

7.1.3　接合 100 次以后记录力矩。每 50 次测定一次摩擦系数，当后一级摩擦系数与前一级相差±10%时，即认为磨合完毕。

7.2　静力矩测定

磨合以后测定。去除压力，60s 以后施加表观比压力 0.7MPa。搬动主轴，测三次静力矩。

7.3　摩擦系数测定

按表 1 试验条件，接合 100 次，记录第 1、25、50、75、100 次接合过程的力矩、压力特性曲线。

8　试验结果分析

8.1　摩擦材料表面不应存在凹坑、裂纹或材料转移等缺陷。对偶片无材料转移、烧伤，允许有部分面积变色，但表面应是光滑的。

8.2　摩擦片与对偶片的齿形应没有变形。

9　计算方法

9.1　静摩擦系数

$$\mu=\frac{M}{P_Z R_{pj} i}$$

式中　μ——静摩擦系数；

M——静摩擦力矩，N·m；

P_Z——作用在试样表观表面上的总压力；

R_{pj}——试样平均半径，cm；

i——试样摩擦面数。

9.2 摩擦系数

$$\mu_{pj}=\frac{M_{pj}}{P_Z R_{pj} i}$$

式中 μ_{pj}——平均摩擦系数；

M_{pj}——平均力矩，N·m。

9.3 摩擦功的计算

$$W=M_{pj}\omega_{pj}t$$

式中 W——总摩擦功，N·m；

ω_{pj}——平均角速度，r/s；

t——时间，s。

报告结果精确到 0.0001。

10 磨耗率的测定

10.1 方法

按表 1 试验条件转动惯量降到 10×10^{-2} kg·m^2，连续接合 1000 次，测量线性磨损量，计算出磨耗率。

10.2 磨耗率 δ 的计算

$$\delta=\frac{V}{\sum W}=\frac{HA}{W}$$

式中 δ——磨耗率，cm^3/(N·m)；

V——试件磨损体积，cm^3；

H——试样线性总磨损量，cm；

A——试样表观面积，cm^2；

$\sum W$——累计摩擦功，N·m。

报告结果精确到 0.01×10^{-8}。

11 特定工况

特定工况仍可按本标准方法进行。

12 试验报告

试验报告应包括以下内容：

a. 试验条件；

b. 动、静摩擦系数；

c. 磨耗率；

d. 摩擦表面状况及现象；

e. 试验原始状况。

附加说明：

本标准由北京市粉末冶金研究所提出并归口。

本标准由北京市粉末冶金研究所负责起草。

本标准主要起草人庞世倜、李术林、倪小宝、鲁乃光、程文耿。

附录16　中华人民共和国国家标准
实验室仪器和设备质量检验规则
GB/T 29252—2012

目　录

前　言

本标准由中国机械工业联合会提出。

本标准由全国实验室仪器和设备标准化技术委员会（SAC/TC 526）归口。

本标准主要起草单位：衡阳衡仪电气有限公司、沈阳仪表科学研究院、重庆四达试验设备有限公司、机械工业仪器仪表综合技术经济研究所、长沙开元仪器有限公司。

本标准主要起草人：刘湘衡、徐秋玲、陈云生、金丽辉、文胜。

本标准为首次发布。

2012-12-31 发布　　　　2013-06-01 实施

中华人民共和国国家质量监督检验检疫总局　发布
中国国家标准化管理委员会

实验室仪器和设备质量检验规则

1 范围

本标准规定了实验室仪器和设备质量检验的术语和定义、检验分类和检验项目、检验条件、不合格的分类、出厂检验、周期检验和定型检验。

本标准适用于实验室仪器和设备的出厂检验、周期检验和定型检验。

2 规范性引用文件

下列文件对于本文件的应用是必不可少的。凡是注日期的引用文件，仅注日期的版本适用于本文件。凡是不注日期的引用文件，其最新版本（包括所有的修改单）适用于本文件。

GB/T 2828.1—2003 计数抽样检验程序第1部分：按接收质量限（AQL）检索的逐批检验抽样计划

GB/T 2829—2002 周期检验计数抽样程序及表（适用于对过程稳定性的检验）

GB/T 13264 不合格品百分数的小批计数抽样检验程序及抽样表

3 术语和定义

下列术语和定义适用于本文件。

3.1 单位产品 item

为实施抽样检验的需要而划分的基本单位。[GB/T 2829—2002，定义3.1.1]

示例：单件产品，一对产品，一组产品，一个部件，或一定长度、一定面积、一定体积、一定重量的产品。

3.2 批 lot

汇集在一起的一定数量的某种产品。

注1：检验批可由几个投产批或投产批的一部分组成。

注2：改写GB/T 2828.1—2003，定义3.1.13。

3.3 连续批 continuing series of lots

由同一生产厂在认为相同条件下连续生产的一系列的批。[GB/T 3358.2—1993，定义3.22]

3.4 批量 lot size

N批中的产品的数量。[GB/T 2828.1—2003，定义3.1.14]

3.5 样本 sample

取自一个批并且提供有关该批的信息的一个或一组产品。[GB/T 2828.1—2003，定义3.1.15]

3.6 样本量 sample size

n样本中产品的数量。[GB/T 2828.1—2003，定义3.1.16]

3.7 质量 quality

一组固有特性满足要求的程度。[GB/T 19000—2008，定义3.1.1]

注1：术语“质量”可使用形容词如差、好或优秀来修饰。

注2：“固有的”（其反义词是“赋予的”）就是指在某事或某物中本来就有的，尤其是那种永久的特性。

3.8 要求 requirement

明示的、通常隐含的或必须履行的需求或期望。[GB/T 19000—2008，定义 3.1.2]

注 1："通常隐含"是指组织、顾客其他相关方的惯例或一般做法，所考虑的需求或期望是不言而喻的。

注 2：特定要求可使用修饰词表示，如产品要求、质量管理要求、顾客要求。

注 3：规定要求是经明示的要求。

注 4：要求可由不同的相关方提出。

3.9 质量特性 quality characteristic

与要求有关的，产品、过程或体系的固有特性。[GB/T 19000—2008，定义 3.5.2]

注 1："固有的"是指本来就有的，尤其是那种永久的特性。

注 2：赋予产品、过程或体系的特性（如产品的价格，产品的所有者）不是它们的质量特性。

3.10 合格 conformity

满足要求。[GB/T 19000—2008，定义 3.6.1]

3.11 不合格 nonconformity

未满足要求。[GB/T 19000—2008，定义 3.6.2]

注：不合格按质量特性表示质量的重要性，或者按质量特性不符合的严重程度来分类，一般将不合格分为 A 类不合格、B 类不合格和 C 类不合格。

3.12 A 类不合格 nonconformity type A

单位产品的极重要质量特性未满足要求，或者单位产品的质量特性极严重地未满足要求。

注：改写 GB/T 2829—2002，定义 3.1.8。

3.13 B 类不合格 nonconformity type B

单位产品的重要质量特性未满足要求，或者单位产品的质量特性严重地未满足要求。

注：改写 GB/T 2829—2002，定义 3.1.9。

3.14 C 类不合格 nonconformity type C

单位产品的一般质量特性未满足要求，或者单位产品的质量特性轻微地未满足要求。

注：改写 GB/T 2829—2002，定义 3.1.10。

3.15 不合格品 nonconforming item

具有一个或多个不合格的单位产品。

注 1：不合格品通常按不合格的严重程度分为 A 类不合格品、B 类不合格品和 C 类不合格品。

注 2：改写 GB/T 2828.1—2003，定义 3.1.7

3.16 A 类不合格品 nonconforming item type A

有一个或一个以上 A 类不合格，也可能还有 B 类不合格和（或）C 类不合格的单位产品。

[GB/T 2829—2002，定义 3.1.12]

3.17 B 类不合格品 nonconforming item type B

有一个或一个以上 B 类不合格，也可能还有 C 类不合格，但不包括 A 类不合格的单位产品。

[GB/T 2829—2002，定义 3.1.13]

3.18 C 类不合格品 nonconforming item type C

有一个或一个以上 C 类不合格，但不包括 A 类不合格和 B 类不合格的单位产品。

[GB/T 2829—2002，定义 3.1.14]

3.19 （样本）不合格品百分数 percent nonconforming (in a sample)

样本中的不合格品数除以样本量再乘以100。

注：改写GB/T 2828—2003，定义3.1.8。

3.20 （样本）每百单位产品不合格数 nonconformitics per 100 items（in a sample）

样本中的不合格数除以样本量再乘以100。

注：改写GB/T 2828—2003，定义3.1.10。

3.21 质量水平 quality level

与有关要求相比较，产品的相对质量的量度。

示例：批的不合格品百分数，接收质量限。

注：改写GB/T 3358.2—1993. 定义3.3。

3.22 接收质量限 acceptance quality limit

AQL 当一个连续系列批被提交验收抽样时，可允许的最差过程平均质量水平。[GB/T 2828.1—2003，定义3.1.26]

注：接收质量限以不合格品百分数或每百单位产品不合格数表示。

3.23 不合格质量水平 nonconforming quality level

RQL 在抽样检验中，认为不可接受的批质量下限值。[GB/T 2829—2002，定义3.1.18]

注：不合格质量水平以不合格品百分数或每百单位产品不合格数表示。

3.24 纠正 correction

为消除已发现的不合格所采取的措施。[GB/T 19000—2008，定义3.6.6]

示例：返工、降级。

3.25 返工 rework

为使不合格产品符合要求而对其采取的措施。[GB/T 19000—2008，定义3.6.7]

3.26 检验 inspection

为确定产品的各特性是否合格，测定、检查、试验或度量产品的一种或多种特性，并且与规定要求进行比较的活动。[GB/T 2828.1—2003，定义3.1.1]

3.27 试验 test

按照程序确定一个或多个特性。[GB/T 19000—2008，定义3.8.3]

3.28 出厂检验 acceptance inspection

验收检验，为判断提交的产品、批是否可接收所进行的检验。

注：改写GB/T 3358.2—1993，定义3.13。

3.29 周期检验 periodic inspection

质量一致性检验 quality conformance inspection

为判断在规定周期内（按时间规定，也可按制造的单位产品数量规定）生产过程的稳定性是否符合给定要求，从逐批检验合格的某个批或若干批中抽取样本的检验。[GB/T 2829—2002，定义3.1.22]

3.30 定型检验 type inspection

型式检验，为判断某一生产线能否成批制造符合规定质量要求而进行的周期与逐批检验。[GB/T 2829—2002，定义3.1.23]

3.31 计数检验 inspection by attributes

关于规定的一个或一组要求，或者仅将单位产品划分为合格或不合格，或者仅计算单位

产品中不合格数的检验。[GB/T 2828.1—2003，定义 3.1.3]

注：计数检验既包括产品是否合格的检验，又包括每百单位产品不合格数的检验。

3.32 逐批检验 lot-by-lotinspection

对系列批中的每一批都进行检验。[GB/T 3358.2—1993，定义 3.14]

3.33 100%检验 100% inspection

全检 complete inspection

对特定范围内每个产品都进行检验。

注：改写 GB/T 3358.2—1993，定义 3.15。

3.34 抽样检验 sampling inspection

利用所抽取的样本对产品或过程进行的检验。[GB/T 3358.2—1993，定义 4.1]

3.35 抽样计划 sampling scheme

抽样方案和从一个抽样方案改变到另一抽样方案的规则的组合。[GB/T 2828.1—2003，定义 3.1.18]

3.36 抽样方案 sampling plan

所使用的样本量和有关批接收准则的组合。[GB/T 2828.1—2003，定义 3.1.17]

注：抽样方案不包括如何抽出样本的规则。

3.37 一次抽样方案 single sampling plan

由样本量和判定数组［Ac，Re］结合在一起组成的抽样方案。[GB/T 2829—2002，定义 3.1.30]

3.38 二次抽样方案 double sampling plan

由第一样本量 n_1、第二样本量 n_2 和判定数组［A_1，A_2，R_1，R_2］结合在一起组成的抽样方案。[GB/T 2829—2002，定义 3.1.31]

3.39 正常检验 normal inspection

当过程平均优于接收质量限时抽样方案的一种使用法。此时抽样方案具有为保证生产方以高概率接收而设计的接收准则。[GB/T 2828.1—2003，定义 3.1.20]

注：当没有理由怀疑过程平均不同于某一可接收水平时，进行正常检验。

3.40 加严检验 tightened inspection

具有比相应正常检验抽样方案接收准则更严历的接收准则的抽样方案的一种使用法。[GB/T 2828.1—2003，定义 3.1.21]

注：当预先规定的连续批数的检验结果表明过程平均可能比接收质量限低劣时，进行加严检验。

3.41 放宽检验 reduced inspection

具有样本量比相应正常检验抽样方案小，接收准则和正常检验抽样方案的接收准则相差不大的抽样方案的一种使用法。[GB/T 2828.1—2003，定义 3.1.22]

注 1：放宽检验的鉴别能力小于正常检验。

注 2：当预先规定连续批数检验结果表明过程平均优于接收质量限时，可进行放宽检验。

3.42 判别水平 distinguish level

DL 判别生产过程稳定性不符合规定要求之能力大小的等级。[GB/T 2829—2002，定义 3.1.33]

3.43 合格判定数 acceptance number

接收数 Ac，在计数检验抽样中，合格批的样本中允许的不合格或不合格品的最大数目。

[GB/T 2829—2002，定义 3.1.25]

3.44 不合格判定数 non-acceptance number

拒收数 rejection number

Re，在计数检验抽样中，不合格批的样本中允许的不合格或不合格品的最小数目。[GB/T 2829—2002，定义 3.1.26]

3.45 判定数组

合格判定数和不合格判定数或合格判定数系列和不合格判定数系列的组合。[GB/T 2829—2002，定义 3.1.27]

3.46 简单随机抽样 simple random sampling

从批量为 N 的批中按不放回抽样抽取 n 个样本时，任何 n 个样本被抽取的概率都相等GB/T 的抽样方法。[GB/T 3358.1—1993，定义 5.7]

4 检验分类和检验项目

4.1 检验分类

实验室仪器和设备的检验分为：

a）出厂检验；

b）周期检验；

c）定型检验。

4.2 出厂检验

4.2.1 产品交货时应进行出厂检验，以判断提交的产品是否符合规定的质量要求。

4.2.2 出厂检验由制造厂质量检验部门执行，并出具质量合格证明文件。必要时，订货方可派代表参与。

4.2.3 出厂检验是对产品部分质量特性的检验，产品标准应规定出厂检验的项目，必要时还应规定出厂检验的检验项目顺序。出厂检验一般应采用非破坏性的试验方式。

4.2.4 出厂检验应逐批检验，可以是所有的出厂检验项目都执行100%检验；也可以是其中一部分项目采用100%检验，而另一部分项目采用抽样检验。

4.2.4.1 属于以下情形之一，应采用100%检验：

a）受生产工艺或生产技能变化影响较大的质量特性；

b）对于达到预定要求至关重要的质量特性；

c）基本的安全试验项目；

d）检验方法简单，检验成本低廉及所需检验工时不多的项目。

4.2.4.2 属于以下情形之一，可采用抽样检验：

a）受零部件或设备质量影响大而受生产工艺和生产技能影响较少的质量特性；

b）由设计结构决定的质量特性；

c）检验方法复杂，检验成本昂贵或所需检验工时太多的项目；

d）可能导致样品破坏的安全试验项目。

4.3 周期检验

4.3.1 正常生产的产品，应定期或在积累一定产量时进行周期检验，以判断产品在生产过程中能否保证质量的持续稳定。

4.3.2 出现以下情形之一，也应进行周期检验：

a）当产品停止生产一个周期以上又恢复生产时；

b）出厂检验结果与上次周期检验有重大差异时；

c）质量监督机构要求时。

4.3.3　产品标准应根据产品生产过程稳定的大约持续时间、试验时间和试验费用等因素，适当地规定周期检验的周期，通常为三个月、半年或一年，最长不宜超过两年。也允许按照产品制造的数量规定检验周期。

4.3.4　在同一产品标准中，允许针对不同试验组规定不同的检验周期，如可靠性试验的周期可适当延长至五年。

4.3.5　周期检验由制造厂质量检验部门执行，也可委托质量检验技术机构执行。应出具周期检验报告。

4.3.6　周期检验样本应在经出厂检验合格的批中抽取。

4.4　定型检验

4.4.1　属于以下情形之一时，应进行定型检验：

a）新产品设计定型或生产定型时；

b）老产品转厂生产时；

c）产品的设计、结构、工艺、材料有较大变动且有可能影响产品性能时；

d）质量监督机构要求时。

4.4.2　定型检验由制造厂质量检验部门执行，也可委托质量检验技术机构执行。应出具定型检验报告。

4.4.3　定型检验的样本应在经出厂检验合格的批中抽取。

4.5　检验项目及试验分组

4.5.1　实验室仪器和设备的检验项目可分为（但不限于）6个试验组：

——a组为基本检验项目组，主要包括外形、外观、尺寸和标志检查，功能、重要质量特性、一般质量特性和安全性能等。重要质量特性有基本误差、灵敏度、不稳定性和非线性等。安全性能有防电击和电灼伤，防机械危险、防高过温和火焰蔓延、防辐射影响、防过压力及爆炸危险等。

——b组为温、湿度试验项目组，主要包括低温、高温、温度变化、湿热等试验。

——c组为机械环境试验项目组，主要包括振动、冲击、自由跌落和包装运输等试验。

——d组为特殊环境试验项目组，可包括电源电压和频率变化、电磁兼容、低气压、高气压、防尘防水、模拟地面上的太阳辐照、盐雾、长霉和其他特殊环境试验等。

——e组为现场试验项目组。

——f组为可靠性试验项目组。

4.5.2　对各试验组，推荐的试验项目见表1。在产品标准中或技术协议中，应根据该产品的实际需要和实施上的可能规定选择检验项目，并将这些检验项目归并成尽可能少的试验组。

4.5.3　在产品标准中，应针对每个检验项目规定相应的试验方法。

5　检验条件

5.1　参考条件

表1 检验项目及试验分组

检验项目			出厂检验	周期检验	定型检验
分组	序号	名称			
a组基本项目	1	外形、外观、尺寸和标志检查	●	●	●
	2	多功能重要质量特性	●	●	●
	3	一般质量特性	○	●	●
	4	安全性能	●	●	●
b组温、湿度项目	5	低温试验	——	○	●
	6	高温试验	——	○	●
	7	温度变化试验	——	○	●
	8	温热试验	——	○	●
c组机械环境项目	9	振动试验	——	○	●
	10	冲击试验	——	○	●
	11	自由跌落试验	——	○	●
	12	包装运输试验	——	○	●
d组特殊环境项目	13	电源电压和频率变化试验	——	●	●
	14	电磁兼容试验	——	○	●
	15	低气压试验	——	○	●
	16	高气压试验	——	○	●
	17	防水防尘试验	——	○	●
	18	模拟地面上的太阳辐射试验	——	○	●
	19	盐雾试验	——	○	●
	20	长霉等生物条件试验	——	○	●
	21	其他特殊环境试验	——	○	●
e组	22	现场使用试验	○	○	●
f组	23	可靠性试验	——	○	●

注：符号“●”表示应检验的项目，符号“○”表示可选的检验项目，符号“——”表示不必检验的项目。

5.1.1 检验实验室仪器和设备的参考条件如下：

——温度为23℃；

——相对湿度为50%；

——气压为101.3kPa；

——供电电压为额定值；

——交流供电频率为额定值；

——交流供电波形为正弦波。

5.1.2 如被测参数随温度、相对湿度或气压变化的规律是已知的，必要时，应将在5.2规定的试验条件下测得的参数值修正到5.1.1规定的参考条件下的参数值。

5.2 试验条件

5.2.1 实验室仪器和设备的检验应在规定的试验条件下进行。应根据实验室仪器和设备的准确度、尺寸、环境敏感程度等因素确定试验条件。在不产生疑义的前提下，检验也可在室内自然条件下进行。

5.2.2　试验条件宜选用下列推荐值：

——温度：

● (22～24)℃；
● (21～25)℃；
● (20～26)℃；
● (18～28)℃；
● (13～33)℃。

——相对湿度：

● (40～60)%；
● (45～75)%；
● (30～90)%。

——气压：

● (97～103) kPa；
● (94～103) kPa；
● (86～106) kPa；
● (80～106) kPa。

——供电电压偏离额定值不超过：

●±1%；
●±5%；
●±10%；
●−15%，+10%。

——交流供电频率偏离额定值不超过±1%；

——交流供电波形总畸变不超过5%；

——外磁场干扰小于地磁场引起干扰的2倍。

5.2.3　对试验环境中的振动、噪声、清洁度、冷或热源辐射、电磁辐射、气流等因素有特殊要求的检验项目，应在产品标准中明确规定具体要求。

6　不合格的分类

6.1　当涉及多个质量特性，且它们在质量和（或）经济效果上的重要性不同时，宜按不合格的严重程度分为A类不合格、B类不合格和C类不合格。

对简单产品，也可区分为两种类别的不合格，甚至不区分不合格的类别。

6.2　下列情况应判为A类不合格：

——对人身安全或公共安全构成危险；

——严重损坏仪器基本功能；

——极重要质量特性不符合规定；

——质量特性极严重不符合规定。

6.3　下列情况应判为B类不合格：

——重要质量特性不符合规定；

——质量特性严重不符合规定；

——突然的电气失效或结构失效（如结构件破裂，明显的变形等）；

——机械连接或构件的松动、位移、脱落导致元件失效，引起仪器不能正常工作；
——性能降低不能达到预定要求；
——锈蚀、剥落、损伤等方式造成部件性能的变化，妨碍正常操作使用；
——不能满足产品标准规定的要求的其他失效。

6.4 下列情况应判为C类不合格：
——一般质量特性不符合规定；
——质量特性轻微不符合规定。

6.5 必要时，还应规定各类不合格之间的折算系数。

7 出厂检验

7.1 100%检验

7.1.1 在对所有项目都采用100%检验的出厂检验中，应对检验批中的每一单位产品，按产品标准规定的检验顺序对所有项目进行检验。

7.1.2 当所有检验项目均合格时，该单位产品判为合格品。当任何项目出现不合格时，该单位产品判为不合格品，此时，通常应中止对该单位产品的检验。

7.1.3 当涉及多个质量特性，且产品标准或技术协议对不合格作了分类，并规定了单位产品允许的分类不合格数时，应在检验后统计各类不合格的累计数。当各类不合格的累计数均小于或等于允许的不合格数时，该单位产品判为合格品，否则判为不合格品。

7.1.4 不合格品经返工后可再次提交检验。再次检验时需对所有项目进行检验，还是仅检验不合格的项目，应在产品标准中规定。

7.2 抽样检验

7.2.1 接收质量限

7.2.1.1 出厂检验中的抽样检验使用接收质量限（AQL）和样本量字码检索所需的抽样方案和抽样计划。

产品标准或技术协议应规定AQL，可以为不合格组或单个的不合格规定不同的AQL。不合格组的划分应适应特定场合的质量要求。当以不合格百分数表示质量水平时，AQL值不应超过10%的不合格品，当以每百单位产品不合格数表示质量水平时，可使用的AQL值最高可达每百单位中有1000个不合格。

7.2.1.2 应根据使用要求、质量特性、不合格的类型，合理地规定AQL值。当以不合格百分数表示质量水平时，应如下选择AQL值：

a）根据对产品的使用要求：
——高要求时（如军工品和重要工业产品）：小于或等于0.65；
——中等要求时（如一般工业产品）：1.0～2.5；
——低要求时（如一般民用产品）：大于或等于4.0。

b）根据质量特性：
——电气性能：0.4或0.65；
——机械性能：1.0或1.5；
——外观质量：2.5或4.0。

c）根据不合格的类型：

——A类不合格：0.65或1.0；

——B类不合格：1.5或2.5；

——C类不合格：4.0或6.5。

7.2.2　抽样和组批规则

7.2.2.1　每个批应由同型号、同等级、同类、同规格，在同一时段和一致的条件下制造的产品组成。

7.2.2.2　应按简单随机抽样法，从已经100%检验后的合格批中抽取作为样本的产品。样本应一次性抽足。

7.2.3　正常检验和加严检验

7.2.3.1　开始检验时应采用正常检验。除非要求改变检验的严格度，对后续批，正常或加严检验应继续不变。

7.2.3.2　当正在采用正常检验时，只要初次检验中连续5批都不合格，则应转移到加严检验。

7.2.3.3　当正在采用加严检验时，如果初次检验的接连5批都合格，应恢复正常检验。

7.2.3.4　如初次加严检验的一系列连续批中不合格批的累计达到5批，应暂时停止检验，直到为改进产品质量已采取有效行动时，才可恢复到加严检验。

7.2.3.5　本标准不推荐采用放宽检验。

7.2.3.6　本标准不推荐采用跳批抽样。

7.2.4　抽样方案

7.2.4.1　检验水平标志着检验量，产品标准应规定所采用的检验水平。一般情况下，应使用Ⅱ水平；要求鉴别力较低时可使用Ⅰ水平；要求鉴别力较高时可使用Ⅲ水平。

对价格昂贵、试验费高、试验周期长的产品宜使用特殊检验水平。产品质量特性主要由设计和结构决定的产品，也可采用特殊检验水平。以手工装配为主的产品，则不宜采用特殊检验水平。

检验水平的选择与检验的严格度是不同的，因此，当在正常和加严检验间转移时，已规定的检验水平应保持不变。

7.2.4.2　选择特殊检验水平时，应注意与AQL协调一致，通常：

——选择特殊水平S-1时，AQL≥1.5；

——选择特殊水平S-2时，AQL≥1.0；

——选择特殊水平S-3时，AQL≥0.25；

——选择特殊水平S-4时，AQL≥0.10。

7.2.4.3　抽样检验的样本量由样本量字码确定。根据特定的批量和规定的检验水平，可从表2中查出相应的样本量字码。批量大于1200时，则可从GB/T 2828.1—2003的表1中查找相应的样本量字码。

表2　样本量字码

批量	特殊检验水平				一般检验水平		
	S-1	S-2	S-3	S-4	Ⅰ	Ⅱ	Ⅲ
2～8	A	A	A	A	A	A	B
9～15	A	A	A	A	A	B	C

续表

批量	特殊检验水平				一般检验水平		
	S-1	S-2	S-3	S-4	Ⅰ	Ⅱ	Ⅲ
16～25	A	A	B	B	B	C	D
26～50	A	B	B	C	C	D	E
51～90	B	B	C	C	C	E	F
91～150	B	B	C	D	D	F	G
151～280	B	C	D	E	E	G	H
281～500	B	C	D	E	F	H	J
501～1200	C	C	E	F	G	J	K

7.2.4.4　对实验室仪器和设备的出厂检验，应优先采用一次抽样方案。必要时也可采用二次抽样方案。不推荐采用多次抽样方案。

7.2.4.5　根据采用一次或二次抽样方案，正常或加严检验，使用 AQL 和样本量字码可分别从对应的抽样方案表（表 3～表 6）中查取抽样方案，得到样本量、合格判定数和不合格判定数。

正常检验一次抽样方案使用表 3，加严检验一次抽样方案使用表 4。正常检验二次抽样方案使用表 5。加严检验二次抽样方案使用表 6。

如与给定的样本量字码和 AQL 对应格中是箭头，则应沿箭头方向读出第一个合格判定数和不合格判定数，并可得到对应的新的样本量。如新样本量等于或超过批量，则执行 100%检验。

如果不同类别的不合格品或不合格导致不同的样本量时，应采用其中较大的样本量。对某一指定的 AQL，可使用样本量较大、合格判定数为 1 的一次抽样方案来代替合格判定数为 0 的一次抽样方案。

当给定的 AQL 在表 3～表 6 所列出的 AQL 值之外时，可分别从 GB/T 2828.1—2003 的表 2-A、表 2-B、表 3-A 或表 3-B 中查找相应的抽样方案。

表 3　用于出厂检验的正常检验一次抽样方案

样本量字码	样本量	AQL												
		0.4	0.65	1.0	1.5	2.5	4.0	6.5	10	15	25	40	65	100
		A_c R_e	A_c R_e	A_c R_e	A_c R_e	A_c R_e	A_c R_e	A_c R_e	A_c R_e	A_c R_e	A_c R_e	A_c R_e	A_c R_e	A_c R_e
A	2	↓	↓	↓	↓	↓	↓	01	↓	↓	1 2	2 3	3 4	5 6
B	3	↓	↓	↓	↓	↓	0 1	↑	↓	1 2	2 3	3 4	5 6	7 8
C	5	↓	↓	↓	↓	0 1	↑	↓	1 2	2 3	3 4	5 6	7 8	10 11
D	8	↓	↓	↓	0 1	↑	↓	1 2	2 3	3 4	5 6	7 8	10 11	14 15
E	13	↓	↓	0 1	↑	↓	1 2	2 3	3 4	5 6	7 8	10 11	14 15	21 22
F	20	↓	0 1	↑	↓	1 2	2 3	3 4	5 6	7 8	10 11	14 15	21 22	↑
G	32	0 1	↑	↓	1 2	2 3	3 4	5 6	7 8	10 11	14 15	21 22	↑	↑

续表

样本量字码	样本量	AQL												
		0.4	0.65	1.0	1.5	2.5	4.0	6.5	10	15	25	40	65	100
		A_c R_e	A_c R_e	A_c R_e	A_c R_e	A_c R_e	A_c R_e	A_c R_e	A_c R_e	A_c R_e	A_c R_e	A_c R_e	A_c R_e	A_c R_e
H	50	↑	↓	1 2	2 3	3 4	5 6	7 8	10 11	14 15	21 22	↑	↑	↑
J	80	↓	1 2	2 3	3 4	5 6	7 8	10 11	14 15	21 22	↑	↑	↑	↑
K	125	1	2 3	3 4	5 6	7 8	10 11	14 15	21 22	↑	↑	↑	↑	↑

注：↓——使用箭头下面第一个抽样方案。如样本量等于或超过批量，则执行100%检验。

↑——使用箭头上面第一个抽样方案。

A_c——合格判定数。

R_e——不合格判定数。

表4　用于出厂检验的加密检验一次抽样方案

样本量字码	样本量	AQL												
		0.4	0.65	1.0	1.5	2.5	4.0	6.5	10	15	25	40	65	100
		A_c R_e	A_c R_e	A_c R_e	A_c R_e	A_c R_e	A_c R_e	A_c R_e	A_c R_e	A_c R_e	A_c R_e	A_c R_e	A_c R_e	A_c R_e
A	2	↓	↓	↓	↓	↓	↓	↓	0 1	↓	↓	1 2	2 3	3 4
B	3	↓	↓	↓	↓	↓	↓	0 1	↓	↓	1 2	2 3	3 4	5 6
C	5	↓	↓	↓	↓	↓	0 1	↓	↓	1 2	2 3	3 4	5 6	8 9
D	8	↓	↓	↓	↓	0 1	↓	↓	1 2	2 3	3 4	5 6	8 9	12 13
E	13	↓	↓	↓	0 1	↓	↓	1 2	2 3	3 4	5 6	8 9	12 13	18 19
F	20	↓	↓	0 1	↓	↓	1 2	2 3	3 4	5 6	8 9	12 13	18 19	↑
G	32	↓	0 1	↓	↓	1 2	2 3	3 4	5 6	8 9	12 13	18 19	↑	↑
H	50	0 1	↓	↓	1 2	2 3	3 4	5 6	8 9	12 13	18 19	↑	↑	↑
J	80	↓	↓	1 2	2 3	3 4	5 6	8 9	12 13	18 19	↑	↑	↑	↑
K	125	—	1 2	2 3	3 4	5 6	8 9	12 13	18 19	↑	↑	↑	↑	↑

注：↓——使用箭头下面第一个抽样方案。如样本量等于或超过批量，则执行100%检验。

↑——使用箭头上面第一个抽样方案。

A_c——合格判定数。

R_e——不合格判定数。

表5　用于出厂检验的正常检验二次抽样方案

样本量字码	样本	样本量	累计样本量	AQL										
				1.0	1.5	2.5	4.0	6.5	10	15	25	40	65	100
				A_c Re	A_c Re	A_c Re	A_c Re	A_c Re	A_c Re	A_c Re	A_c Re	A_c Re	A_c Re	A_c Re
A	—	—	—	↓	↓	↓	↓	*	↓	↓	*	*	*	*

续表

样本量字码	样本	样本量	累计样本量	AQL										
				1.0	1.5	2.5	4.0	6.5	10	15	25	40	65	100
				A_c Re	A_c Re	A_c Re	A_c Re	A_c Re	A_c Re	A_c Re	A_c Re	A_c Re	A_c Re	A_c Re
B	第一 第二	2 2	2 4	↓	↓	↓	*	↑	↓	0 2 1 2	0 3 3 4	1 3 4 5	2 5 6 7	3 6 9 10
C	第一 第二	3 3	3 6	↓	↓	*	↑	↓	0 2 1 2	0 3 3 4	1 3 4 5	2 5 6 7	3 6 9 10	5 9 12 13
D	第一 第二	55	510	↓	*	↑	↓	0 2 1 2	0 3 3 4	1 3 45	2 5 6 7	3 69 10	5 9 12 13	7 11 18 19
E	第一 第二	8 8	8 16	*	↑	↓	0 2 1 2	0 3 3 4	13 4 5	2 5 6 7	3 6 9 10	5 9 12 13	7 11 18 19	11 16 26 27
F	第一 第二	13 13	13 26	↑	↓	0 2 1 2	0 3 3 4	1 3 4 5	2 5 6 7	3 6 9 10	5 9 12 13	7 11 18 19	11 16 26 27	↑
G	第一 第二	20 20	20 20	↓	0 2 1 2	0 3 3 4	1 3 4 5	2 5 6 7	3 6 9 10	5 9 12 13	7 11 18 19	11 16 26 27	↑	↑
H	第一 第二	32 32	32 64	0 2 1 2	0 3 3 4	1 3 4 5	2 5 6 7	3 6 9 10	5 9 12 13	7 11 18 19	11 16 26 27	↑	↑	↑
J	第一 第二	50 50	50 100	0 3 3 4	1 3 4 5	2 5 6 7	3 6 9 10	5 9 12 13	7 11 18 19	11 16 26 27	↑	↑	↑	↑
K	第一 第二	80 80	80 160	1 3 4 5	2 5 6 7	3 6 9 10	5 9 12 13	7 11 18 19	11 16 26 27	↑	↑	↑	↑	↑

注：↓——使用箭头下面第一个抽样方案。如样本量等于或超过批量，则执行100%检验。

↑——使用箭头上面第一个抽样方案。

A_c——合格判定数。

R_e——不合格判定数。

*——使用对应的一次抽样方案（或使用下面适用的二次抽样方案）。

表6　用于出厂检验的加密检验二次抽样方案

样本量字码	样本	样本量	累计样本量	AQL										
				1.0	1.5	2.5	4.0	6.5	10	15	25	40	65	100
				A_c Re	A_c Re	A_c Re	A_c Re	A_c Re	A_c Re	A_c Re	A_c Re	A_c Re	A_c Re	A_c Re
A	—	—	—	↓	↓	↓	↓	↓	*	↓	↓	*	*	*

续表

样本量字码	样本	样本量	累计样本量	AQL										
				1.0	1.5	2.5	4.0	6.5	10	15	25	40	65	100
				A_c Re	A_c Re	A_c Re	A_c Re	A_c Re	A_c Re	A_c Re	A_c Re	A_c Re	A_c Re	A_c Re
B	第一 第二	2 2	2 4	↓	↓	↓	↓	*	↓	↓	0 2 1 2	0 3 3 4	1 3 4 5	2 5 6 7
C	第一 第二	3 3	3 6	↓	↓	↓	*	↓	↓	0 2 1 2	0 3 3 4	1 3 4 5	2 5 6 7	4 7 10 11
D	第一 第二	5 5	5 10	↓	↓	*	↓	↓	0 2 1 2	0 3 3 4	1 3 4 5	2 5 6 7	4 7 10 11	6 10 15 16
E	第一 第二	8 8	8 16	↓	*	↓	↓	0 2 12	0 3 3 4	1 3 4 5	2 5 6 7	4 7 10 11	6 10 15 16	9 14 23 24
F	第一 第二	13 13	13 26	*	↓	↓	0 2 1 2	0 3 3 4	1 3 4 5	2 5 6 7	4 7 10 11	6 10 15 16	9 14 23 24	↑
G	第一 第二	20 20	20 20	↓	↓	0 2 1 2	0 3 3 4	1 3 4 5	2 5 6 7	4 7 10 11	6 10 15 16	9 14 23 24	↑	↑
H	第一 第二	32 32	32 64	↓	0 2 1 2	0 3 3 4	1 3 4 5	2 5 6 7	4 7 10 11	6 10 15 16	9 14 23 24	↑	↑	↑
J	第一 第二	50 50	50 100	0 2 1 2	0 3 3 4	1 3 4 5	2 5 6 7	4 7 10 11	6 10 15 16	9 14 23 24	↑	↑	↑	↑
K	第一 第二	80 80	80 160	0 3 3 4	1 3 4 5	2 5 6 7	4 7 10 11	6 10 15 16	9 14 23 24	↑	↑	↑	↑	↑

注：↓——使用箭头下面第一个抽样方案。如样本量等于或超过批量，则执行100%检验。

↑——使用箭头上面第一个抽样方案。

A_c——合格判定数。

R_e——不合格判定数。

*——使用对应的一次抽样方案（或使用下面适用的二次抽样方案）。

7.2.4.6　对具体的制造者来说，具体产品的AQL、检验水平通常是一个具体的值，而产品批量的差异也不会太大，因此，产品标准应在规定AQL、检验水平和抽样方案类型的同时，尽可能地直接规定样本量。

7.2.4.7　对于小批量（批量为10～250个单位产品）生产的产品，尤其是产品检验总费用很高，或试验带有破坏性时，宜选用GB/T13264中规定的一次抽样方案。

7.2.5　合格判定方法

7.2.5.1　对一次抽样方案，如样本中发现的不合格品数小于或等于合格判定数，应判为合格批；如大于或等于不合格判定数，则判为不合格批。

7.2.5.2　对二次抽样方案，如在第一样本中发现的不合格品数小于或等于第一合格判定数，应判为合格批；如大于或等于第一不合格判定数，则判为不合格批。此时，不必再检验第二样本。

如第一样本中发现的不合格品数介于第一合格判定数和第一不合格判定数之间，则应检验第二样本，并累计在第一样本和第二样本中发现的不合格品数。如不合格品累计数小于或等于第二合格判定数，应判为合格批；如大于或等于第二不合格判定数，则判为不合格批。

7.2.5.3 在每百单位产品不合格数检验的情形下，为判定批合格与否，使用不合格检验所规定的程序（见 7.2.5.1 和 7.2.5.2），只不过以术语“不合格”取代“不合格品”。

7.2.5.4 抽样检验是基于假定不合格的出现是随机且统计独立的，如果已知产品的某个不合格可能由某一条件引起的，此条件还可能引起其他一些不合格，则应仅考虑该产品是否为合格品，而不管该产品有多少个不合格。

7.2.5.5 对合格批中在抽样检验时发现的不合格品（含因不合格数超过允许值的单位产品）应经返工后，执行 100%检验。不合格批应就不合格项目执行 100%检验。

7.3 出厂检验合格后的处置

7.3.1 执行出厂检验的部门应为合格批或合格批中的每一单位产品出具合格证明文件，声明“该（批）产品经检验符合×××的要求，准予出厂”，或“该（批）产品经检验合格，准予出厂”。必要时，应附具检验数据。

7.3.2 合格产品或合格批可交付或入库暂存。如库存时间超过规定时限，则应重新进行出厂检验方可交付。

8 周期检验

8.1 抽样和组批规则

8.1.1 周期检验的样本应从本周期制造的并经出厂检验合格的某个批或若干批中，按简单随机抽样法抽取。

8.1.2 抽样方法要保证样本能代表本周期的实际制造水平。宜从本周期各个不同时间里分散抽样组成周期检验的样本。如要求在固定时间集中抽样时，应在本周期制造的单位产品数量超过一半之后再进行。

8.1.3 如使用二次抽样方案，第一样本和第二样本应一次性抽足。

8.2 样本的检验

8.2.1 在进行周期检验前，应对样本进行出厂检验的所有项目进行试验。若发现样本中有不合格，则应以本同期正常制造的单位产品代替，应将此情况记入周期检验报告，但不作为判断周期检验合格与否的依据。

8.2.2 在进行周期检验时，按产品技术标准或技术协议中规定的检验项目、方法和顺序分组进行，试验结束后再对每个经过试验的样本逐个进行检验，最后以试验组为单位分别累积不合格品（或不合格）总数，当不合格按其严重程度分类时，应分类累计。

8.2.3 在周期检验的环境适应性试验过程中，如出现试验设备故障允许修复，在不超过规定缺陷数的情况下，按下述要求继续进行试验：

a）在气候环境试验时发生故障，应从发生故障的前一个阶梯继续进行试验；

b）如修复故障时做了调整，则应重新进行该项试验；

c）在机械类环境试验时发生故障，应重新进行该项试验。

8.2.4 如在周期检验中，发现 A 类不合格品（或 A 类不合格），不允许更换和代替，而周期检验也不必再进行。

8.3　抽样方案

8.3.1　周期检验以不合格质量水平（RQL）为质量指标。根据（RQL）和判别水平检索抽样方案。

8.3.2　在产品标准或技术协议中，应规定具体的RQL值。原则上应就每个试验组分别规定RQL值。通常，对A类规定的RQL值要小于对B类规定的RQL值，对C类规定的RQL值要大于对B类规定的RQL值。

8.3.3　在确定RQL值时，应考虑以下因素：

a）订货方要求、供货方能力和单位产品价格三者之间的平衡；

b）所给出的RQL值应是优先值；

c）新产品可参照类似的老产品确定RQL值；

d）尽量不使用大于100的RQL值；

e）必要时，可从使用要求确定RQL值，具体如下：

——军工产品及重要工业产品：小于或等于15；

——一般工业产品：20～40；

——一般民用产品：大于或等于50。

8.3.4　GB/T 2829—2002给出了三种能力不同的判别水平，其中判别水平Ⅲ的判别能力最强，判别水平Ⅱ次之，判别水平Ⅰ最弱。

产品标准应规定周期检验所采用的判别水平，原则上所有试验组应采用同一判别水平。

本标准推荐优先采用判别水平Ⅱ。当需要的判别力不强或经济上不允许时也可使用判别水平Ⅰ。

8.3.5　周期检验宜优先采用一次抽样方案，必要时也可采用二次抽样方案。

8.3.6　采用判别水平Ⅱ的一次抽样方案见表7。在与规定的不合格质量水平对应一系列的一次抽样方案中，应根据所能承受的试验费用和试验设备的现有能力，选择适当的抽样方案。本标准推荐优先选用判定数组［A_c，R_e］=［1，2］的抽样方案。

如采用判别水平Ⅱ的二次抽样方案，则可按表8检索。

如采用判别水平Ⅰ或Ⅲ的一次或二次抽样方案，则可分别按GB/T 2829—2002中的表2、表4、表5和表7检索。

表7　用于周期检验的判别水平Ⅱ的一次抽样方案

样本量	RQL										
	10	12	15	20	25	30	40	50	65	80	100
	$A_c R_e$	$A_c R_e$	$A_c R_e$	$A_c R_e$	$A_c R_e$	$A_c R_e$	$A_c R_e$	$A_c R_e$	$A_c R_e$	$A_c R_e$	$A_c R_e$
1	—	—	—	—	—	—	—	—	—	0 1	—
2	—	—	—	—	—	—	—	—	0 1	—	—
3	—	—	—	—	—	—	—	0 1	—	—	1 2
4	—	—	—	—	—	—	0 1	—	—	1 2	2 3
5	—	—	—	—	—	0 1	—	—	1 2	2 3	3 4
6	—	—	—	—	0 1	—	—	1 2	2 3	3 4	4 5
8	—	—	—	0 1	—	—	1 2	2 3	3 4	4 5	5 6

续表

样本量	RQL										
	10	12	15	20	25	30	40	50	65	80	100
	A_cRe	A_cRe	A_cRe	A_cRe	A_cRe	A_cRe	A_cRe	A_cRe	A_cRe	A_cRe	A_cRe
10	—	—	0 1	—	—	1 2	2 3	3 4	4 5	5 6	—
12	—	0 1	—	—	1 2	2 3	3 4	4 5	5 6	—	—
16	0 1	—	—	1 2	2 3	3 4	4 5	5 6	—	—	—
20	—	—	1 2	2 3	3 4	4 5	5 6	—	—	—	—
25	—	1 2	2 3	3 4	4 5	5 6	—	—	—	—	—
32	1 2	2 3	3 4	4 5	5 6	—	—	—	—	—	—
40	2 3	3 4	4 5	5 6	—	—	—	—	—	—	—
50	3 4	4 5	5 6	—	—	—	—	—	—	—	—
65	4 5	5 6	—	—	—	—	—	—	—	—	—

注：A_c——合格判定数。

R_e——不合格判定数。

示例：某实验室仪器和设备的周期检验规定某试验组的 RQL＝30，判别水平为Ⅱ，则可按下列步骤求取一次抽样方案。

1）因为规定判别水平Ⅱ，所以使用表 7 进行检索。

2）在表 7 中，由 RQL＝30，从上至下所确定的一系列一次抽样方案：

a）$n=5$，$A_c=0$，$R_e=1$；

b）$n=10$，$A_c=1$，$R_e=2$；

c）$n=12$，$A_c=2$，$R_e=3$；

d）$n=16$，$A_c=3$，$R_e=4$；

e）$n=20$，$A_c=4$，$R_e=5$；

f）$n=25$，$A_c=5$，$R_e=6$。

3）根据所能承受的试验费用与试验设备的现有能力，认为选择 $n=10$，$A_c=1$，$R_e=2$ 为周期检验某试验组的抽样方案较为合适。

8.4　合格判定方法

8.4.1　只有按所确定的全部抽样方案判定合格，才可最终判定该周期检验所代表的产品周期检验合格，否则应判为不合格。

8.4.2　采用一次抽样方案时，如在样本中发现的不合格品数（或不合格数）小于或等于合格判定数，则判定该批合格；如在样本中发现的不合格品数（或不合格数）大于或等于不合格判定数，则判定该批不合格。

8.4.3　采用二次抽样方案时，如在第一样本中发现的不合格品数（或不合格数）：

a）小于或等于第一合格判定数，则判定该批合格；

b）大于或等于第一不合格判定数，则判定该批不合格；

c）介于第一合格数和第一不合格判定数之间，则对第二样本进行检验。如在第一和第二样本中发现的不合格品数（或不合格数）总和，

——小于或等于第二合格判定数，则判定该批合格；

——大于或等于第二不合格判定数，则判定该批不合格。

8.5　周期检验后的处置

8.5.1　本周期的周期检验合格后，该周期检验所代表的产品经出厂检验合格的产品，可交

付或入库暂存。

8.5.2 如本周期的周期检验不合格，应调查周期检验不合格的原因。

——如因试验设备出故障或操作上的错误造成周期检验不合格，则允许重新进行周期检验；

——如造成周期检验不合格的原因可立即纠正，允许用纠正不合格原因后制造的产品进行周期检验；

——如造成周期检验不合格的原因可通过筛选剔除或可修复，则允许用经过筛选或修复的产品进行周期检验。

8.5.3 如果周期检验不合格不属于8.5.2所述情况，那么它所代表的产品应暂停出厂检验；经出厂检验合格已入库的产品应停止交付；已交付的产品原则上应收回或双方协商解决。同时，应暂停该周期检验所代表的产品的正常批量生产，只有在纠正后制造的产品经周期检验合格后，才能恢复正常批量生产和出厂检验。

8.5.4 对经周期检验并合格的单位产品，如要交付使用，应经整修，并经出厂检验合格后方可交付，同时宜申明“该单位产品已进行过周期检验”。

9 定型检验

9.1 抽样和组批规则

9.1.1 定型检验的样本应从经出厂检验合格的产品中，按简单随机抽样法抽取。

9.1.2 第一样本和第三样本应一次性抽足。

9.2 样本的检验

定型检验的样本检验与周期检验相同，见8.2。

9.3 抽样方案

9.3.1 定型检验以不合格质量水平（RQL）为质量指标。根据（RQL）和判别水平检索抽样方案。

9.3.2 在产品标准或技术协议中，应规定具体的RQL值和判别水平。

9.3.3 定型检验宜采用判别水平Ⅱ的二次抽样方案，见表8。在与规定的RQL相对应的一系列二次抽样方案中，宜优先选用判定数组 $[A_1, A_2, R_1, R_2]=[0, 1, 2, 2]$ 的抽样方案。

如采用判别水平Ⅱ的一次抽样方案，可按表7检索。

如采用判别水平Ⅰ或Ⅲ的一次或二次抽样方案，可分别按GB/T 2829—2002中的表2、表4、表5和表7检索。

表8 用于定型检验的判别水平Ⅱ的二次抽样方案

样本	样本量	RQL										
		10	12	15	20	25	30	40	50	65	80	100
		$A_c R_e$	$A_c R_e$	$A_c R_e$	$A_c R_e$	$A_c R_e$	$A_c R_e$	$A_c R_e$	$A_c R_e$	$A_c R_e$	$A_c R_e$	$A_c R_e$
第一 第二	2 2	—	—	—	—	—	—	—	—	—	0 2 1 2	0 3 3 4
第一 第二	3 3	—	—	—	—	—	—	—	—	0 2 1 2	0 3 3 4	1 3 4 5

续表

样本	样本量	RQL										
		10	12	15	20	25	30	40	50	65	80	100
		A_cR_e	A_cR_e	A_cR_e	A_cR_e	A_cR_e	A_cR_e	A_cR_e	A_cR_e	A_cR_e	A_cR_e	A_cR_e
第一 第二	4　4	—	—	—	—	—	—	—	0 2 1 2	0 3 3 4	1 3 4 5	1 5 5 6
第一 第二	5　5	—	—	—	—	—	—	0 2 1 2	0 3 3 4	1 3 4 5	1 5 5 6	2 5 6 7
第一 第二	6　6	—	—	—	—	—	0 2 1 2	0 3 3 4	1 3 4 5	1 5 5 6	2 5 6 7	—
第一 第二	8　8	—	—	—	—	0 2 1 2	0 3 3 4	1 3 4 5	1 5 5 6	2 5 6 7	—	—
第一 第二	10 10	—	—	—	0 2 1 2	0 3 3 4	1 3 4 5	1 5 5 6	2 5 6 7	—	—	—
第一 第二	12 12	—	—	0 2 12	0 3 3 4	1 3 4 5	1 5 5 6	2 5 6 7	—	—	—	—
第一 第二	16 16	—	0 2 1 2	0 3 3 4	1 3 4 5	1 5 5 6	2 5 6 7	—	—	—	—	—
第一 第二	20 20	0 2 1 2	0 3 3 4	1 3 4 5	1 5 5 6	2 5 6 7	—	—	—	—	—	—
第一 第二	25 25	0 3 3 4	1 3 4 5	1 5 5 6	2 5 6 7	—	—	—	—	—	—	—
第一 第二	32 32	1 3 4 5	1 5 5 6	2 5 6 7	—	—	—	—	—	—	—	—

注：A_c——合格判定数。

R_e——不合格判定数。

示例：某实验室仪器和设备的定型检验规定某试验组的 RQL＝40。判别水平为Ⅱ，则可按下列步骤求取二次抽样

方案：

a）因为规定判别水平Ⅱ，所以使用表 8 进行检索。

b）在表 8 中，与 RQL＝40 对应的有 5 组二次抽样方案，根据 9.3.3，优先选用判定数组 $[A_1, A_2, R_1, R_2]=[0, 1, 2, 2]$ 的方案，其样本时为 $n_1=5$，$n_2=5$。

c）选中的二次抽样方案为：

$n_1=5$，$A_1=0$，$R_1=2$；

$n_1=5$，$A_2=1$，$R_2=2$。

9.4　合格判定方法

如在第一样本中发现的不合格品数（或不合格数）：

a）小于或等于第一合格判定数，则判定定型检验合格；

b）大于或等于第一不合格判定数，则判定定型检验不合格；

c）介于第一合格数和第一不合格判定数之间，则对第二样本进行检验。如在第一和第二样本中发现的不合格品数（或不合格数）总和：

——小于或等于第二合格判定数，则判定定型检验合格；

——大于或等于第二不合格判定数，则判定定型检验不合格。

9.5　定型检验后的处置

9.5.1 定型检验合格后，则证明该产品符合设计要求。

9.5.2 如定型检验不合格，应调查不合格的原因，见 8.5.2。

9.5.3 如定型检验不合格不属于 8.5.2 所述情况，应在纠正后，方可再次提交定型检验。

9.5.4 经定型检验且合格的产品，如要交付使用，应经整修，并经出厂检验合格后方可交付。同时宜申明“该单位产品已进行过定型检验”。

附录 17　中华人民共和国国家标准
涂料耐磨性测定　落砂法

GB/T 23988—2009

前言

本标准由中国石油和化学工业协会提出。

本标准由全国涂料和颜料标准化技术委员会归口。

本标准起草单位：中海油常州涂料化工研究院。

本标准主要起草人：唐瑛。

涂料耐磨性测定　落砂法

GB/T 23988—2009

1　范围

本标准规定了色漆、清漆或相关产品的单层涂膜或多层涂膜耐磨性的测定方法。

本试验方法适用于通过将磨料落在涂层上来测定色漆、清漆或相关产品的单层涂膜或多层涂膜的耐磨性。以磨损涂层的单位膜厚所需的磨料量来表示耐磨性。

2　规范性引用文件

下列文件中的条款通过本标准的引用而成为本标准的条款。凡是注日期的引用文件，其随后所有的修改单（不包括勘误的内容）或修订版均不适用于本标准，然而，鼓励根据本标准达成协议的各方研究是否可使用这些文件的最新版本。凡是不注日期的引用文件，其最新版本适用于本标准。

GB/T 3186　色漆、清漆和色漆与清漆用原材料取样（GB/T 3186—2006，ISO 15528：2000，IDT）

GB/T 9271　色漆和清漆　标准试板（GB/T 9271—2008，ISO 1514：2004，MOD）

GB/T 13452.2　色漆和清漆　漆膜厚度的测定（GB/T 13452.2—2008，ISO 2808：2007，IDT）

GB/T 20777　色漆和清漆　试样的检查和制备（GB/T 20777—2006，ISO 1513：1992，IDT）

3　仪器和材料

3.1　耐磨试验器，如图 1 所示，在导管顶端附近设置一个控制磨料开始流动的开关。它是由一个金属圆片插入带有覆盖导管狭缝套环的导管一侧的窄缝中构成的。在一个合适的容器的上部，将导管稳固地保持在垂直位置上，设备上要有一个与垂直位置成 45°角的放置涂漆样板的托座，使管子开口正对着要磨耗区域的上方。管子到涂漆表面的距离，在垂直方向测量时，其最近点是 25.4mm。仪器底部要装有调整螺钉，以便适当地调整设备。

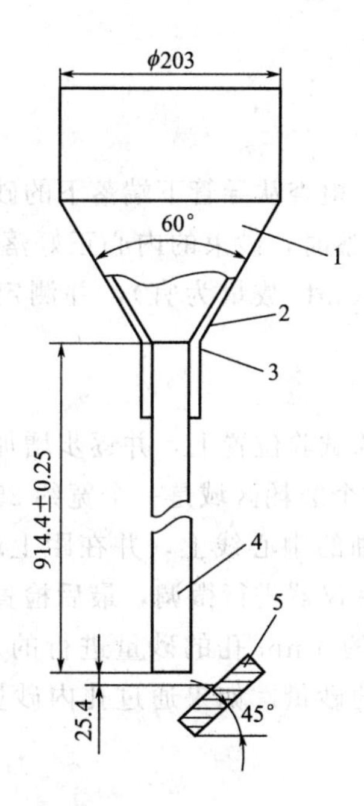

图 1　落砂耐磨试验装置

1—漏斗；

2—漏斗的下端是一个圆柱形的套环，与导管上端出口正好吻合；

3—导管的上端在漏斗的最小直径处导管的两端要切平并除掉全部毛刺；

4—直的，内管壁光滑的金属导管，直径为 19.05mm±0.08mm，外径为 22.22mm±0.25mm；

5—样板。

3.2　磨料

采用石英砂作为磨料，砂的规格和来源不同其磨耗性能也不同。以下提供两种石英砂，可根据需要进行选择。

3.2.1　标准砂，由天然石英海砂经筛洗等加工制成，其二氧化硅（SiO_2）含量大于 96%、烧失量不得超过 0.40%、含泥量（包括可溶性盐类）不得超过 0.20%（参考 GB 178—1977），粒度要求见表 1。

表 1　标准砂粒度要求

方孔筛孔径/mm	累计筛余量/%
0.65	<3
0.40	40±5
0.25	>94

3.2.2　天然石英砂

对石英砂筛分 5min，保留在 0.85mm 筛孔上的石英砂不得多于 15%，通过 0.60mm 筛孔的石英砂不得多于 5%。

注：砂的规格和来源应在报告中注明（不同来源的砂粒即使粒度一致，砂粒的磨耗性能也可能稍有不同）。磨料品种也可根据需要进行商定。

4 校准

4.1 流出速度的校准

将一定量的标准砂倒入漏斗。检查从导管下端落下的砂流，用底部调整螺钉使装置对中心直至从互为90°的两个位置上观察时，砂束的内心正好落在砂流的中心位置上为止。倒入一定体积量的砂（以2000mL±10mL数量为宜），并测定流出时间。流出速度应为21～23.5s内流出2L。

4.2 磨耗圆点的校准

将试验样板固定在3.1描述的试验位置上，并逐步增加放入的砂量，直至逐渐磨耗露出直径为4mm圆点的底材为止。整个磨耗区域是一个宽约25mm长约30mm的椭圆形。最大磨耗区域的中心应在磨耗图形长轴的中心线上，并在距上端14～17mm之内。为了将磨耗圆点校正在磨耗图形的中心，允许仪器进行微调，最后检查仪器是否对中心是通过测定通过放置在导管正下方的金属试板上的4mm孔的砂量进行的。在试板上孔的下方放置一个容器，称量通过试板孔落到容器中的砂量。如果通过孔内砂量是落在试板上总砂量的90%～93%则认为仪器是校准好的。

5 取样

按GB/T 3186的规定，取受试产品（或多涂层体系中的每种产品）的代表性样品。

按GB/T 20777的规定，检查和制备试验样品。

6 试板

6.1 底材

除非另有商定，底材应符合GB/T 9271的规定的硬质底材，如金属板或玻璃板等，最小尺寸为70mm×150mm。

6.2 处理和涂装

除非另有商定，应按GB/T 9271的规定来处理每一块底材，然后用待试产品或体系所规定的方法涂装，一种试样至少制备两块试板。

6.3 干燥和状态调节

在产品规定的条件下将已涂装的试板干燥固化。除非另有规定，样板在试验前应在(23±2)℃，相对湿度（50±5)%条件下至少状态调节24h。

6.4 涂层的厚度

干涂层的厚度以GB/T 13452.2中规定的方法之一测定，以μm表示。

7 操作步骤

7.1 除非另有商定，试验应在温度（23±2)℃和相对湿度（50±5)%条件下进行。

7.2 在每块试块上标出1个圆形区域，直径约25mm，并且使每个圆形区域在磨耗仪试板支架上能合适地就位。按照6.4中的规定测定涂层厚度，每个圆形区域至少需3个测试点。记录各自圆形区域上涂层厚度的平均测定值。

7.3 按3.1条中描述将已涂装试板固定在试验器上。调整试板使其标出的圆形区域正好在导管的中心下方，将一定体积的标准砂灌注到漏斗中，打开开关，使砂通过导管，撞击到涂漆试板上。安装在试验器底部的容器收集落下的砂。重复上述操作，直到涂层破坏，有4mm直径的区域露出底材，在试验过程中，合适增量砂子是2000mL±20mL，快接近终点时，可以在漏斗中加200mL±2mL的砂。

注1：当打开导管的开关时，应确保套环盖住管子开口的窄缝。

注2：为了保证砂束的内心正好落在砂流的中心，每隔一定时间要检查导管的对中心的情况。

注3：砂粒通过仪器25次以后要重新更换。

7.4 在另一块用相同涂料涂装的试板上重复7.1～7.3条的试验。

8 结果计算

按如下公式计算待测涂装试板的测试区域的耐磨性：

$$A=\frac{V}{T}$$

式中 A——耐磨性，L/μm；

V——磨料使用量，L；

T——涂层厚度，μm。

结果取两次平行测定的算术平均值，保留一位小数。两次平行测定相差应小于其平均值的25%。

9 试验报告

试验报告至少应包括下列内容：

a）注明本标准编号（GB/T 23988）；

b）识别受试产品和磨料所必需的细节；

c）按第8章规定所表示的试验结果；

d）与规定试验方法的任何不同之处；

e）试验日期。

附录 18　中华人民共和国机械行业标准
干式烧结金属摩擦材料摩擦性能试验方法

1　主题内容与适用范围

本标准规定了烧结金属摩擦材料在无油润滑状态下摩擦磨损性能的测试方法。

本标准适用于试验机法干式烧结金属摩擦材料动、静摩擦系数及磨耗车的测定。

2　术语

2.1　对偶

同摩擦材料构成摩擦副的金属件。

2.2　试样的表观面积

试样圆环面积扣除槽、孔等面积后的摩擦试样单面面积。

2.3　表观比压

按试样表观面积求得的表面单位压力。

2.4　单位摩擦功

摩擦副在接合过程中，单位表观面积上所产生的摩擦功。

2.5　单位摩擦功率

摩擦副在接合过程中，单位表观面积、单位时间内产生的摩擦功。

3　试验装置

3.1　MM-1000 型摩擦磨损试验机。

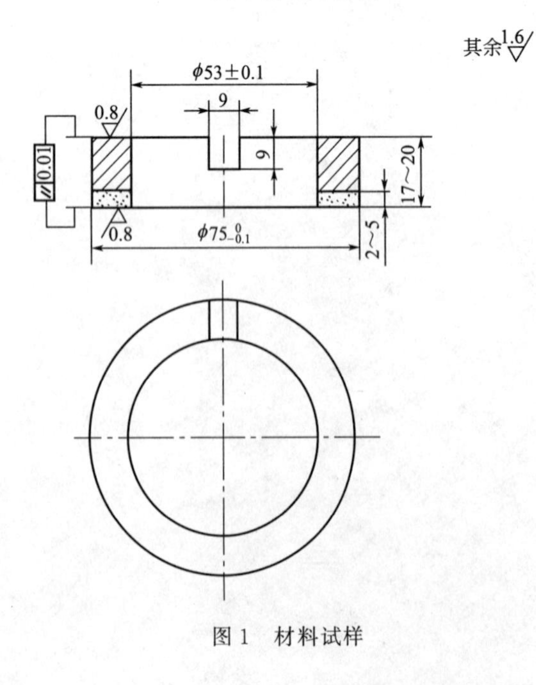

图 1　材料试样

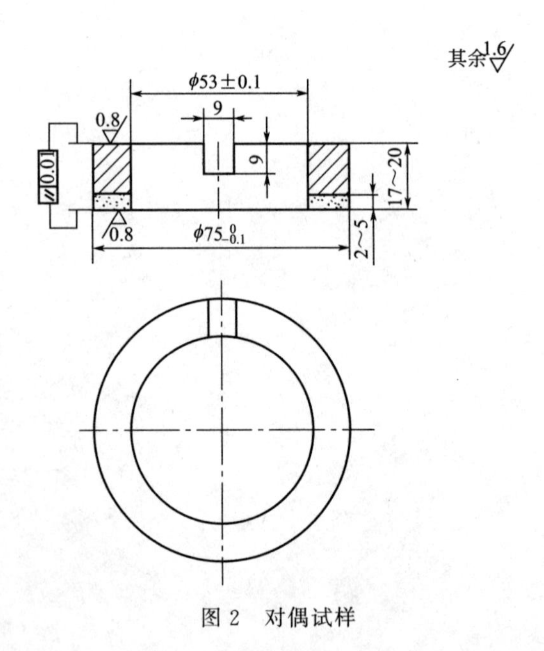

图 2　对偶试样

3.2 试验机除具有适当量程的力矩记录系统外，还必须配备记录压力变化的装置。

4 试样

4.1 烧结金属摩擦材料与对偶试样见图 1 和图 2。

4.2 试样可由产品割取或按相同工艺抽取。

4.3 对偶材料的技术要求按使用工况而定。

5 试验条件

试验条件应符合表 1 要求。

表 1

试 验 条 件	要 求
线速度 v/(m/s)	10.0
表观比压 p/MPa	0.5
转动惯量 $I/1\times10^{-2}$kg · m^2	1
接合频率/(次/min)	2

6 试验方法

6.1 磨合

6.1.1 按表 2 要求进行磨合。

表 2

磨 合 条 件	要 求
线速度 v/(m/s)	8
表观比压 p/MPa	0.3
转动惯量 $I/1\times10^{-2}$kg · m^2	1

6.1.2 摩擦副接合面积达到总面积的 75%磨合完毕。

6.1.3 在摩擦片与对偶片平均半径圆周处任选间隔 120°的三个点，测量其厚度。

6.2 静摩擦力矩的测定

磨合以后施压 0.7MPa，搬动主轴，测三次静力矩取平均值。

6.3 摩擦系数测定

按表 1 试验条件，接合 100 次。记录第 1、25、50、75、100 次的接合过程的力矩、压力特性曲线。

7 计算方法

7.1 静摩擦系数

$$\mu=\frac{M}{P_Z R_{\mathrm{pj}}} \tag{1}$$

式中 μ——静摩擦系数；

M——静摩擦力矩，N · m；

P_Z——作用在试样表观表面上的总压力，N；

R_{pj}——试样平均半径，cm。

7.2 摩擦系数

$$\mu_{pj}=\frac{M_{pj}}{P_Z R_{pj}} \tag{2}$$

式中 μ_{pj}——平均摩擦系数；

M_{pj}——平均力矩，N·m。

报告结果修约到0.01。

7.3 摩擦功

$$W=M_{pj}\bar{\omega}_{pj}t \tag{3}$$

式中 W——摩擦功，N·m；

ω_{pj}——平均角速度，r/s；

t——接合时间，s。

8 磨耗率的测定

8.1 100次接合以后，测量试件原对应点磨损，计算磨耗率。

8.2 计算方法

$$\delta=\frac{V}{\sum W}=\frac{HA}{\sum W} \tag{4}$$

式中 δ——磨耗率，$cm^3/(N\cdot m)$；

V——试件磨损体积，cm^3；

H——试样线性磨损量，cm；

A——试样摩擦面积，cm^2；

$\sum W$——累计摩擦功，N·m。

9 试验报告

试验报告应包括以下内容：

a. 试验条件；

b. 动、静摩擦系数；

c. 磨耗率；

d. 摩擦表面状况；

e. 试件原始状况；

f. 试验中的异常情况。

附加说明：

本标准由北京市粉末冶金研究所提出并归口。

本标准由北京市粉末冶金研究所负责起草。

本标准主要起草人庞世倜、李木林、倪小宝、初元杰、胡庆。

附录19 中华人民共和国机械行业标准
固定磨粒磨料磨损试验
销-砂纸盘滑动磨损法

1 主题内容与适用范围

本标准规定了固定磨粒磨料磨损试验（销-砂纸盘滑动磨损法）的试验装置，砂纸（布）、试样、试验条件、试验程序及其试验结果的处理和表示方法。

本标准适用于在实验室条件下测定材料与砂纸（布）表面滑动摩擦时的磨损，提供反映被测试材料在与磨粒发生相对滑动情况下的磨损特性的数据。可用本试验结果来预测被测试材料在相应实际工况条件下，耐磨性相对优劣的排列次序。

2 引用标准

GB 4891 为估计批（或过程）平均质量选择样本大小的方法

GB 4979 页状砂布砂纸

JB 3630 涂附磨具用磨料粒度组成

3 方法概述

以一定的载荷将符合标准的销形试样的端面垂直紧压在按规定速度旋转的砂纸（布）圆盘表面上，同时试样作径向进给，在砂纸（布）表面形成一条彼此不重叠的阿基米德螺旋线形的摩擦轨迹，经过一定的摩擦行程后测定磨损量。

4 试验装置及主要技术要求

4.1 试验装置的工作原理如图1所示，主要由如下几部分构成：

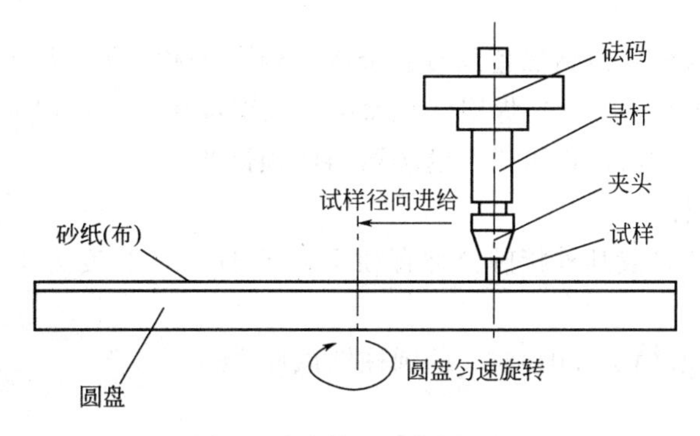

图1 试验装置工作原理图

a. 匀速旋转的圆盘，其上有一可固定规定尺寸砂纸（布）的平面；

b. 试样夹头和加载导杆；

c. 砝码或其他加载系统；

d. 试样径向进给系统，同时应附有指示试样端面中心与圆盘中心距离的标尺；

e. 圆盘旋转转数的自动计数和达到预定转数自动停机系统，或试样径向进给行程控制系统；

f. 驱动、传动及其控制系统。

4.2 主要技术要求

a. 圆盘平面的表面粗糙度 R_a 不大于 1.25μm；其端面跳动允差为 150μm；

b. 试样轴线与圆盘平面的垂直度允差，在距离为 50mm 的两个位置为 30μm。

c. 能给试样施加试验所需载荷；

d. 试样径向进给系统的移动平面与圆盘平面的平行度允差，在进给方向上距离为 120mm 的两个位置为 50μm；它应能使试样在圆盘表面从边缘至中心这一范围内径向移动，并运动自如，无卡住或滑脱现象。圆盘旋转一转，试样的径向进给量应至少有 2mm、3mm、4mm 三种供选用；

e. 圆盘旋转转数计数系统的分度值为 0.1r；或试样径向进给行程控制的误差为±1mm；

f. 圆盘和径向进给系统应能按需要实现正、反向运动，并彼此联动。

5 砂纸或砂布

采用符合下列要求的任何厂家批量生产的耐水砂纸或干磨砂布。

5.1 表面涂附的磨料，可选用破碎的玻璃、石英、石榴石、刚玉、碳化硅；若试验研究的目的是为某特定工况选择材料工艺或机理研究，亦可按实际需要选用典型矿物或硬度和粒形与其相近的其他磨料。

5.2 表面涂附磨料的粒度为 P180，其粒度组成应符合 JB 3630 的有关规定。

5.3 技术要求应符合 GB 4979 的有关规定。

5.4 形状，推荐采用直径约为 260mm 的圆盘。

5.5 保存时应防止受潮、变形和折断。

6 试样

6.1 试验试样

6.1.1 材料

原则上任何种类材料（包括黑色及有色金属、陶瓷、聚合物、粉末冶金制品、复合材料等）和厚度大于 70μm 的喷（堆）焊层、喷涂层、电镀或化学热处理沉积层等，只要能加工成尺寸、形状符合要求的试样都可进行这类磨料磨损试验。

6.1.2 形状和尺寸试样

可采用断面公称直径或其外接圆公称直径不大于 4mm、长度为 10～25mm 的圆柱销或其他断面形状的柱销。

推荐采用断面直径 (4±0.01)mm 的圆柱销试样。

6.1.3 其他要求

试样端面与其轴线的垂直度允差为 12μm，所有表面的粗糙度 R_a 不大于 1.6μm。

试样试验面应无任何缺陷和附着物，但当有这样缺陷的表面本身就是被研究对象的情况例外。

不同的试样应在非试验面上标有明显的区分标记。

6.2 标准试样

标准试样用于各实验室定量监测砂纸或砂布表面涂附磨料性能的波动以及其他试验条件的变化。并根据其磨损试验结果校正试验试样的试验结果，以保证试验数据间的可比性。

6.2.1 标准试样应选用容易得到、并且质量和性能相对比较稳定的材料制造。推荐采用退火态的某种低碳或中碳钢钢材，其硬度波动范围应小于±5HV或±5HBS。

6.2.2 标准试样的断面形状及其公称尺寸应与试验试样相同。

6.2.3 试验面应无任何缺陷和附着物。此外，其他要求均应符合6.1.3规定。

7 试验条件

a. 圆盘转速：(60±5)r/min；

b. 试样的平均接触压力：(1.910±0.005)MPa；

c. 试样径向进给量：不小于试样断面的公称直径或其外接圆公称直径；

d. 摩擦行程：9m；实际摩擦行程可根据具体情况适当延长或缩短，但试样的最终磨损量都应不少于50μm（或5mg）；

e. 每次试验均应在新的砂纸或砂布表面上进行。

8 计量器具

a. 量程为0～25mm，分度值为1μm的杠杆千分尺；

b. 感量为0.1mg的分析天平。

9 试验程序

9.1 准备工作

9.1.1 用溶剂或清洗剂清洗试样，去掉其表面的所有污物和（或）外来物质，并随后采用合适方法去掉所有残留在试样上和试样内的溶剂或清洗剂。

9.1.2 测定并记录试样断面实际尺寸，精确到1μm。

9.1.3 按选定的试验条件，调整试验装置有关系统，使其符合要求。

9.2 试样试验面的预磨

9.2.1 将试验装置的径向进给系统回复到预定的初始位置。

9.2.2 在试验装置圆盘上装上所需的新砂纸或砂布，并使其平整无波纹。

9.2.3 将准备好的试样可靠地夹持在试样夹头中，试验面在夹头外，并使其外伸部分长度约为3mm；然后将它们装入试验装置，并加上预定载荷。

9.2.4 启动试验装置，达到预定摩擦行程后自动停机。

9.2.5 重复上述步骤，直至试样的试验面全部被磨到为止。

9.2.6 取下试样，擦拭干净后测量并记录其长度（或质量），精确到1μm（或0.1mg）。

9.3 试验

对一批不同材料的试验，应按所选用磨料的种类分组进行，并且每组试验一律采用同一批购进的同种磨料的砂纸或砂布。

每组试验，在对试验试样进行试验之前，先从所选用的砂纸（布）中随机抽取三张，用同一标准试样重复进行三次试验。此时试验结果的变异系数应不超过5%，其计算参阅10.1.4中式（3）；如果超过此值，此组数据无效，应分析、检查试验装置、试验条件、试验操作是否失控，并采取相应措施消除产生偏差的原因；然后再对该标准试样重新进行三次试验。以其有效试验结果的平均值作为这组试验的标准试样的磨损量。对于一天不能完成的大批量试验，每天都应按上述要求进行标准试样试验。

9.3.1 对预磨合格并已测量其原始尺寸（或质量）的试样，一般重复 9.2.1～9.2.4 和 9.2.6 步骤一次即完成一次试验；对于耐磨性高的材料，应在既不取下试样，也不进行中间测量，但每次都更换新砂纸（布）的条件下，重复 9.2.1～9.2.4 步骤数次，直至试样的最终磨损量大于 50μm（或者 5mg）为止。然后再进行 9.2.6 步骤。对于表面覆盖层，完成规定的试验后不应露出基体或底层。

9.3.2 根据 GB 4891 和以往的经验，每种材料至少要重复试验三次；但对于试验结果的变异系数大于 5%的材料，总的重复试验的次数应不少于 5 次。

9.3.3 所有重复试验（包括前述的试样预磨）都应使试样和夹具的相对位置尽可能相同，并尽可能使试样试验面上摩擦痕迹的方向一致。

10 试验结果的处理和表示

10.1 有关概念

10.1.1 试样的磨损量等于试验前后试样的长度差（长度磨损）或质量差（质量磨损）。

10.1.2 相对磨损等于在相同的试验条件下，试验试样与相应标准试样的长度磨损的比值。

10.1.3 相对耐磨性为相对磨损的倒数。

10.1.4 在相同试验条件下的 n 次试验，根据每次试验结果（X）计算其算术平均值（$\overline{X}$）、标准偏差（s）和变异系数（V，%）的公式如下：

$$\overline{x}=\sum x/n \tag{1}$$

$$s-\sqrt{\frac{\sum(x-\overline{x})^2}{n-1}} \tag{2}$$

$$v=(s/\overline{x})\times 100 \tag{3}$$

10.2 试验结果的表示

每种材料的试验结果都应表示为对于某种磨料和某标准材料的相对耐磨性（ε）或相对磨损（1/ε），它们可分别按式（4）和式（5）或式（6）和式（7）计算求得：

$$\varepsilon=\frac{\Delta l_s}{\Delta l}\times\frac{S}{S_s}\times\frac{A_s}{A} \tag{4}$$

$$1/\varepsilon=\frac{\Delta l_s}{\Delta l}\times\frac{S}{S_s}\times\frac{A_s}{S} \tag{5}$$

$$\varepsilon=\frac{\Delta m_s}{\Delta m}\times\frac{S}{S_s}\times\frac{\rho_s}{\rho} \tag{6}$$

$$1/\varepsilon=\frac{\Delta m_s}{\Delta m}\times\frac{S}{S_s}\times\frac{\rho_s}{\rho} \tag{7}$$

式中 Δl——试验试样的实际长度磨损，μm；

Δl_s——相应标准试样的实际长度磨损，μm；

S——试验试样的实际摩擦行程，m；

S_s——相应标准试样的实际摩擦行程，m；

A——试验试样的实际断面积，mm^2；

A_s——相应标准试样的实际断面积，mm^2；

Δm——试验试样的实际质量磨损，g；

Δm_s——相应标准试样的实际质量磨损，g；

ρ——试验试样材料的密度，g/cm^3；

ρ_s——相应标准试样材料的密度，g/cm^3。

10.3　试验结果的可比性

10.3.1　试验所得的试样的实际磨损量直接进行比较的前提是：试样的断面形状和尺寸，磨料的种类及其粒形和粒度，以及其他所有试验条件均相同。

10.3.2　根据实际试验结果计算求得的相对耐磨性或相对磨损，只要所用磨料的种类、试样的公称平均接触压力、标准试样材料均相同，就可以相互比较。

10.3.3　若仅所用磨料的种类和试样的公称平均接触压力相同，但标准试样材料不同，此时所求得的相对耐磨性或相对磨损，可以采用式（8）或式（9）将它们换算到要比较的条件，然后再进行相互比较，前提是这两批试验都曾对同一种材料进行过试验：

$$\varepsilon_m = \varepsilon''_m \times \frac{\varepsilon'_c}{\varepsilon''_c} \tag{8}$$

$$1/\varepsilon'_m = 1/\varepsilon''_m \times \frac{1/\varepsilon'_c}{1/\varepsilon''_c} \tag{9}$$

式中　ε'_m和$1/\varepsilon'_m$——分别表示经换算求得的相对于材料a的材料m的相对耐磨性和相对磨损；

ε'_c和$1/\varepsilon'_c$——分别表示在第一批试验中所求得的相对于材料a的材料c的相对耐磨性和相对磨损；

ε''_m和$1/\varepsilon''_m$——分别表示在第二批试验中所求得的相对于材料b的材料m的相对耐磨性和相对磨损；

ε''_c和$1/\varepsilon''_c$——分别表示在第二批试验中所求得的相对于材料b的材料c的相对耐磨性和相对磨损。

其中，材料c为两批试验中都曾试验过的材料；材料a和b为两批试验中分别采用的标准材料；材料m为仅在第二批试验中试验过，但拟与第一批试验的结果进行比较的材料。

11　试验报告

本试验的试验报告一般应包括以下内容：

a. 委托单位；

b. 试验试样材料；

c. 试验条件，主要应列出所用磨料的种类和粒度、试样的公称平均接触压力、标准试样材料、试样的断面形状和公称尺寸、圆盘转速、试样径向进给量、摩擦行程；

d. 试验结果，主要应列出各试验材料根据实际试验结果计算求得的相对耐磨性或相对磨损，以及它们的算术平均值、标准偏差和变异系数；

e. 试验日期；

f. 试验者。

除此，还可根据委托单位的要求。适当增加一些内容，如试样的实际磨损量、结论及分析等。

附加说明：

本标准由机械工业部武汉材料保护研究所提出并归口。

本标准由武汉材料保护研究所负责起草，中国农业机械化科学研究院工艺材料所参加起草。

本标准主要起草人胡增文、李孝全、曹瑞文。

附录 20　中华人民共和国机械行业标准
环块磨损试验机　技术条件
Specifications for ring-block wear testing machines
JB/T 9396—1999

前言

本标准是对 ZB N75 003-88《环块磨损试验机　技术条件》的修订。本标准非等效采用美国材料与试验协会标准 ASTM D2782—1994《润滑液体耐极压特性的测量方法（梯姆肯法）》，满足该协会标准对环块磨损试验机的要求。

本标准与 ZB N75 003-88 在以下主要内容上有所改变：

删除了“精密度”要求；

修改了检验规则（见第 5 章）；

标志、包装、运输、贮存改为新条文（见第 6 章）。

本标准自实施之日起，代替 ZBN75003-88。

本标准由全国试验机标准化技术委员会提出并归口。

本标准负责起草单位：济南试验机厂、长春试验机研究所。

本标准于 1988 年 5 月以专业标准编号 ZB N 75003-88 首次发布。

中华人民共和国机械行业标准
环块磨损试验机　技术条件
Specfications for ring—block wear testing machines
JB/T 9396—1999 代替 ZB N75 003-88

1　范围

本标准规定了环块磨损试验机的技术要求、检验方法、检验规则及标志、包装、运输与贮存。

本标准适用于按 GB/T 12444.2 在滑动摩擦状态下测定润滑油、润滑脂抗擦伤能力用的最大试验力为 5kN 的环块磨损试验机（以下简称试验机）。

2　引用标准

下列标准所包含的条文，通过在本标准中引用而构成为本标准的条文。本标准出版时，所示版本均为有效。所有标准都会被修订，使用本标准的各方应探讨使用下列标准最新版本的可能性。

GB/T 2611—1992　试验机通用技术要求

GB/T 12444.2—1990　金属磨损试验方法　环块型磨损试验

JB/T 6147—1992　试验机包装、包装标志、储运技术要求

3　技术要求

3.1　环境与工作条件

试验机应在下列条件下正常工作：

在室温 25℃±10℃范围内；

在无振动的环境中；

周围无腐蚀性介质；

在稳固的基础上水平安装；

电源电压的波动范围应在额定电压的±10%以内。

3.2　试验机的试验力准确度

示值相对误差的最大允许值应为±1%；

示值重复性误差不应超过 1%。

3.3　试验机的摩擦力准确度

摩擦力示值相对误差的最大允许值应为±3%；

摩擦力示值重复性误差不应超过 3%。

3.4　几何精度

主轴的径向圆跳动误差不应大于 0.01mm；

主轴装上试环后，试环的径向圆跳动误差不应大于 0.015mm；

主轴的轴向位移不应大于 0.01mm；

主轴轴线与工作台平面平行度不应大于 0.02mm；

试环与试块应能紧密接触刮净油；

试环与试块在磨合试验后，磨痕应为均匀的矩形，其大小头宽度之差与平均宽度之比不应超过 10；

加力盘上平面应水平安装，其偏差不应大于 0.5mm。

3.5　加力速率

加力盘在无冲击情况下施加试验力速率为 8.921N/s，13.33N/s。

3.6　运动部位温升

试验机在工作时应运转平稳，音响正常。在连续完成一个油样试验后，各运动部位的温升不应超过 30℃。

3.7　耐运输颠簸性能

试验机及附件在包装条件下，应能承受碰撞试验而无损坏。试验以后，试验机不经调修仍应全面符合本标准的要求。

3.8　试验机的其他要求

试验机的基本要求和电气设备、外观质量等要求应符合 GB/T 2611—1992 中第 3 章、第 6 章和第 8 章的规定。

4　检验方法

4.1　检验用器具

检验时使用的仪器、工具应包括：

a）经检定合格的准确度为0.3级的标准测力仪；

b）分辨力不低于0.05mm/m的插式水平仪一个；

c）准确度为±1r/min的数字转速表一只；

d）分辨力为0.1s的秒表一只；

e）准确度为±0.01mm的测量显微镜一台；

f）其他通用检验工具；

g）分度值为0.1℃，温度范围为0～100℃的温度计。

4.2　试样和试验用油

试样和试验用油应符合下列要求：

a）试环具有洛氏硬度58～62HRC或维氏硬度653～756HV的钢试环，其宽度为13.06mm±0.50mm，有效宽度为12.7mm±0.025mm，直径为49.22mm±0.025mm。试验面绕与主轴配合的圆锥面的轴线旋转一周时，其径向圆跳动量均不得大于0.005mm。试验面表面粗糙度参数R_a的上限值为0.4μm，试环与主轴配合面的表面粗糙度参数R_a的上限值为0.8μm，试环与主轴配合必须合格，以避免试验中发生相对运动。

b）试块：试验表面宽为12.32mm±0.05mm，长为19.05mm±0.10mm，洛氏硬度为58～62HRC；或维氏硬度635～756HV的钢块，每个试块可提供四个试验表面。试验面表面粗糙度参数R_a的上限值为0.4μm，磨皱方向应为横向，试验表面之间垂直度及平行度不大于0.005mm。

c）试验用油为硫磷型油或150°硫铅型油。

4.3　检验条件

检验应在符合3.1规定的条件下进行。

4.4　试验机试验力准确度的检验

4.4.1　在试验机上安放好测力工具及标准测力仪，加卸50kg砝码连续重复三次，将标准测力仪调至零位，然后开始检验。

4.4.2　从试验机最大试验力的10%开始，按顺序检验不应少于五点力（五点力宜与最大试验力的10%，20%，40%，60%，100%相适应），连续测量三次，其误差分别按式（1）和式（2）计算：

$$q=\frac{F_i-\overline{F}}{\overline{F}}\times 100\% \qquad (1)$$

$$b=\frac{F_{max}-F_{min}}{\overline{F}}\times 100\% \qquad (2)$$

式中　q——试验机示值相对误差；

b——试验机示值重复性相对误差；

F_i——被检试验机力指示装置的进程示值；

$\overline{F}$——进程中，对同一测量点标准测力仪三次读数的算术平均值；

F_{max}——进程中，对同一测量点标准测力仪三次读数的最大值；

F_{min}——进程中，对同一测量点标准测力仪三次读数的最小值。

4.5　试验机摩擦力准确度的检验

4.5.1　在实验机上安放好测力工具，并将工具上平面调平（以主杠杆上平面为基准）。

4.5.2　按试验机最大摩擦力，重复加卸砝码三次，然后开始检测。

4.5.3 从最大摩擦力值的10%开始，按照顺序检测10%，20%，40%，60%，100%五点，连续测量三次，其误差分别按公式（3）和公式（4）计算：

$$q_{\mathrm{m}}=\frac{\overline{f}-f}{f}\times 100\% \tag{3}$$

$$b_{\mathrm{m}}=\frac{f_{i,\max}-f_{i,\min}}{f}\times 100\% \tag{4}$$

式中 q_{m}——摩擦力示值相对误差；

b_{m}——摩擦力示值重复性相对误差；

f——每个测量点上施加砝码产生的重力；

$\overline{f}$——摩擦力杠杆标尺上三次读数的算术平均值；

$f_{i,\max}$——摩擦力杠杆标尺上三次读数的最大值；

$f_{i,\min}$——摩擦力杠杆标尺上三次读数的最小值。

4.6 几何精度的检测

几何精度按表1进行检测。

表1 几何精度的检测

序号	简图	检测项目	允差 mm	检验工具	检验方法
a	-	主轴的径向圆跳动	0.01	千分表磁力表座	千分表测头垂直触及主轴锥面上，使主轴缓慢转动，千分表读数的最大差值就是主轴径向圆跳动误差
b	-	主轴装上试环后试环的径向圆跳动	0.015	千分表磁力表座	千分表测头垂直触及试环的外圆上，使主轴缓慢转动，千分表读数的最大差值就是装环后试环的径向圆跳动误差
c	-	主轴的轴向位移	0.01	千分表磁力表座 ϕ6mm 钢球	千分表测头垂直触及主轴端部的 ϕ6mm 钢球上，沿主轴轴线加一力 F，旋转主轴，千分表上读数的最大差值就是轴向位移误差
d	-	主轴轴线与工作台平面的平行度	0.02	平板千分表磁力表座	将安装后的主轴座放在校正好的平板上，将千分表测头触及主轴两端，其两端千分表读数的最大差值就是平行度误差
e	-	试环与试块紧密接触刮净油		钩扳手	用专业的钩扳手，使主轴顺时针方向轻轻旋转。摩擦力杠杆上的水平泡应在圆环内某一位置，不来回移动。目测试环、试块刮油情况
f	-	试环与试块在磨合试验后，磨痕应为均匀的矩形	大小头宽度之差与平均宽度之比：$P\leqslant 10\%$	测量显微镜	试验条件： 试验力：2450N； 转速：800r/min； 试验时间：10min； 计算公式： $P=\frac{B-b}{0.5(B+b)}\times 100\%$ 式中 B——磨痕大头宽度尺寸； b——磨痕小头宽度尺寸。
g	-	加力盒上平面水平度	0.5	0.05mm/m 水平仪，0.1mm 塞尺	将水平仪放在加力盒上，用塞尺在两个方向调水平

4.7　加力速率的检验

4.7.1　把磁力表座固定在加力箱体上，使百分表测头触及加力盘下端面，用秒表测出单位时间加力盘上升（或下降）的距离（重复测量三次取其算术平均值）。

4.7.2　在1000N试验机上测出弹簧在98N，294N，490N三点的变形量每个点重复测量三次取其算术平均值。加力速率按公（5）计算：

$$F=\frac{490S}{Lt} \tag{5}$$

式中　F——施加试验力速率；

L——在490N力的作用下弹簧的变形量；

S——在t时间内加力盘上升（或下降）的距离；

t——加力盘上升（或下降）距离s所用的时间。

4.8　运输部位温升的检验

试验机按GB/T 112444.2规定的试验方法连续完成一个油样试验后，用温度计检验试验机各部位的温升，并应符合3.6的要求。

4.9　耐运输颠簸性能的检验

将试验机的包装件紧固安装在碰撞台的台面上，以近似半正弦波的脉冲波形进行碰撞试验。试验时选用的等级如下：

峰值加速度100mm/s^2±10m/s^2，相应脉冲持续时间11mm±2ms，脉冲重复频率60次/min～100次/min，碰撞次数1000次±10次。

如果不具备碰撞试验条件或由于试验机包装件质量和尺寸的原因不能进行碰撞试验时，可用实际运输试验代替。试验时，应将试验机的包装件装到载重量不小于4t的载重汽车车厢后部，以30km/h～40km/h的速度在三级公路的中级路面上进行100km以上的实际运输试验。经碰撞试验或运输试验后，试验机应满足3.7的要求。

4.10　试验机其他要求的检验

试验机的基本要求、电气设备、外观质量等应按GB/T 2611—1992中第3章、第6章和第8章进行实际和目测检验。

5　检验规则

5.1　出厂检验

5.1.1　出厂检验项目包括3.2，3.3，3.4，3.5，3.6和3.8。

5.1.2　每台试验机须经制造者质量检验部门按出厂检验项目检验合格后方可出厂，并附有产品合格证。

5.2　型式检验

5.2.1　型式检验项目包括本标准规定的全部要求。

5.2.2　有下列情况之一时，应进行型式检验：

a. 新产品或老产品转厂生产的试制定型鉴定；

b. 产品正式生产后，当结构、材料、工艺有较大改变可能影响产品性能时；

c. 正常生产时，两年进行一次检验；

d. 产品长期停产后，恢复生产时；

e. 出厂检验结果与上次型式检验有较大差异时；

f. 国家质量监督机构提出进行型式检验要求时。

5.3 判定规则

5.3.1 对于出厂检验，每台试验机按规定的检验项目，合格率应达100%。

5.3.2 对于型式检验，当批量不大于50台时，抽样两台，若检验后样本中出现一台不合格品，则判定该批产品为不合格批；当批量大于50台时，抽样五台，若检验后样本中出现两台或两台以上不合格品，则判定该批产品为不合格批。

6 标志、包装、运输与贮存

6.1 试验机应具有铭牌，内容包括：

a. 产品名称、型号；

b. 主要参数；

c. 制造者名称；

d. 制造日期；

e. 制造编号。

6.2 试验机应采用防水、防锈、防尘的复合防护包装，并应符合16/16147—1992中4.4.1，4.4.4和4.4.6的规定。

6.3 试验机的包装标志、运输和贮存应符合JB/T 6147—1992中第5章和第6章的规定。

6.4 试验机的随机技术文件应符合08/72611—1992中第9章的规定。

附录21 中华人民共和国机械行业标准
气缸套、活塞环快速模拟磨损试验方法
Fast simulation test procedure for cylinder liners and rings
JB/T 9758—2004

目　次

前　言

本标准是对NJ/Z 7—1985《气缸套　活塞环快速模拟磨损　试验方法》的修订。修订时对原标准作了部分修改，主要技术规范没有变化。

本标准的附录A为资料性附录。

本标准代替原NJ/Z 7—1985。

本标准由中国机械工业联合会提出。

本标准由全国拖拉机标准化技术委员会归口。

本标准主要起草单位：机械工业部洛阳拖拉机研究所。

本标准主要起草人：高棠莉、李京中、部文国、徐惠娟。

本标准所代替的历次版本发布情况为：

——NJ/Z 7—1985。

气缸套、活塞环快速模拟磨损试验方法

1 范围

本标准规定了气缸套、活塞环的快速模拟磨损试验规范。

本标准适用于气缸直径为85～135mm的内燃机气缸套、活塞环室内快速模拟磨损试验（其他缸径可参照本标准执行）。

2 规范性引用文件

下列文件中的条款通过本标准的引用而成为本标准的条款。凡是注日期的引用文件，其随后所有的修改单（不包括勘误的内容）或修订版均不适用于本标准，然而，鼓励根据本标准达成协议的各方研究是否可使用这些文件的最新版本。凡是不注日期的引用文件，其最新版本适用于本标准。

GB/T 2481.2—1998 固结磨具用磨料 粒度组成的检测和标记 第2部分：微粉F230-F1200（eqv ISO 8486-2：1996）

GB 11122—1997 柴油机油（eqv SAE J183：1991）

3 原理

模拟内燃机气缸套、活塞环主要磨损形式，将气缸套与活塞环构成配对摩擦副，使活塞环在气缸套内往复运动，并将混有磨料的润滑油均匀、等浓度地供至摩擦副之间，实现其快速模拟磨损。

4 试验设备、仪器及量具

4.1 试验设备：快速磨损试验台，转速允许±5r/min。

4.2 仪器及量具的名称、精度要求见表1。

表1

名 称	精度要求
活塞环弹力测定仪	示值0.2N
气缸套量规	±0.001mm
活塞环环规	±0.001mm
内径量表	0.005mm
塞尺	一级
天平	1‰
磅秤	示值0.05kg

5 试验条件及试验规范

5.1 试验条件

5.1.1 试验用气缸套、活塞环应按产品图样检验合格。

5.1.2　气缸套、活塞环试验前后，均应放置在20～25℃室内恒温24h，再进行尺寸测量。
5.1.3　试验用的设备、仪器和量具须经校验，其精度应符合第4章的要求。
5.1.4　进入分配器内含有磨料的润滑油要混合搅拌均匀。
5.1.5　混合器出油口至分配器进油口的高度差应大于700mm，进油管内不允许沉淀磨料。
5.1.6　试验过程中出现的一切异常现象均应详细记录。
5.2　试验规范
5.2.1　试验磨料用GB/T 2481.2—1998表2规定的粒度为F500的氧化铝，使用前应在105℃的干燥箱内恒温4h。
5.2.2　磨料在润滑油中的含量配比为0.6‰。
5.2.3　试验活塞平均线速度为4m/s，试验台主机转速为800r/min。
5.2.4　进入分配器内含有磨料的润滑油，其质量流率每缸应控制在0.5～0.6L/h范围内。
5.2.5　试验用油按GB 11122—1997规定的CC30。
5.2.6　试验时间应连续运转5h。

6　试验程序

6.1　试验前的准备和要求
6.1.1　试验前将试验用的气缸套、活塞环清洗、编号、恒温、测量，并按表A.1填写测量记录。
6.1.1.1　同批用的活塞环径向弹力应接近，其误差不超过±1N。
6.1.1.2　活塞环的闭口间隙应放在活塞环环规内测量。
6.1.1.3　安装活塞环时，应将开口均匀错开。
6.1.1.4　应在气缸套支承肩上端面任意相距90°的方向分别标标记X、Y，注意定向安装。
6.1.1.5　取L_1、L_2、L_3及L_4四个部位作为气缸套纵向测量部位，L_1在试验活塞环一道环上止点以下5mm，L_4在最后一道环下止点以上5mm，其余两个测量部位应均布。
6.1.2　按5.2.2要求将型号为CC30柴油机润滑油和粒度为F500的氧化铝磨料加入混合器内。
6.1.3　安装活塞环、气缸套和其他附件。
6.1.4　准备工作完成后，合上总开关接通电源。
6.1.4.1　接通控制台混合器的电热器开关，启动混合器按钮，至少运转30min，待混合器内油温恒定在50℃±2℃时，将混合器出油管与分配器油嘴接通。
6.1.4.2　启动分配器按钮，使分配器运转。
6.2　启动试验主机
6.2.1　转动调速器旋钮，使试验主机转速在3min内逐步提高到规定值。
6.2.2　试验中需每30min检查试验台工作状况，调整润滑油的质量流率，做好记录工作。

7　试验结果计算

7.1　气缸套磨损值计算
7.1.1　气缸套磨损值等于试验前、后各测量部位在X、Y方向测量值之差。
7.1.2　气缸套平均磨损值等于X方向的磨损值加Y方向的磨损值除以2。
7.1.3　气缸套总平均磨损值等于n个平均磨损值之和除以n（n为试验次数，下同）。

7.1.4 气缸套相对磨损率按式（1）计算：

$$\delta'=\frac{\Delta'_1}{\Delta'_2}\times 100\% \tag{1}$$

式中 δ'——气缸套相对磨损率；

Δ'_1——气缸套基准磨损值，即为选用试验结果中最大的总平均磨损值（相对磨损率为100%）；

Δ'_2——试验气缸套的总平均磨损值。

7.2 活塞环闭口间隙增大值的计算

7.2.1 活塞环闭口间隙增大值等于试验前、后各测量值之差。

7.2.2 活塞环闭口间隙平均值等于各组各环闭口间隙增大值的平均值。

7.2.3 活塞环闭口间隙总平均值等于 n 个平均增大值之和除以 n。

7.2.4 活塞环相对磨损率按式(2) 计算：

$$\delta''=\frac{\Delta''_1}{\Delta''_2}\times 100\% \tag{2}$$

式中 δ'——活塞环相对磨损率；

Δ''_1——活塞环基准闭口间隙增大值，即为选用试验结果中最大的总平均闭口间隙增大值（相对磨损率为100%）；

Δ''_2——试验活塞环闭口间隙的总平均增大值。

8 检测

8.1 气缸套检测

8.1.1 气缸套快速模拟磨损试验前后检测结果记录于表A.1中。

8.1.2 将气缸套测量结果整理记录于试验结果表A.2中。

8.1.3 气缸套磨损结果：合格指标为0.12m；一等指标为0.085mm；优等指标为0.065mm。

8.2 活塞环检测

8.2.1 活塞环快速模拟磨损试验前后检测结果记录于表A.1中。

8.2.2 将活塞环测量结果整理记录于试验结果表A.2中。

8.2.3 活塞环磨损结果：合格指标为2.4mm；一等指标为2.0mm；优等指标为1.8mm。

附　录　A

（资料性附录）

试验记录及报告

表A.1 气缸套、活塞环快速模拟磨损试验记录表

<table>
<tr><td colspan="2">委托单位</td><td colspan="4"></td><td>产品型号</td><td></td></tr>
<tr><td colspan="2">试验日期</td><td>室温</td><td colspan="3"></td><td>试验人员</td><td></td></tr>
<tr><td colspan="8">配副编组</td></tr>
<tr><td rowspan="2">编号</td><td colspan="2">气缸套</td><td colspan="5">活塞环</td></tr>
<tr><td>材料</td><td>生产厂</td><td>一环材料</td><td>二环材料</td><td>三环材料</td><td>油环材料</td><td>生产厂</td></tr>
<tr><td></td><td></td><td></td><td></td><td></td><td></td><td></td><td></td></tr>
</table>

续表

气缸套测量记录												
气缸套	气缸套测量部位及测量结果/mm											
	L_1			L_2			L_3			L_4		
测量方向	试验前	试验后	磨损值	试验前	试验后	磨损值	试验前	试验后	磨损值	试验前	试验后	磨损值
X-X												
Y-Y												

X-X 平均		X-X 最大		X-X,平行曲轴方向测量 Y-Y,垂直曲轴方向测量 总平均=(X−X)+(Y−Y)/2
Y-Y 平均				

活塞环测量记录					
活塞环环序	活塞环闭口间隙测量记录/mm				弹力/N
一环	试验前	试验后	闭口间隙增大值	增大平均值	
二环					
三环					
油环					

表 A.2　气缸套、活塞环快速磨损试验报告

委托单位					试验项目	耐磨性
试验样品型号						
配对副情况						
试验项目			样品编号及试验结果			
			1#	2#	3#	4#
气缸套磨损值/mm		X-X 平均				
		Y-Y 平均				
		平　均				
		总平均				
		相对(%)				
活塞环磨损情况	闭口间隙增大值/mm	一环				
		二环				
		三环				
		油环				
		平　均				
		总平均				
		相对(%)				
结论						

附录 22　中华人民共和国机械行业标准
湿式烧结金属摩擦材料
摩擦性能试验台试验方法
Bench test method for frictional characteristics of sintered metal friction materials run in lubricants

前　言

本标准按照 GB/T 1.1—2009 给出的规则起草。

本标准代替 JB/T 7909—1999《湿式烧结金属摩擦材料摩擦性能试验台试验方法》，与 JB/T 7909—1999 相比主要技术变化如下：

——在适用范围中增加了“湿式非金属摩擦材料摩擦性能的测定可参照本标准”；

——增加术语的对照英文；

——规定了“数据采集不超过 20ms/次”；

——试验设备的组成中增加了“数据处理系统”；

——规定“试验片应在与产品相同工艺条件下制取，应符合图样及技术文件规定”，不采用原标准推荐采用 3 种形式的试验片；

——增加了“对于平均功率密度不到 115W/cm^2 的材料，可以降低平均功率密度来测定摩擦系数和磨损率”；

——增加了“数据的采集应在连续试验中完成，对于加压过程产生的瞬间摩擦系数应剔除”；

——增加了关于摩擦副失效特征的内容，在表 3 中给出。

本标准由中国机械工业联合会提出。

本标准由机械工业粉末冶金制品标准化技术委员会（CMIF/TC20）归口。

本标准起草单位：杭州前进齿轮箱集团股份有限公司杭州粉末冶金研究所、黄石赛福摩擦材料有限公司。

本标准主要起草人：陈晋新、谭清平、鲁乃光、林浩盛、蒋守林。

本标准所代替标准的历次版本发布情况为：

——JB/T 7909—1995、JB/T 7909—1999。

湿式烧结金属摩擦材料
摩擦性能试验台试验方法
Bench test method for frictional characteristics of sintered metal friction materials run in lubricants

JB/T 7909—2011 代替 JB/T 7909—1999

1　范围

本标准规定了测定湿式烧结金属摩擦材料摩擦性能试验台试验方法的术语和定义、试验设备、试验片、摩擦系数的测定及计算、能量负荷许用值的测定及计算以及试验报告。

本标准适用于测定湿式烧结金属试验片在润滑条件下动摩擦系数、静摩擦系数、磨损率和能量负荷许用值。湿式非金属摩擦材料摩擦性能的测定也可以参照本标准。

2 规范性引用文件

下列文件对于本文件的应用是必不可少的。凡是注日期的引用文件，仅注日期的版本适用于本文件。凡不注日期的引用文件，其最新版本（包括所有的修改单）适用于本文件。

GB/T 3141—1994 工业液体润滑剂 ISO 黏度分类

3 术语和定义

下列术语和定义适用于本文件。

3.1 毛面积 A_0 total area A_0

根据摩擦衬面表面的实际内、外圆尺寸计算得到的单面面积，单位为平方厘米（cm^2）。

3.2 净面积 A net area A

毛面积扣除油槽面积后的单面面积，单位为平方厘米（cm^2）。

3.3 摩擦副失效 failure of friction pair

在规定的试验条件下，摩擦副由正常状态过渡到不能正常工作状态。

3.4 能量密度 W_s energy density W_s

摩擦副在一次接合过程中，单位净面积上承受的摩擦功，单位为焦每平方厘米(J/cm^2)。

3.5 最大功率密度 N_s maximum power density N_s

摩擦副在接合过程中，单位净面积上承受的最大功率，单位为瓦每平方厘米(W/cm^2)。

3.6 能量负荷许用值 C_m allowable value of energy load C_m

在规定的试验条件下，摩擦副失效前，摩擦副的能量密度 W_s 与最大功率密度 N_s 的乘积。

3.7 平均功率密度$\overline{N_s}$ average power density $\overline{N_s}$

单位时间内的能量密度，单位为瓦每平方厘米（W/cm^2）。

4 试验设备

4.1 设备类型为惯性制动式试验设备。由驱动机构、惯性轮组、操作系统、测量系统、离合器、制动器、供油系统和数据处理系统等组成。

4.2 测量系统应能测量相对速度、压力、转矩、接合时间、润滑油温度。数据采集不超过20ms/次。

4.3 供油系统应能提供足够的热交换容量。

4.4 数据处理系统应能进行测试数据的存储、处理、打印。

5 试验片

5.1 磨合

试验片包括摩擦片和对偶片。试验片应在与产品相同的工艺条件下制取，应符合图样及技术文件的规定。选定适当的磨合条件，使摩擦片和对偶片磨合，当摩擦片接触面积占净面积的80%以上时磨合完毕。

5.2 磨合后测量

将磨合后的摩擦片和对偶片分别按图1所示均匀标注测量点，用千分尺分别测量这8点处的厚度，求出算术平均值 h_0（单位为cm）。

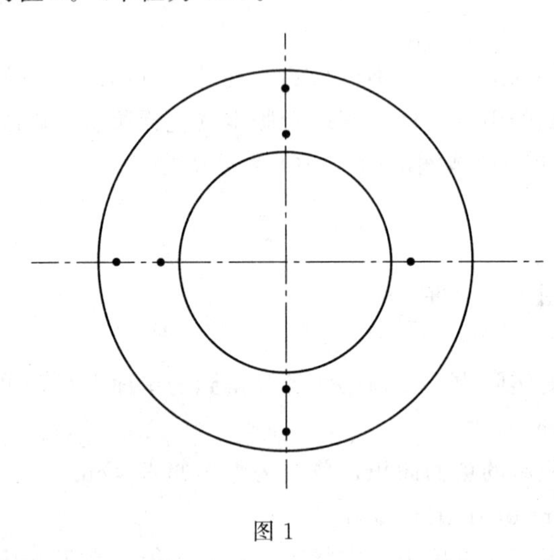

图1

6 摩擦系数的测定及计算

6.1 测定条件见表1，亦可根据情况选择其他试验参数。

表1

平均功率密度$\overline{N_s}$/(W/cm²)	115
接合频率/(次/min)	3
接合时间/s	1.0±0.1
压力上升时间/s	≤0.1
润滑油种类	机械油黏度等级为32(按GB/T 3141—1994)
接合次数/次	200
给油量/[cm³/(min·cm²)]	8
进口处油温/℃	60±5

6.2 试验程序：

a）调节转速、惯量和压力，使摩擦片净面积上的平均功率密度$\overline{N_s}$为115W/cm²，对于平均功率密度不到115 W/cm²的材料，可以降低平均功率密度来测定摩擦系数和磨损率。

b）试验过程中可以调整压力，保证接合时间为（1.0±0.1）s，压力上升时间应小于0.10s。

c）测定第50，100，150，200次接合过程中的动摩擦系数和接合后的静摩擦系数。数据的采集应在连续试验中完成，对于加压过程产生的瞬间摩擦系数应剔除。

6.3 摩擦系数的计算：

a）瞬时动摩擦系数 $\mu_d(t)$ 见式(1)：

$$\mu_d(t)=M(t)/(pArZ) \qquad (1)$$

式中　$M(t)$——瞬时转矩，N·m；

p——表面压力，Pa；

A——净面积，cm^2；

r——平均半径，m；

Z——摩擦面数量。

b）平均动摩擦系数 μ_d 见式(2)：

$$\mu_d=\frac{1}{n}\sum_{i=1}^{n}\mu_d(t) \tag{2}$$

c）静摩擦系数 μ_j 见式(3)：

在完成第 50，100，150，200 次接合后，先卸压，然后再加压；测定打滑时的静转矩。

$$\mu_j=M_j/(pArZ) \tag{3}$$

式中　M_j——静转矩，N·m。

6.4　磨损率的测定及计算：

按表 1 测定条件接合 2000 次后，取出试验片，用千分尺测量试验片原标记处各点厚度。求出算术平均值 h_1（单位为 cm）。

按式(4) 计算磨损率 δ（单位为 cm^3/J）：

$$\delta=\frac{h_0-h_1}{2}\times\frac{1}{w_s f} \tag{4}$$

式中　f——接合次数。

7　能量负荷许用值的测定及计算

7.1　确定原则

以平均功率密度 115 W/cm^2 为起始试验条件，通过逐级提高平均功率密度来测定摩擦副的能量负荷许用值，亦可根据材料特性决定试验起始条件及越级试验。

7.2　测定方法

以速度和惯量为定值，通过提高压力以缩短接合时间，提高平均功率密度（见表 2）；如摩擦副按表 2 试验后仍未失效，则可在其他参数不变的条件下进一步提高能量密度和平均功率密度，进行下一轮试验直至失效。

7.3　摩擦副摩擦性能失效的判定

当摩擦副出现表 3 描述的失效特征时，立即停止试验。拆检试验片，观察并记录摩擦副的失效情况。

表 2

试验参数	试验级数					
	第 1 级	第 2 级	第 3 级	第 4 级	第 5 级	第 6 级
平均功率密度 $\overline{N_s}$/(W/cm^2)	115～128	128～144	144～164	164～192	192～230	230～288
接合频率/(次/min)	3					
接合次数/次	200					
润滑油种类	机械油黏度等级为 32(GB/T 3141—1994)，或根据需要选择					

续表

试验参数	试验级数					
	第1级	第2级	第3级	第4级	第5级	第6级
给油量 $cm^3/(min \cdot cm^2)$	8					
进口处油温/℃	60±5					

表3

项目	失效特征
外观	产生烧伤点，衬里材料转移到对偶面片上
转矩曲线	出现异常上升或异常下降现象
最大功率密度	出现停止上升现象
能量密度曲线	出现异常

7.4 能量负荷许用值的取值和计算

能量负荷许用值为摩擦副摩擦性能失效前一轮试验的第100，120，140，160，180，200次试验数据的平均值。

能量密度 W_s 按式(5) 计算：

$$w_s = \frac{1}{ZA}\int_{t_0}^{t_1} M(t)\omega(t)dt \tag{5}$$

式中 $\omega(t)$——角速度，rad/s；

t_0——接合开始时间，s；

t_1——接合完成时间，s。

最大平均功率密度 $\overline{N_s}$ 按式(6) 计算：

$$\overline{N_s} = \frac{1}{ZA}(M\omega)_{max} \tag{6}$$

式中 $(M\omega)_{max}$——接合过程中，瞬时转矩及其对应角速度乘积之最大值。

能量负荷许用值 C_a 按式(7) 计算：

$$C_a = \frac{W_s}{N_s} \tag{7}$$

8 试验报告

试验报告应包括以下内容：

a）试验片几何尺寸、精度、净面积、材质、形式、摩擦副数量等有关情况；

b）摩擦系数测定及能量负荷许用值测定的试验条件，并注明该试验条件下的速度、惯量和压力；

c）绘出平均动摩擦系数、静摩擦系数与接合次数的关系曲线；

d）绘出动摩擦系数与相对速度的关系曲线；

e）给出摩擦材料的磨损率，必要时给出对偶材料的磨损率；

f）给出能量负荷许用值 C_a；

g）记录摩擦副摩擦性能的失效情况；

h）其他有关试验过程的情况；

i）测试、审核人员签名和日期。

附 录 A

(标准的附录)

试验片的几何尺寸和技术要求

A1 试验片的几何尺寸试片和技术要求见图 A1～图 A3。

其余 0.3

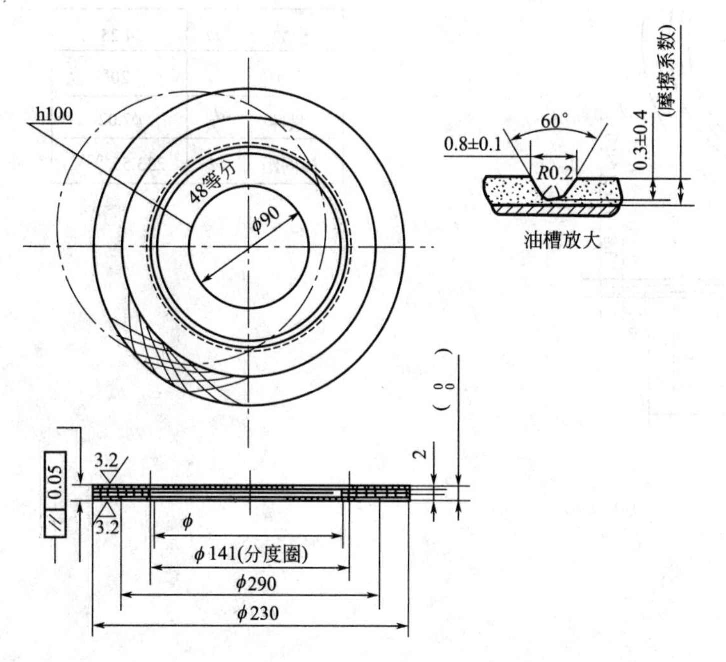

齿形参数	
齿形	渐开线
齿数 z	58
模数 m	25
压力角 a	20°
量棒 d_p	ϕ375
棒间距 M	$14.07^{+1.27}_{-0.727}$

(a) 烧结片

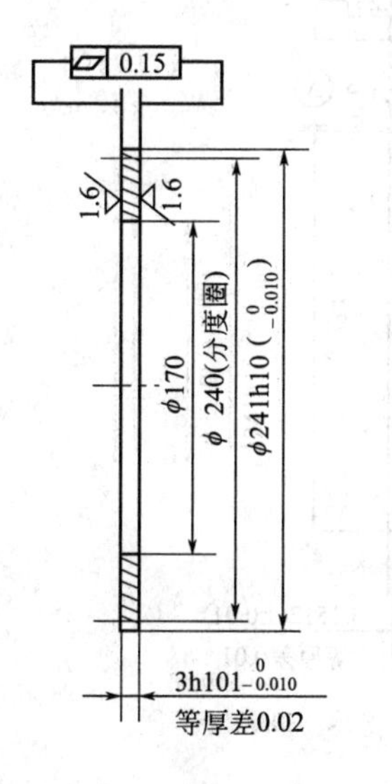

其余 0.3

齿形参数	
齿形	渐开线
齿数 z	80
模数 m	3
压力角 a	20°
公法线长度 L	$78.641^{-2.272}_{-0.558}$

(b) 对偶片

图 A1

其余 0.3

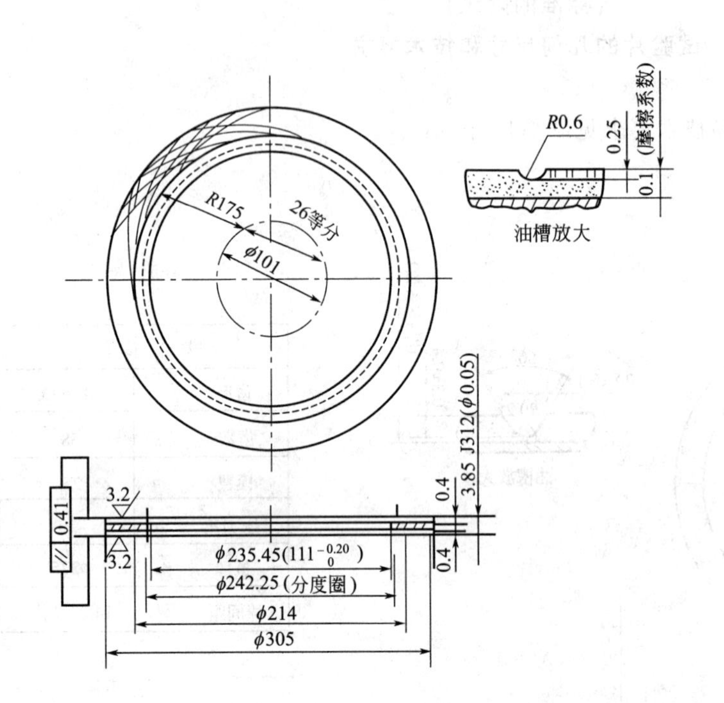

齿形参数	
齿形	渐开线
齿数 z	57
模数 m	4.25
压力角 a	20°
量棒 d_p	$\phi7.02$
棒间距 M	$233.55^{+0.25}_{0}$

(a) 烧结片

其余 0.3

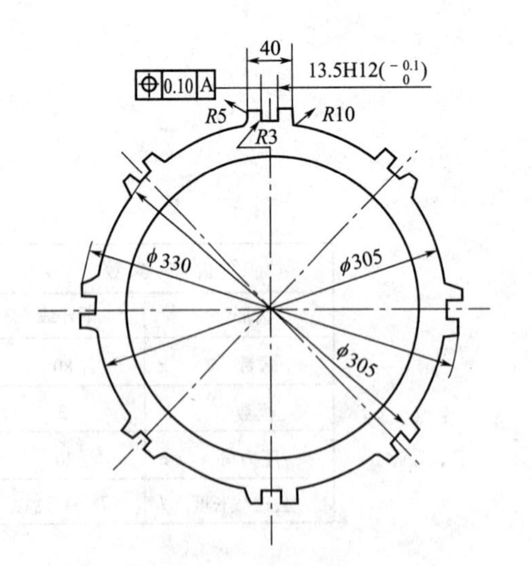

(b) 对偶片

图 A2

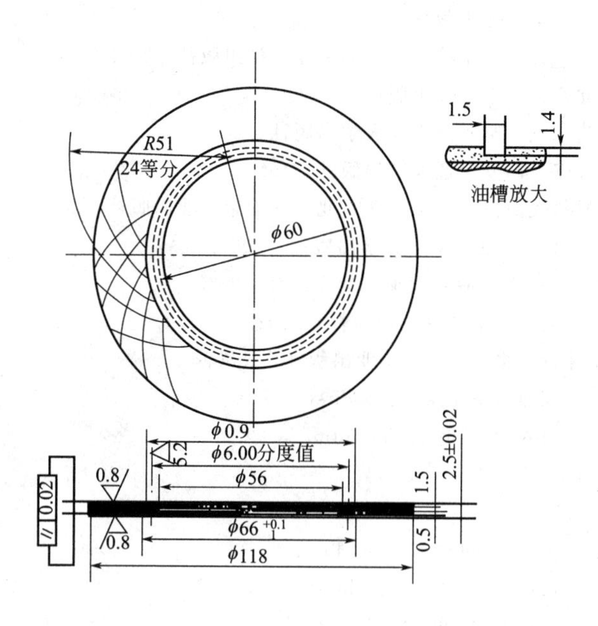

其余 0.3

齿形参数	
齿形	渐开线
齿数 z	30
模数 m	2
压力角 a	20°
精度等级	9-HJ

(a) 烧结片

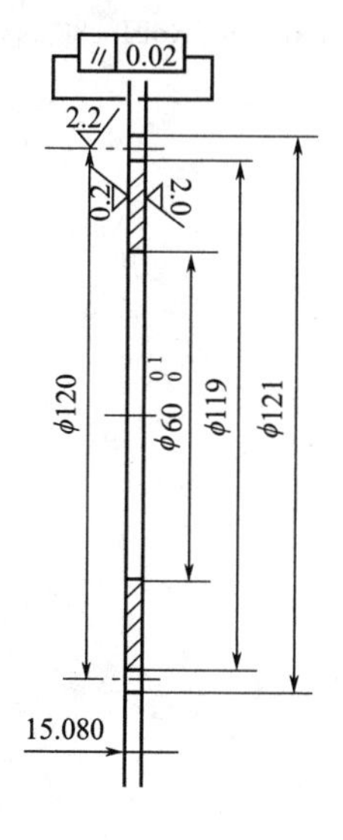

其余 0.3

齿形参数	
齿形	渐开线
齿数 z	62
模数 m	2
压力角 a	20°
精度等级	9-GJ

(b) 对偶片

图 A3

参 考 文 献

［1］ 杨明波. 金属材料实验基础［M］. 北京：化学工业出版社，2008.

［2］ 周玉. 材料分析方法（第二版）［M］. 北京：机械工业出版社，2006.

［3］ 张锐. 现代材料分析方法［M］. 北京：化学工业出版社，2007.

［4］ 夏华等. 材料加工实验教程［M］. 北京：化学工业出版社，2007.

［5］ 姜江，陈鹭滨等. 机械工程材料实验教程［M］. 哈尔滨：哈尔滨工业大学出版社，2003.

［6］ 张庆军. 材料现代分析测试实验［M］. 北京：化学工业出版社，2006.

［7］ 常铁军. 材料近代分析测试方法［M］. 哈尔滨：哈尔滨工业大学出版社，2005.

［8］ 赵文轸主编. 材料表面工程导论［M］. 西安：西安交通大学出版社，1998.

［9］ 戴达煌，周克崧，袁镇海等编著. 现代材料表面技术科学［M］. 北京：冶金工业出版社，2004.

［10］ 温诗铸，黄平. 摩擦学原理（第三版）［M］. 北京：清华大学出版社，2008.

［11］ 葛世荣，朱华. 摩擦学的分形（第三版）［M］. 北京：机械工业出版社，2005.

［12］ 刘家俊. 材料磨损原理及其耐磨性［M］. 北京：清华大学出版社，2002.

［13］ A. D. 萨凯. 金属磨损原理［M］. 邵荷生译. 北京：煤炭工业出版社，1980.

［14］ http://cx. spsp. gov. cn/index. aspx? Token=$Token$&First=First

［15］ http://wenku. baidu. com/view/66152cc74028915f804dc230. html

［16］ http://www. bzsoso. com/standard/GJBZ/

［17］ http://www. bzsoso. com/standard/GJBZ/

［18］ http://wenku. baidu. com/view/b673311852d380eb62946d26. html

［19］ http://wenku. baidu. com/view/32019e2f2af90242a895e517. html

［20］ http://wenku. baidu. com/view/7791db1ebd64783e09122b6f. html

［21］ http://wenku. baidu. com/link? url=VAI1qgLj4-Cr0cKMzmNFD1BtBpYcmb-zjnv8ZweX0au3e90UAG5kNi7498j0SZaoWEw1qP0CR-NQjknsI _ JOiUwGutxGEVQOrbkDQSAKJ6q

［22］ http://wenku. baidu. com/link? url = bG9lfcMJYa4DxamhN60KmnhCbBRWRC5fFlB2lkV3XwUSq3D20xDs5veIW3-_E_RmVQGy-UF8UIpCeZsDH-zI0W7rTxt9XnVRquI6c8Cks3S